工程造价基础

◀ 苏海花　周文波　杨　青　编著

GONGCHENG ZAOJIA JICHU ▶

辽宁人民出版社

© 苏海花　周文波　杨青　2019

图书在版编目（CIP）数据

工程造价基础 / 苏海花，周文波，杨青编著. —沈阳：辽宁人民出版社，2019.1（2021.1重印）
ISBN 978-7-205-09498-0

Ⅰ. ①工… Ⅱ. ①苏… ②周… ③杨… Ⅲ. ①工程造价 Ⅳ. ①TU723.3

中国版本图书馆CIP数据核字（2018）第271325号

出版发行：辽宁人民出版社
　　　　　地址：沈阳市和平区十一纬路25号　邮编：110003
　　　　　http://www.lnpph.com.cn
印　　刷：辽宁鼎籍数码科技有限公司
幅面尺寸：210mm×285mm
印　　张：13.75
字　　数：370千字
出版时间：2019年1月第1版
印刷时间：2021年1月第2次印刷
责任编辑：郭　健
助理编辑：何雪晴
装帧设计：留白文化
责任校对：常　昊
书　　号：ISBN 978-7-205-09498-0

定　　价：50.00元

序 言
XUYAN

▼

　　质量、投资（成本）、进度是工程项目的三大控制目标，是相互对立又相互统一的辩证关系。其中投资（成本）是经济社会下必须重点考核的核心目标，工程技术和管理人员无论在任何岗位必须有成本意识。

　　经过我国几代工程造价工作者的努力，我国的造价理论日渐成熟，随着《建设工程工程量清单计价规范》（GB50500－2013）的颁布，《建设工程施工合同（示范文本）》（GF－2017－0201）》、各地区《建设工程费用定额》等新规范、新文件的实施，工程技术人员、管理人员、造价人员以及准备走上相关工作岗位的大学生，都要对新规范、新文件进行学习。

　　本书旨在普及性、系统性地介绍工程造价方面的基础知识，为准备从事工程造价岗位的学习者了解工程造价相关知识打开一扇窗，也为非造价专业岗位的技术与管理人员普及工程项目建设中涉及造价相关的最基础的内容和知识。本书共八部分，以介绍概念、规范和造价方面应用文件为主。工程造价基础概论、工程造价构成、建筑工程施工合同部分由江苏城市职业学院周文波编写，工程定额、工程造价编制、造价软件及应用概述部分由江苏开放大学苏海花编写，工程量清单计价、工程造价管理及相关法律法规、附录由江苏城市职业学院杨青编写，全书由苏海花主编并统稿，由江苏开放大学教授、研究员级高级工程师周序洋主审。本书也是江苏省住房和城乡建设厅建设系统科技项目（2018ZD223）和江苏开放大学 "十三五"科研规划课题（17SSW-Z-Y-025）的研究成果。

　　在此书编写过程中，得到了南通二建集团和广联达软件股份有限公司在资料方面提供的大力支持，特别感谢南通二建集团顾亮总工程师、黄家泉工程师、薛辉工程师为本书的修正和完善付出的辛勤劳动。同时，我们也参考了相关专著、教材，在此也向书的作者表示衷心的感谢！

　　因编者专业水平和行业认知的能力有限，书中有些内容还有待完善，不足之处，敬请读者见谅并给予批评指正。

编者

2019年1月

目　录
MULU
▼

附 录

参考文献

工程造价基础概论

学习目标
1. 了解造价概念及建设项目分解；
2. 熟悉造价的分类及造价步骤；
3. 掌握计价的基本方法。

1.1 造价的概念 ▶

1.1.1 工程造价含义

目前工程造价有两种含义，但都是建立在市场经济这个大前提下。

第一种含义：工程造价的直接意思就是工程项目全部建成所预计开支或实际开支的建设费用，即按照预定的建设内容、建设标准、功能要求和使用要求全部建成并验收合格交付使用所需要的全部费用。从这个定义不难看出，工程造价的内容既包括建设项目实施阶段所需的建筑安装工程费、勘察设计费、设备及工器具购置费等，还包括建设单位开展项目筹建和项目管理所需的管理费用。总之，工程造价在数量上等同于工程项目的固定资产投资，是工程项目建设总投资的重要组成部分。这层含义是从业主——投资者角度定义的。

第二种含义：工程造价是指工程承发包价格，即为建成一项工程，预计或实际上在交易市场活动中形成的建筑安装工程的价格和建设工程总价格。本次价格只包括项目本身费用，不包含为项目筹备的前期费用和后期管理费用，显然工程造价的第二种含义是以商品经济和市场经济为前提。它是把工程项目作为特定商品形式作为交易对象，通过招投标承发包或其他交易方式，在进行多次预估计算的基础上，最终由市场形成的价格。

通常把工程造价的第二种含义认为是工程承发包价格，即我们普遍意义上说的工程造价，学生在学校的课程学习主要就是培养第二种含义下的计算过程和内容。对于承包商、供应商和规划、设计、造价咨询等机构来说，工程造价是他们作为市场供给的主体，出售商品和劳务的价格总和，即建筑安装工程造价。

区别工程造价的两种含义的理论意义在于，为以投资者和承包商为代表的供应商在工程建设领域的市场行为提供理论依据。当政府提出降低工程造价时，是站在国家、社会角度以节约资源、充分发挥新科技为前提，以投资者的角度充当着需求市场的角色，要求建设项目从规划、设计直至投入使用的总费用要低；当承包商提出要降低工程造价，是指施工阶段控制自己的施工成本要低，同样承包商说提高工程造价，是能用预期的价格中标，核心内容是提高利润率，实现自己的经济管理目标。在市场为主体的运营中，不同利益主体不能混为一谈。两种含义的现实意义在于，为不同的管理目标主体服务，不断充实工程造价的管理内容，完善管理方法，更好实现各自的经济利益，并尽可能实现和谐下的双赢或多赢局面。

本书讨论内容是以第二种含义为主体而进行的。

1.1.2　工程造价的特点和计价特征

工程建设的特点决定工程造价有以下特点：

（1）工程造价的大额性。能够发挥投资效益的任何一项工程，不仅实物形态庞大，而且造价昂贵，动辄数百万、千万，乃至于数十亿、百亿人民币。工程造价的大额性使它关系到有关各方面的重大经济利益，同时也会对宏观经济产生重大影响，这就决定工程造价的特殊地位，也提醒每一个学习者要明白造价管理的重要意义。

（2）工程造价的个别性、差异性。任何一项工程都有其特定的用途、功能和规模，因此任何一项工程的结构、造型、设备配置和内外装饰装修都有具体的要求，所以工程内容和实物形态都具有个别性、差异性。产品的差异性决定了工程造价的个别性和差异性，同时每一项工程所处地区、地段都不相同，使得这一特点更加得到强化。

（3）工程造价的动态性。一个项目工程从决策到交付使用，经历很长一段时间，在预计工期内会出现许多影响因素，这些因素都是动态变化的。如工程变更、人工设备材料价格变动、工资标准等政策性调整，以及费率等都会发生变化。这种变化必然会影响到造价的变动，所以工程造价在整个建设期中处于不确定状态，直至竣工决算后才能最终确定工程的实际造价。

（4）工程造价的层次性。即一个项目往往包含很多项能够发挥独立设计功能的单项工程（如一个学校包括教学大楼、办公楼、宿舍楼、后勤保障用房等），一个单项工程又包含能够各自发挥专业效能的多个单位工程（如土建工程、电气安装、装饰装修等），相应的工程造价包含3个层次的价格：建设项目总造价、单项工程造价和单位工程造价。如果按专业细分，则相应的单位工程都有相对应的价格，同样在土建工程中又包含土方工程、混凝土工程、砌体工程等，一般来讲一个工程项目包含5个基本层次的造价，从分到总的顺序是：分项工程造价—分部工程造价—单位工程造价—单项工程造价—建设项目总造价，从这个造价计算和管理角度看，工程造价的层次性还是非常明显的。

（5）工程造价的兼容性。造价的兼容性首先表现在它的两种含义，同时还表现在造价构成因素的广泛性和复杂性：在工程造价中，首先成本因素很复杂；其次是为获得建设工程用地支出的费用、项目研究、规划费用、与政府一定时期政策费用都占有相当的份额；最后，盈利的构成也较为复杂，资金成本较大。

工程造价的特点也决定了工程计价特征，了解这些特征对工程造价的确定与控制是非常必要的，他涉及一些工程造价的相关概念，这些大家在后面学习后才能体会。工程造价的计价特征有：单件性计价、多次性计价、组合性计价、方法的多样性、依据的复杂性。

1.2　造价的分类 ▶▶

工程造价从不同的角度，可有多种分类。

1.2.1 按造价阶段层次分

根据基本建设程序的要求，以及工程造价多次性的特征，工程造价可分成以下几个阶段，如图1-1所示：

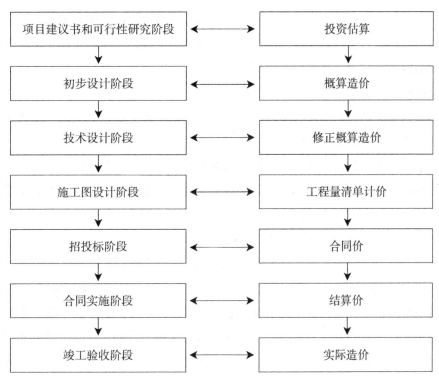

项目建议书和可行性研究阶段	↔	投资估算
初步设计阶段	↔	概算造价
技术设计阶段	↔	修正概算造价
施工图设计阶段	↔	工程量清单计价
招投标阶段	↔	合同价
合同实施阶段	↔	结算价
竣工验收阶段	↔	实际造价

图1-1 工程造价分类及与建设阶段对应关系

（1）投资估算。投资估算一般是指在工程项目决策阶段，为了对方案进行比选，对项目进行投资费用的估算，包括项目建议书的投资估算和对可行性研究报告的投资估算，是论证拟建项目在经济上是否合理可行的重要文件。

（2）设计概算。设计概算是设计文件的重要组成部分，它是由设计单位根据初步设计或扩大初步设计图纸，根据有关定额或指标规定的工程量计算规则、行业标准而编制的经济文件。设计概算的层次性十分明显，分为单位工程概算、单项工程综合概算和建设项目总概算。概算应按建设项目的建设规模、隶属关系和审批程序报请批准，总概算经有权机关批准后，就成为国家建设项目总投资的主要依据，不能任意突破。如果突破，要重新立项申请。修正概算是在技术设计结束时，根据技术设计图纸和有关定额或指标规定的计算规则、行业标准进行编制的概算，修正概算的结果比初步设计概算要更准确。

（3）工程量清单计价（标底和投标报价）。标底是拟建工程项目的价格，是设计单位或咨询公司根据审查或批准通过的施工图，按照相应的施工要求，并根据有关定额规定的工程量计算规则，行业标准而编制的工程量清单计价，它受概算价格的控制，必须在概算价格内，这便于业主（投资人）了解设计完成的施工图所对应的费用。投标报价是施工单位根据招标文件的要求和提供的施工图纸，按所编制的施工方案或施工组织设计，并根据有关定额规定的工程量计算规则、行业标准编制的工程报价。

（4）施工预算。是用于施工单位内部管理的一种预算，是施工单位在投标报价的控制下，根据审查和批准过的施工图和施工定额，结合施工组织设计和单位内部消耗标准等因素后，在施工前编制的预算。它主要是计算单位工程施工时的用工、用料以及施工机械台班的需用量。施工预算实质上是施工企业基层单位的一种成本计划文件，它确定了管理目标和方法，施工预算可作为确定工程的用工、用料计划，备工备料，下达施工任务书和限额领料单的依据，也是指导施工、控制工料、实行经济核算及统计的依据。

（5）合同价。合同价是指在工程招标投标阶段通过签订承包合同（如总承包合同、建筑安装工程承包合同、设备材料采购合同、技术和咨询服务合同）而确定的价格。合同价属于市场价格范畴，但它不等同于实际工程造价。它是由发承包双方根据有关部门规定后，按协议条款约定的取费标准计算的，用以支付给承包方按照合同要求完成工程内的价款总额。

（6）工程结算。工程结算是建设单位（发包人）和施工企业（承包人）按照工程进度，对已完工程实施货币支付的行为，是商品交换中交易的一种形式。工程结算也是指一个单项工程、单位工程、分部分项工程完工后，经建设单位（监理单位）及有关部门验收并办理验收手续后，施工单位根据施工过程中现场实际情况的记录、设计变更通知书、现场签证、合同约定的计价定额、材料价格、各项取费标准等，在合同价的基础上，根据规定编制向建设单位办理结算工程款，取得收入用以补偿施工过程中的资金耗费的技术经济文件，是确定工程实际造价的依据。

（7）竣工决算（实际造价）。竣工决算是在建设项目竣工验收后，由建设单位编制的建设项目从筹建到建设投产或使用的全部实际成本的技术经济文件。它是建设投资管理的重要环节，是工程竣工验收、交付使用的重要依据，也是进行建设项目财务总结，银行对其实施监督的必要手段。

上述计价过程中，工程预算、合同清单价是在工程开工前进行的，而工程结算和竣工决算则是在工程完工后进行的，它们之间存在的差异，可以用表1-1进行对比，来区分、体会不同阶段工程造价的作用区别。

表1-1 不同阶段工程主要计价特点对比

类别	编制阶段	编制单位	编制依据	用途
投资估算	可行性研究	工程咨询机构	投资估算指标	投资决策
设计概算	初步设计或扩大初步设计	设计单位	概算定额或概算指标	控制投资及工程造价
施工图预算	工程招投标	工程造价咨询机构或施工单位	预算定额或清单计价规范	确定招标控制价、投标报价、工程合同价
施工预算	施工阶段	施工单位	施工定额或企业定额	控制企业内部成本
工程结算	竣工验收后、交付使用前	施工单位	合同价、设计及施工变更资料等	确定工程项目建造价格
竣工决算	竣工验收并交付使用后	建设单位	预算定额、工程建设其他费用定额、工程结算资料	确定工程项目实际投资

1.2.2　按造价的编制对象分

工程造价也可以根据编制对象的不同进行分类，这时一个建设项目的造价可分为：单位工程概预算、工程建设其他费用概预算、单项工程综合概预算、建设项目总概预算。

（1）单位工程概预算。是指根据设计文件和图纸、结合施工方案和现场条件计算的工程量、概预算定额及其他费用取费标准编制的，用于确定单位工程造价的文件。

（2）工程建设其他费用概预算。是指根据有关规定应在工程建设投资中计取的，除建筑安装工程费、设备购置费、工器具及生产工具购置费、预备费以外的一切费用。

（3）单项工程综合概预算。是指由组成该单项工程的各个单位工程概预算汇编而成的，用于确定单项工程（一般对应于建筑单体）工程造价的综合性文件。

（4）建设项目总概预算。是指由组成该建设项目的各个单项工程综合概预算、设备费用、工器具及生产工具购置费、预备费以及工程建设其他费用概预算汇编而成的，用于确定建设项目从筹建到竣工验收全部建设费用的综合性文件。

造价还可以从单位工程的专业角度进行分类，分为：建筑工程概预算（含土建工程及装饰工程）、装饰工程概预算（专指二次装饰装修工程）、安装工程概预算（含建筑电气照明、给排水、暖通空调等设备安装）、市政工程概预算、仿古及园林工程概预算、修缮工程概预算、煤气管网工程概预算、抗震加固工程概预算。

1.3 建设项目的分解 ▶▶

熟悉建设项目的分类和分解，对深入掌握造价的内涵起到非常重要的作用，任何一项建设工程，就其投资构成或物质形态而言，是由众多部分组成的复杂而有机结合的整体，相互间存在许多外部和内在的联系。要对一项建设工程的投资耗费计量与计价，就必须对建设项目进行科学合理的分解，使之划分为若干简单、便于计算的部分或单元。另外，建设项目根据其产品生产的工艺流程和建筑物、构筑物不同的使用功能，按照设计规范要求也必须对建设项目进行必要而科学的分解，使设计符合工艺流程及适用功能的客观要求。根据我国现行有关规定，一个建设项目一般可以向下一层分解为单项工程、单位工程、分部工程、分项工程等项目。

（1）建设项目。建设项目是指在一个总体设计或初步设计的范围内由一个或若干个单项工程所组成的、经济上实行统一核算、行政上有独立机构或组织形式、实行统一管理的基本建设单位，一般以一个行政上独立的企事业单位作为一个建设项目，如一个工厂，一所学校等。

（2）单项工程。是指具有单独的设计文件、建设后能够独立发挥生产能力和使用效益的工程，单项工程又称为工程项目，它是建设项目的组成部分。工业建设项目的单项工程一般是指能够生产出设计所规定的主要产品的车间或生产线及其辅助附属工程，如某工厂的一个装配车间或锻造车间等。民用建设项目的单项工程一般是指能够独立发挥设计规定的使用功能和使用效益的各项独立工程，如某学校的一栋教学楼或实验楼、图书馆等。

（3）单位工程。指具有单独的设计文件、独立的施工条件，但建成后不能够独立发挥生产能力和效益的工程。单位工程是单项工程的组成部分，如建筑工程中的一般土建工程、装饰装修工程、给排水工程、电气照明工程、弱电工程、采暖通风空调工程、园林绿化工程等均可以独立作为单位工程。

（4）分部工程。是指各单位工程的组成部分，它一般根据建筑物、构筑物的主要部位、工程结构、工种内容、材料类别或施工程序等来划分，如土建工程分为土石方、桩基础、砌筑、混凝土及钢筋、屋面及防水、脚手架、楼地面装修、门窗等分部工程，分部工程在定额中一般表达为"章"。

（5）分项工程。是指分部工程的组成部分，它是工程造价计算的基本要素和工程计价最基本的计量单元，是通过较为简单的施工过程就可以生产出来的建筑产品或构配件，如砌体工程中的砖基础、墙体，混凝土及钢筋分部中的混凝土条形基础、梁、柱等。在编制概预算时，各分部分项工程费用由直接在施工过程中耗费的人工费、材料费、施工机械台班使用费组成。分项工程在预算定额中一般表达为"子目"，下面就以一所学校为建设项目来进行项目分解示意，如图1-2：

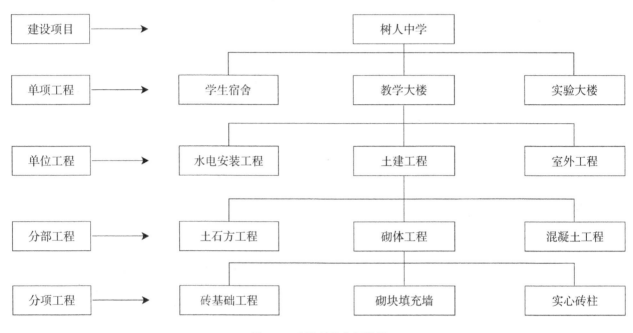

图1-2　建设项目分解图示

1.4　造价的步骤 ▶

在做工程造价前，我们先要了解工程造价的一般步骤有哪些，对我们后期课程的进一步学习有概念性的掌握。工程造价基本步骤可概括为：读图→列项→算量→套价→计费→汇总整理，适合于工程造价的每一过程，其中每一步骤所涉及的内容不同，对应的造价方法也不同。

1.4.1　读图

读图是工程造价的基本工作，只有看懂图纸和熟悉图纸，才能对工程内容、结构特征、技术要求有清晰的概念，才能在计价时做到项目全、计量准、速度快。因此，在计价之前应留有一定时间专门来读图。阅读图纸重点是：对照图纸目录检查图纸是否齐全、检查采用的图集是否具备、设计说明和附注（是图纸中不再用图表示，多为提示性的文字描述，如不仔细阅读查看极易漏项）、设计上有无特殊施工质量要求、找出平面坐标点和标高控制点、了解本项目工程与总图的关系。

1.4.2　列项

列项就是列出需要计量计价的分部分项工程项目，做此项工作时要注意：工程量清单列项要依据清单规范列出清单分项，才可对每一个清单分项计算工程量，按规定格式编制清单（包含项目编码、项目名称、项目特征、计量单位、工程数量）；综合单价组价列项要依据清单计价规范，每一个分项的特征要求和工作内容，从计价表或定额中找出与之过程匹配的子项目，对每一项计价，才能产生每一个清单分项的综合单价；定额计价列项要依据预算定额列出定额分项，才可以对每一定额分项计算定额工程量并套价。

1.4.3 算量

算量就是对工程量进行计算，清单工程量必须依据清单加规范规定的计算规则进行正确计算，定额工程量必须依据预算定额规定的计算规则进行正确计算，两种规则在某些分部如土方、基础、装饰工程中会有些不同。计价的基础是定额工程量，施工费用因定额工程量而产生，不同的施工方式会使定额工程量产生差异。清单工程量是唯一的，由业主方在工程量清单中提供，他反映分项工程的实物量，是工程发包和工程结算的基础，施工费用除以清单工程量可得出每一清单分项的综合单价。

1.4.4 套价

套价就是套用工程单价，在市场经济条件下，按照价变量不变的原则，基于不同的定额消耗量，采用人、材、机的市场价格，一切工程单价都是可以重组的，定额计价法套用人、材、机单价，可计算出直接工程费；清单计价法套用综合单价，可计算出分部分项工程费，直接工程费或分部分项工程费是计算其他费用的基础。

1.4.5 计费

计费就是计算除直接工程费或分部分项工程费以外的其他费用。定额计价法在直接工程费以外还要计算措施项目费、其他项目费、管理费、利润、规范和税金，清单计价法在分部分项工程费以外要计算措施项目费、其他项目费、规范及税金，这些费用的总和就是工程总造价。

1.5 计价的方法 ▶▶

根据国家规定的工程造价构成，组合性计价的特点，工程造价的基本方法有以下几个不同角度。

1.5.1 定额计价法和工程量清单计价法

定额计价法也称为施工图预算法，是施工图设计完成后，以施工图为依据，根据政府颁布的消耗量定额或《计价定额》、有关计价规则及现行人工、材料、施工机械台班的预算价格进行造价的计算。

消耗量定额是由建设行政主管部门制定颁布的，根据合理的施工组织设计，按照正常施工条件，生产一个规定计量单位的合格产品所需的人工、材料、机械台班的社会平均消耗量。如果分项工程的计量单位符合设计标准、施工及验收符合规范要求，则定额的各项指标反映完成规定计量单位的分项工程，在符合设计标准和施工及验收规范要求的前提下，所消耗的活劳动和物化劳动的数量限度，它为计算人工、材料、机械台班的耗用量提供统一可靠的参数。

编制施工图预算，首先根据施工图设计文件、消耗量定额和市场价格等资料，以一定的方法，编制单位工程的预算，然后汇总所有各单位工程预算，称为单项工程预算，再汇总所有单项工程预算，便是一个建设项目建筑安装工程的预算造价。

工程量清单计价是指具有编制招标文件能力的招标人或由招标人委托具有资质的中介机构，编制反映工程实体消耗和措施性消耗的工程量清单，作为招标文件的一部分提供给投标人，由投标人依据工程量清单自主报价的一种计价方式。

工程量清单计价法与定额计价法共存于招标投标计价活动中，工程量清单计价应遵循国家颁布的工程量清单规范要求，如目前是《建设工程工程量清单计价规范》（GB50500－2013）。

工程量清单是表现拟建工程的分部分项工程项目、措施项目、其他项目、规费项目和税金项目的名称和相应数量等的明细清单，包括分部分项工程量清单、措施项目清单、其他项目清单、规费和税金项目清单。

工程量清单应体现招标人要求投标人完成的工程项目及相应的工程数量，也应体现为实现这些工程内容而进行的其他工作。工程量清单是投标人报价的依据，是对招标人和投标人都具有约束力的招标文件中的组织内容之一。

1.5.2　工料单价法和综合单价法

（1）工料单价法。工料单价法的分部分项工程量的单价为直接工程费，它所包括的费用组成和最终工程造价如下。直接工程费由人工、材料、机械的消耗量及其相应价格确定，构成工程造价的其他费用按照规定另行计算。

工料单价的内容由两部分组成：一是工、料、机数量，即合计用工数、各种材料消耗量、施工机械种类和台班消耗量；二是工、料、机数量这三种"量"相对应的日工资单价、材料预算价格和机械台班预算价格。

工料单价法的理论计算公式为：

①直接工程费 = ∑工程量×工料单价。

其中：工料单价 = 人工费 + 材料费 + 施工机械使用费

人工费 = ∑工日消耗量×日工资单价

材料费 = ∑材料消耗量×材料预算单价

施工机械使用费 = ∑施工机械消耗量×机械台班预算单价

②措施费的计算方法因费用项目不同而不完全统一，例如：

文明施工费 = 直接工程费×文明施工费费率（%）

安全施工费 = 直接工程费×安全施工费费率（%）

环境保护费 = 直接工程费×环境保护费费率（%）

模板费 = 模板摊销量×模板价格 + 支、拆、运输费

脚手架费 = 脚手架摊销量×脚手架价格 + 搭、拆、运输费

直接费 = 直接工程费 + 措施费

③间接费计算方法按取费基数的不同，常分为以下3种情况：

间接费 = ∑直接费×相应的间接费费率

间接费 = ∑（人工费和机械费）×相应的间接费费率

间接费 = ∑人工费×相应的间接费费率

各种间接费费率由各地区根据本地区典型工程发承包的分析资料综合取定。

④利润的计算与间接费计算一样，也区别不同的取费基数，计算公式同③间接费计算，只是注意费率要符合有关文件规定或市场化指导要求。

⑤税金 =（直接费 + 间接费 + 利润）×税率。

⑥工程造价 = 直接费 + 间接费 + 利润 + 税金。

（2）综合单价法。综合单价法的分部分项工程量的单价为全费用单价，《建设工程量清单计价规范》规定，综合单价指完成工程量清单中一个规定计量单位项目所需的人工费、材料和工程设备费、施工机具使用费、企业管理费和利润，并考虑风险因素（包括除规费、税金以外的全部费用）。

由于工程量清单由分部分项工程量清单、措施项目清单、其他项目清单、规费和税金项目清单构成，在实务工作中，工程量清单计价下的综合单价法的简要计算公式为：

①分部分项工程量清单费用 = ∑分部分项工程量×综合单价。

其中，综合单价 = 人工费 + 材料费 + 施工机械使用费 + 间接费 + 利润

间接费、利润的计算方法与工料单价法一样，按取费基数的不同也分为三种。

②措施项目清单费用和其他项目清单费用按有关规定计算。

③工程造价 = ∑（分部分项工程量清单费 + 措施项目清单费 + 其他项目清单费）×（1 + 规费费率）×（1 + 税金率）。

现以江苏省颁发的《江苏省建筑与装饰工程计价定额》（2014）及配套的《江苏省建设工程费用定额》（2014）为例说明清单在江苏省计费规则中规定的计价程序（当然该计价程序是配合《建设工程工程量清单计价规范》执行，并在严格遵守该规范的基础上做了符合本省的精细修正补充）、计价内容组成及计取过程。

表1-2　工程量清单法计算程序示例（包工包料）

序号	费用名称		计算公式
一	分部分项工程费		综合单价×清单工程量
	其中	1. 人工费	人工消耗量×人工单价
		2. 材料费	材料消耗量×材料单价
		3. 施工机具使用费	机械消耗量×机械单价
		4. 管理费	（1+3）×费率或（1）×费率
		5. 利润	（1+3）×费率或（1）×费率
二	措施项目费		
	其中	单价措施项目费	清单工程量×综合单价
		总价措施项目费	（分部分项工程费 + 单价措施项目费 – 工程设备费）×费率或以项计费
三	其他项目费用		
四	规费		

续表

序号	费用名称		计算公式
四	其中	1. 工程排污费	（一＋二＋三－工程设备费）×费率
		2. 社会保险费	
		3. 住房公积金	
五	税金		（一＋二＋三＋四－按规定不计税的工程设备金额）×费率
六	工程造价		一＋二＋三＋四＋五

综上所述，决定工程造价的三个要素是分项工程工程量、分项工程单位价格和有关计费费率。其中：价、费（费率）称为工程造价计价依据。

除上述两个主要角度的工程计价方法外，在市场经济条件下，工程造价的确定还需要询价、估价和报价的 3 个环节和方法。询价是获得材料、设备、劳务、分包等市场价格的方法和工作，是估价的基础；估价是完成工程所需要支出的费用的估计，是报价的基础；报价是投标人向招标人提出的承包价格，是在估计的基础上做出的决策。

· 复习思考题 ·

1. 工程造价的含义是哪两种？区别的重点是什么？

2. 工程造价有什么特点？

3. 工程造价的分类中各阶段名称是什么？

4. 定额计价法和工程量清单计价法的概念是什么？

5. 工料单价法和综合单价法的区别在哪些方面？

6. 建设项目分解中各步骤的名称是什么？

7. 工程造价一般可分成几大步骤？

· 综合实训练习 ·

1. 某集团要投资建设一个新工厂，站在项目建设投资方的角度，依据你对工程造价分类的学习理解，按照目前我国基建一般要求和规律，请写出该新工厂的建设要分为哪几个大步骤，对应的造价名称是什么？有什么作用？

2. 某市将要筹建一座大学校园，你根据对建设项目分类及分解的学习，将该校园中的建设按项目从大到小的顺序进行分解，直至分项工程。（校园有框剪结构宿舍楼、图书馆、教学楼、办公楼；框架结构的食堂、后勤中心；有砌体结构实训楼、宾馆、教工公寓等）

— 工程造价构成 —

学习目标

1. 了解世界银行建设项目投资构成和国外建筑安装工程费的构成；
2. 掌握我国建设项目投资构成和工程造价的构成；
3. 掌握设备及工、器具购置费的构成与计算；
4. 重点掌握建筑工程费、安装工程费的构成与计算；
5. 熟悉工程建设其他费构成内容及有关规定；
6. 熟悉预备费、建设期贷款利息的计算；
7. 了解固定资产投资方向调节税及有关规定。

2.1 建设项目的投资构成

在计算一个建设项目的费用前，首先要熟悉组成建设项目的费用构成有哪些？如果项目费用构成统计缺失或引用错误，计算结果再正确也是徒劳的。作为工程造价专业人员和工程管理人员，有必要了解一些世界银行及英美国家的建设项目投资构成，对理解我国建设项目的投资构成会有更深刻的思索。

2.1.1 世界银行的建设总成本构成

国际复兴开发银行，现通称为"世界银行"，为联合国专门机构之一，通过向成员国提供用作生产性投资的长期贷款，为不能得到私人资本的成员国的生产建设筹集资金，以帮助成员国建立恢复和发展经济的基础，发展到目前为止，世界银行已经成为世界上最大的政府间金融机构之一。

为了便于对贷款项目的监督和管理，1978年，世界银行与国际咨询工程师联合会（菲迪克FIDIC）共同对项目的总建设成本（相当于我国的工程造价）作了统一规定，其详细内容为项目直接建设成本、项目间接建设成本、应急费和建设成本上升费用。

（1）项目直接建设成本。包括土地征购费；场外设施费用（如道路、码头、桥梁、机场、输电线路等设施费用）；场地费用（指用于场地准备、厂区道路、铁路、围栏、场内设施等的建设费用）；工艺设备费（指主要设备、辅助设备及零配件的购置费用，包括海运包装费用、交货离岸价，但不包括税金）；设备安装费（指设备供应商的监理费用，本国劳务及工资费用辅助材料、施工设备、施工消耗品、工具用具费以及安装承包商的管理费和利润等）；管道系统费（指与系统的材料及劳务相关的全部费用）；电气设备费（指主要设备、辅助设备及零配件的购置费用，包括海运包装费用、交货离岸价，但不包括税金）；电气设备安装费（指设备供应商的监理费用，本国劳务及工资费用，辅助材料、电缆、管道和工具费用，以及营造承包商的管理费和利润）；仪器仪表费（指所有自动仪表、控制板、配线和辅助材料的费用以及供应商的监理费用、外国或本国劳务及工资费用、承包商的管理费和利润）；

机械的绝缘和油漆费（指与机械及管道的绝缘和油漆相关的全部费用）；工艺建筑费（指原材料、劳务费以及与基础、建筑结构、屋顶、内外装修、公共设施有关的全部费用）；服务性建筑费用（指原材料、劳务费以及与基础、建筑结构、屋顶、内外装饰、公共设施有关的全部费用）；工厂普通公共设施费（包括材料和劳务费以及与供水、燃料供应、通风、蒸汽发生及分配、下水道、污物处理等公共设施有关的费用）；车辆费（指工艺操作必需的机动设备零件费用，包括海运包装费用以及交货港的离岸价，但不包括税金）；其他当地费用（指那些不能归类于以上任何一个项目，不能计入项目间接成本，但在建设期间又是必不可少的当地费用。如临时设备、临时公共设施及场地的维持费，营地设施及其管理，建筑保险费和债券，杂项开支等费用）。

（2）项目间接建设成本。包括项目管理费（主要包括总部人员工资和福利费，以及用于初步和详细工程设计、采购、时间和成本控制、行政和其他一般管理的费用；施工管理现场人员的工资和福利，以及用于施工现场监督、质量保证、现场采购、时间及成本控制、行政及其他施工管理机构的费用；零星杂项费用，如返工、旅行、生活津贴、业务支出等；各种酬金）；开工试车费（指工厂投料试车必需的劳务和材料费用，不包含项目完工后的试车和运转费用，这项费用属于项目直接建设成本）；业主的行政性费用（指业主的项目管理人员费用及支出，其中有些必须排除在外的费用要在"估算基础"中详细说明）；生产前费用（指前期研究、勘测，建矿、采矿等费用，其中有些必须排除在外的费用要在"估算基础"中详细说明）；运费和保险费（指海运、国内运输、许可证及佣金、海洋保险、综合保险等费用）；地方税（指地方关税、地方税及对特殊项目征收的税金）。

（3）应急费。应急费包括未明确项目的准备金和不可预见准备金两部分，未明确项目的准备金，此项准备金用于在估算时不可能明确的潜在项目，包括那些在成本估算时因为缺乏完整、准确和详细的资料而不能完全预见和不能注明的项目，但是这些项目是必须完成的，或它们的费用是必定要发生的。在每一个组成部分中均单独以一定的百分比确定，并作为估算的一个项目单独列出。此项准备金不是为了支付工作范围以外可能增加的项目，不是用以应付天灾、非正常经济情况以及罢工等情况，也不是用来补偿估算的任何误差，而是用来支付那些几乎可以肯定要发生的费用。因此，它是估算不可缺少的一个组成部分；不可预见准备金，此项准备金是在未明确项目准备金之外，用于估算达到了一定的完整性并符合技术标准的基础上，由于物质、社会和经济的变化导致估算增加的情况，此种情况可能发生，也可能不发生。因此，不可预见准备金只是一种储备，也可能不动用。

（4）建设成本上升费用。通常，估算中使用的工资率、材料和设备价格基础的截止日期就是"估算日期"。由于工程在建设过程中价格可能会有上涨，因此，必须对该日期的已知成本基础进行调整，以补偿直至工程结束时的未知价格增长。工程的各个主要组成部分（国内劳务和相关成本、本国材料、本国设备、外国设备、项目管理机构）的细目划分决定以后，便可以确定每一个主要组成部分的增长率。这个增长率是一项判断因素，它以已发表的国内和国际成本指数、公司记录等为依据，并与实际供应商进行核对，然后根据确定的增长率和从工程进度表中获得的每项活动的中点值，计算出每项主要组成部分的成本上升值。

2.1.2　国外项目的建设总成本构成

项目的建设总成本构成，由于各个国家的计算方法不同，分类方法不同，以及法律、法规的不同，所以没有统一的模式。下面介绍英国的工程建设费和工程费用的构成。

在英国，一个工程项目的工程建设费（相当于工程造价）从业主角度由以下项目组成：土地购置费或租赁费、场地清除及专场准备费、工程费、永久设备购置费、设计费、财务费（如贷款利息等）、法定费用（如支付地方政府的费用、税收等）、其他（如广告费等）。

其中的工程费构成归纳包含为：直接费、现场费、管理费、风险费和利润。

（1）直接费，即直接构成分部分项工程的人工及其相关费用，机械设备费，材料、货物及其一切相关费用。直接费还包括材料搬运和损耗附加费、机械搁置费、临时工程的安装和拆除以及一些不构成永久性构筑物的材料消耗等附加费。

（2）现场费，主要包括驻现场职员的交通、福利和现场办公费用，保险费以及保函费用等。约占直接费的15%—25%。

（3）管理费，指现场管理费和公司总部管理费。现场管理费一般是指为工程施工提供必要的现场管理及设备而开支的各种费用，主要包括现场办公人员、现场办公所需各种临时设施及办公等所需的费用，总部管理费也可称为开办费或筹建费，其内容包括开展经营业务所需的全部费用，与现场管理费相似，但它并不直接与任何单个施工项目有关，而且也不局限于某个具体工程项目。主要包括资本利息、贷款利息、总部办公人员的薪水及办公费用、各种手续费等，管理费的估算主要取决于一个承包商的年营业额、承接项目的类型、员工的工作效率及管理费的组成等因素。

（4）风险费和利润。根据不同项目的特点及合同的类型，要适当地考虑加入一笔风险金或增大风险费的费率。

2.1.3 我国现行的建设工程投资及造价构成

我国现行的建设项目投资由固定资产投资和流动资产投资两部分组成。建设项目总投资中的固定资产投资与建设项目的工程造价在量上相等，根据工程项目建设过程中各类费用支出或花费的性质、途径的不同，工程造价由建筑安装工程费用、设备及工、器具购置费用、工程建设其他费用、预备费、建设期贷款利息和固定资产投资方向调节税等几项组成，具体构成内容如图2-1所示。

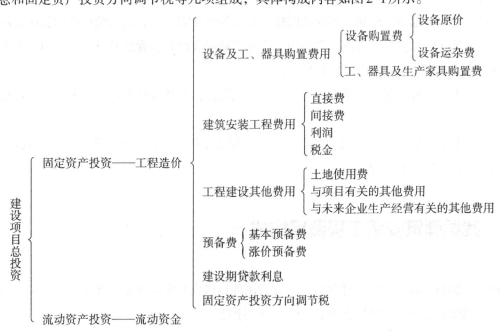

图2-1 我国现行建设工程项目总投资的构成

2.2 建筑安装工程费用 ▶

建筑安装工程费用由建筑工程费用和安装工程费用两部分组成。建筑安装工程费用约占项目总投资的50%—60%。

2.2.1 建筑工程费用的内容

世界各国对建筑工程的定义不同，包括的建设内容不完全相同，造成包括的工程费用内容也不尽相同，在我国，建筑工程费用指的是：

（1）各类房屋建筑工程和列入房屋建筑工程预算的供水、供暖、供电、卫生、通风、煤气等设备费用及其装设、油饰工程的费用，列入建筑工程预算的各种管道、电力、电信和电缆导线敷设工程的费用。

（2）设备基础、支柱、工作台、烟囱、水塔、水池、灰塔等建筑工程以及各种窑炉的砌筑工程和金属结构工程的费用。

（3）为施工而进行的场地平整，工程和水文地质勘查，原有建筑物和障碍物的拆除以及施工临时用水、电、气、路和完工后的场地清理、环境绿化、美化等工程的费用。

（4）矿井开凿、井巷延伸、露天矿剥离、石油、天然气钻井、修建铁路、公路、桥梁、水库、堤坝、灌渠及防洪等工程的费用。

2.2.2 安装工程费用的内容

建筑安装通常作为一个完整词组出现，但在实际项目建设中建筑工程和安装工程是不同的，安装工程费用的内容为：

（1）生产、动力、起重、运输、传动和医疗、实验等各种需要安装的机械设备的装配费用，与设备相连的工作台、梯子、栏杆等设施的工程费用，附属于被安装设备的管线敷设工程费用，被安装设备的绝缘、防腐、保温、油漆等工作的材料费和安装费。

（2）为测定安装工程质量，对单个设备进行单机试运行，对系统设备进行系统联动无负荷试运转工程的调试费。

有的建设项目属于建筑工程，有的建设项目属于安装工程，有的则属于建筑安装工程。（如一幢宾馆包括建筑工程也有安装工程。）

2.3 我国建筑安装工程费用构成 ▶▶

依据建标〔2013〕44号文件《建筑安装工程费用项目组成》中的规定，我国现行建筑安装工程费用组成可以按费用构成要素分析和按造价形成分析两种途径。

2.3.1 按费用构成要素划分建筑安装工程费用项目构成

建筑安装工程费用构成按费用要素分析图2-2所示。

建筑安装工程费用项目组成表
（按费用构成要素划分）

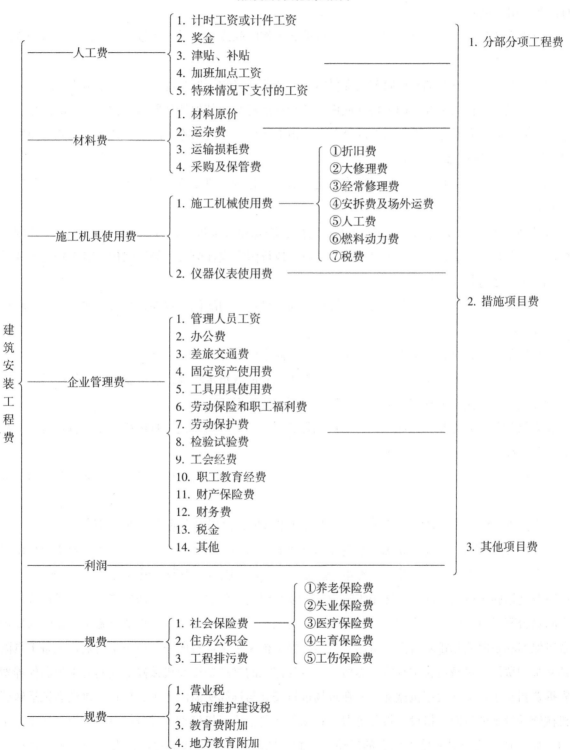

图2-2 我国现行建筑安装费用组成

建筑安装工程费按照费用构成要素划分，由人工费、材料（包含工程设备，下同）费、施工机具使用费、企业管理费、利润、规费和税金组成。其中人工费、材料费、施工机具使用费、企业管理费和利润包含在分部分项工程费、措施项目费、其他项目费中（附件部分有兴趣读者可详见"建标〔2013〕44号"文）。

（1）人工费：是指按工资总额构成规定，支付给从事建筑安装工程施工的生产工人和附属生产单位工人的各项费用。包括：

a. 计时工资或计件工资：是指按计时工资标准和工作时间或对已做工作按计件单价支付给个人的劳动报酬。

b. 奖金：是指对超额劳动和增收节支支付给个人的劳动报酬。如节约奖、劳动竞赛奖等。

c. 津贴补贴：是指为了补偿职工特殊或额外的劳动消耗和因其他特殊原因支付给个人的津贴，以及为了保证职工工资水平不受物价影响支付给个人的物价补贴。如流动施工津贴、特殊地区施工津贴、高温（寒）作业临时津贴、高空津贴等。

d. 加班加点工资：是指按规定支付的在法定节假日工作的加班工资和在法定日工作时间外延时工作的加点工资。

e. 特殊情况下支付的工资：是指根据国家法律、法规和政策规定，因病、工伤、产假、计划生育假、婚丧假、事假、探亲假、定期休假、停工学习、执行国家或社会义务等原因按计时工资标准或计时工资标准的一定比例支付的工资。

（2）材料费：是指施工过程中耗费的原材料、辅助材料、构配件、零件、半成品或成品、工程设备的费用。包括：

a. 材料原价：是指材料、工程设备的出厂价格或商家供应价格。

b. 运杂费：是指材料、工程设备自来源地运至工地仓库或指定堆放地点所发生的全部费用。

c. 运输损耗费：是指材料在运输装卸过程中不可避免的损耗。

d. 采购及保管费：是指为组织采购、供应和保管材料、工程设备的过程中所需要的各项费用。包括采购费、仓储费、工地保管费、仓储损耗。

工程设备是指构成或计划构成永久工程一部分的机电设备、金属结构设备、仪器装置及其他类似的设备和装置。

（3）施工机具使用费：是指施工作业所发生的施工机械、仪器仪表使用费或其租赁费。

a. 施工机械使用费：以施工机械台班耗用量乘以施工机械台班单价表示，施工机械台班单价由折旧费、大修理费、经常修复费、安拆费及场外运输费、人工费、燃料动力费和税费七项费用组成。

折旧费是指施工机械在规定的使用年限内，陆续收回其原值的费用；大修理费指施工机械按规定的大修理间隔台班进行必要的大修理，以恢复其正常功能所需的费用；经常修理费指施工机械除大修理以外的各级保养和临时故障排除所需的费用。包括为保障机械正常运转所需替换设备与随机配备工具附具的摊销和维护费用，机械运转中日常保养所需润滑与擦拭的材料费用及机械停滞期间的维护和保养费用等；安拆费指施工机械（大型机械除外）在现场进行安装与拆卸所需的人工、材料、机械和试运转费用以及机械辅助设施的折旧、搭设、拆除等费用；场外运费指施工机械整体或分体自停放地点运至施工现场或由一施工地点运至另一施工地点的运输、装卸、辅助材料及架线等费用；人工费指机上司机（司炉）和其他操作人员的人工费；燃料动力费指施工机械在运转作业中所消耗的各种燃料及水、电等；税费指施工机械按照国家规定应缴纳的车船使用税、保险费及年检费等。

b. 仪器仪表使用费：是指工程施工所需使用的仪器仪表的摊销及维修费用。

（4）企业管理费：是指建筑安装企业组织施工生产和经营管理所需的费用。包括：

a. 管理人员工资：是指按规定支付给管理人员的计时工资、奖金、津贴补贴、加班加点工资及特殊情况下支付的工资等。

b. 办公费：是指企业管理办公用的文具、纸张、账表、印刷、邮电、书报、办公软件、现场监控、会议、水电、烧水和集体取暖降温（包括现场临时宿舍取暖降温）等费用。

c. 差旅交通费：是指职工因公出差、调动工作的差旅费、住勤补助费，市内交通费和误餐补助费，职工探亲路费，劳动力招募费，职工退休、退职一次性路费，工伤人员就医路费，工地转移费以及管理部门使用的交通工具的油料、燃料等费用。

d. 固定资产使用费：是指管理和试验部门及附属生产单位使用的属于固定资产的房屋、设备、仪器等的折旧、大修、维修或租赁费。

e. 工具用具使用费：是指企业施工生产和管理使用的不属于固定资产的工具、器具、家具、交通工具和检验、试验、测绘、消防用具等的购置、维修和摊销费。

f. 劳动保险和职工福利费：是指由企业支付的职工退职金、按规定支付给离休干部的经费，集体福利费、夏季防暑降温补贴、冬季取暖补贴、上下班交通补贴等。

g. 劳动保护费：是企业按规定发放的劳动保护用品的支出。如工作服、手套、防暑降温饮料以及在有碍身体健康的环境中施工的保健费用等。

h. 检验试验费：是指施工企业按照有关标准规定，对建筑以及材料、构件和建筑安装物进行一般鉴定、检查所发生的费用，包括自设试验室进行试验所耗用的材料等费用。不包括新结构、新材料的试验费，对构件做破坏性试验及其他特殊要求检验试验的费用和建设单位委托检测机构进行检测的费用，对此类检测发生的费用，由建设单位在工程建设其他费用中列支。但对施工企业提供的具有合格证明的材料进行检测不合格的，该检测费用由施工企业支付。

i. 工会经费：是指企业按《工会法》规定的全部职工工资总额比例计提的工会经费。

j. 职工教育经费：是指按职工工资总额的规定比例计提，企业为职工进行专业技术和职业技能培训，专业技术人员继续教育、职工职业技能鉴定、职业资格认定以及根据需要对职工进行各类文化教育所发生的费用。

k. 财产保险费：是指施工管理用财产、车辆等的保险费用。

l. 财务费：是指企业为施工生产筹集资金或提供预付款担保、履约担保、职工工资支付担保等所发生的各种费用。

m. 税金：是指企业按规定缴纳的房产税、车船使用税、土地使用税、印花税等。

n. 其他：包括技术转让费、技术开发费、投标费、业务招待费、绿化费、广告费、公证费、法律顾问费、审计费、咨询费、保险费等。

（5）利润：是指施工企业完成所承包工程获得的盈利，施工企业根据企业自身需求并结合建筑市场实际自主确定，列入报价中。工程造价管理机构在确定计价定额中利润时，应以定额人工费或（定额人工费＋定额机械费）作为计算基数，其费率根据历年工程造价积累的资料，并结合建筑市场实际确定，以单位（单项）工程测算，利润在税前建筑安装工程费的比重可按不低于5%且不高于7%的费率计算。

利润应列入分部分项工程和措施项目中。

（6）规费：是指按国家法律、法规规定，由省级政府和省级有关权力部门规定必须缴纳或计取的费用。一般包括社会保险费、住房公积金和工程排污费。

社会保险费是指企业按照规定标准为职工缴纳的基本养老保险费、企业按照规定标准为职工缴纳的失业保险费、企业按照规定标准为职工缴纳的基本医疗保险费、企业按照规定标准为职工缴纳的生育保险费、企业按照规定标准为职工缴纳的工伤保险费。

住房公积金是指企业按规定标准为职工缴纳的长期住房储金。工程排污费是指按规定缴纳的施工现场工程排污费。其他应列而未列入的规费，按实际发生计取。

（7）税金：是指国家税法规定的应计入建筑安装工程造价内的营业税、城市维护建设税、教育费附加以及地方教育附加。

2.3.2　按造价形成划分建筑安装工程费用项目构成

建筑安装工程费用构成按造价形成分析如图2-3所示。

建筑安装工程费按照工程造价形成由分部分项工程费、措施项目费、其他项目费、规费、税金组成，分部分项工程费、措施项目费、其他项目费均包含人工费、材料费、施工机具使用费、企业管理费和利润（有兴趣的读者可查阅建标文件）。

（1）分部分项工程费：是指各专业工程的分部分项工程应予列支的各项费用。

a. 专业工程：是指按现行国家计量规范划分的房屋建筑与装饰工程、仿古建筑工程、通用安装工程、市政工程、园林绿化工程、矿山工程、构筑物工程、城市轨道交通工程、爆破工程等各类工程。

b. 分部分项工程：指按现行国家计量规范对各专业工程划分的项目。如房屋建筑与装饰工程划分的土石方工程、地基处理与桩基工程、砌筑工程、钢筋及钢筋混凝土工程等。

各类专业工程的分部分项工程划分见现行国家或行业计量规范。

（2）措施项目费：是指为完成建设工程施工，发生于该工程施工前和施工过程中的技术、生活、安全、环境保护等方面的费用。包括：

a. 安全文明施工费：是指施工现场为达到环保部门要求所需要的环境保护各项费用、施工现场文明施工所需要的文明施工费用、施工现场安全施工所需要的安全施工费、施工企业为进行建设工程施工所必须搭设的生活和生产用的临时建筑物、构筑物和其他临时设施费用（包括临时设施的搭设、维修、拆除、清理费或摊销费等）。

b. 夜间施工增加费：是指因夜间施工所发生的夜班补助费、夜间施工降效、夜间施工照明设备摊销及照明用电等费用。

c. 二次搬运费：是指因施工场地条件限制而发生的材料、构配件、半成品等一次运输不能到达堆放地点，必须进行二次或多次搬运所发生的费用。

d. 冬雨季施工增加费：是指在冬季或雨季施工需增加的临时设施、防滑、排除雨雪，人工及施工机械效率降低等费用。

e. 已完工程及设备保护费：是指竣工验收前，对已完工程及设备采取的必要保护措施所发生的费用。

f. 工程定位复测费：是指工程施工过程中进行全部施工测量放线和复测工作的费用。

建筑安装工程费用项目组成表
（按造价形成划分）

分部分项工程费
1. 房屋建筑与装饰工程
①土石方工程
②桩基工程
……
2. 仿古建筑工程
3. 通用安装工程
4. 市政工程
5. 园林绿化工程
6. 矿山工程
7. 构筑物工程
8. 城市轨道交通工程
9. 爆破工程
……

措施项目费
1. 安全文明施工费
2. 夜间施工增加费
3. 二次搬运费
4. 冬雨季施工增加费
5. 已完工程及设备保护费
6. 工程定位复测费
7. 特殊地区施工增加费
8. 大型机械进出场及安拆费
9. 脚手架工程费
……

其他项目费
1. 暂列金额
2. 计日工
3. 总承包服务费
……

建筑安装工程费

规费
1. 社会保险费
2. 住房公积金
3. 工程排污费

①养老保险费
②失业保险费
③医疗保险费
④生育保险费
⑤工伤保险费

税金
1. 营业税
2. 城市维护建设税
3. 教育费附加
4. 地方教育附加

1. 人工费
2. 材料费
3. 施工机具使用费
4. 企业管理费
5. 利润

图2-3　我国现行建筑安装工程费用组成

g. 特殊地区施工增加费：是指工程在沙漠或其边缘地区、高海拔、高寒、原始森林等特殊地区施工增加的费用。

h. 大型机械设备进出场及安拆费：是指机械整体或分体自停放场地运至施工现场或由一个施工地点运至另一个施工地点，所发生的机械进出场运输及转移费用及机械在施工现场进行安装、拆卸所需的人工费、材料费、机械费、试运转费和安装所需的辅助设施的费用。

i. 脚手架工程费：是指施工需要的各种脚手架搭、拆、运输费用以及脚手架购置费的摊销（或租赁）费用。

措施项目及其包含的内容详见各类专业工程的现行国家或行业计量规范。

（3）其他项目费：目前包括暂列金额、计日工和总承包服务费三大项。

暂列金额是指建设单位在工程量清单中暂定并包括在工程合同价款中的一笔款项。用于施工合同签订时尚未确定或者不可预见的所需材料、工程设备、服务的采购，施工中可能发生的工程变更、合同约定调整因素出现时的工程价款调整以及发生的索赔、现场签证确认等的费用；计日工是指在施工过程中，施工企业完成建设单位提出的施工图纸以外的零星项目或工作所需的费用；总承包服务费是指总承包人为配合、协调建设单位进行的专业工程发包，对建设单位自行采购的材料、工程设备等进行保管以及施工现场管理、竣工资料汇总整理等服务所需的费用。

（4）规费：定义及取用见现行计价规范。

（5）税金：定义及取用见现行计价规范。

2.4　建筑安装工程直接费 ▶

工程造价计算中，不同的角度和组合会有不同的造价称呼，在费用分析时我们会被要求算出建筑安装工程直接费，并对其费用的组成和结果进行分析，以考核项目在现场发生的实际实体费用情况，建筑安装工程直接费由直接工程费和措施费组成。

2.4.1　直接工程费

直接工程费是指施工过程中耗费的构成工程实体的各项费用，包括人工费、材料费、施工机械使用费。

直接工程费 = 人工费 + 材料费 + 施工机械使用费

（1）人工费：是指直接从事建筑安装工程施工的生产工人开支的各项费用。构成人工费的基本要素有：人工工日消耗量和人工日工资单价。

a. 人工工日消耗量：是指在正常施工生产条件下，生产单位假定建筑产品（分部分项工程或结构构件）必须消耗的某种技术等级的人工工日数量。它由分项工程所综合的各个工序施工劳动定额包括的基本用工、其他用工两部分组成。

b. 相应等级的日工资单价包括生产工人的基本工资、工资性补贴、生产工人辅助工资、职工福利费及生产工人的劳动保护费。

人工费 = $\sum$（工日消耗量 × 日工资单价）

（2）材料费：是指施工过程中耗费的构成工程实体的原材料、辅助材料、构配件、零件、半成品的费用。

材料费 = $\sum$（材料消耗量 × 材料基价）+ 检验试验费

材料基价 = [（供应价格 + 运杂费）×（1 + 运输损耗率）]×（1 + 采购保管费率）

检验试验费 = $\sum$（单位材料量检验试验费 × 材料消耗量）

材料费的内容包括5项：材料原价（或供应价格）、材料运杂费（是指材料自来源地运至工地仓库或指定堆放地点所发生的全部费用）、运输损耗费（指材料在运输装卸过程中不可避免的损耗）、采购及保管费（指为组织采购、供应和保管材料过程中所需要的各项费用，包括：采购费、仓储费、工地保管费、仓储损耗）、检验试验费（指对建筑材料、构件和建筑安装物进行一般鉴定、检查所发生的费用，包括自设试验室进行试验所耗用的材料和化学药品等费用。不包括新结构、新材料的试验费和建设单位对具有出厂合格证明的材料进行检验，对构件做破坏性试验及其他特殊要求检验试验的费用）。

（3）施工机械使用费。是指施工机械作业所发生的机械使用费以及机械安拆费和场外运费。构成施工机械使用费的基本要素是施工机械台班消耗量和机械台班单价。

施工机械使用费 = $\sum$（施工机械台班消耗量 × 机械台班单价）

机械台班单价 = 台班折旧费 + 台班大修费 + 台班经常修理费 + 台班安拆费及场外运费 + 台班人工费 + 台班燃料动力费 + 台班养路费及车船使用税。

2.4.2　措施费

措施费是指为完成工程项目施工，发生于该工程施工前和施工过程中非工程实体项目的费用。措施费主要包括环境保护费，文明施工费，安全施工费，临时设施费，夜间施工费，二次搬运费，大型机械设备进出场及安拆费，混凝土，钢筋混凝土模板及支架费，脚手架费，已完工程及设备保护费，施工排水、降水费11个项目费用等。

（1）环境保护费。环境保护费是指施工现场为达到环保部门要求所需要的各项费用。环境保护费的计算：

环境保护费 = 直接工程费 × 环境保护费的费率（%）

环境保护费的费率（%）= $\dfrac{\text{本项费用年度平均支出}}{\text{全年建安产值} \times \text{直接工程费占总造价比例（%）}}$

（2）文明施工费。文明施工费是指施工现场文明施工所需要的各项费用。文明施工费的计算：

文明施工费 = 直接工程费 × 文明施工费的费率（%）。

文明施工费的费率（%）= $\dfrac{\text{本项费用年度平均支出}}{\text{全年建安产值} \times \text{直接工程费占总造价比例（%）}}$

（3）安全施工费。安全施工费是指施工现场安全施工所需要的各项费用。安全施工费的计算：

安全施工费 = 直接工程费 × 安全施工费的费率（%）。

安全施工费的费率（%）= $\dfrac{\text{本项费用年度平均支出}}{\text{全年建安产值} \times \text{直接工程费占总造价比例（%）}}$

（4）临时设施费。临时设施费是指施工企业为进行建筑工程施工所必须搭设的生活和生产用的临时建筑物、构筑物和其他临时设施费用等。临时设施包括：临时宿舍、文化福利及公用事业房屋与构筑物、仓库、办公室、加工厂以及规定范围内道路、水、电、管线等临时设施和小型临时设施。临时设施费用包括：临时设施的搭设、维修、拆除费或摊销费。临时设施费的计算：

$$临时设施费 = （周转使用临建费 + 一次性使用临建费）\times [1 + 其他临时设施所占比例（\%）]$$

$$周转使用临建费 = \sum \left[\frac{临建面积 \times 每平方米造价}{使用年限 \times 365 \times 利用率（\%）} \times 工期（天） \right] + 一次性拆除费$$

$$一次性使用临建费 = \sum [临建面积 \times 每平方米造价 \times （1 - 残值率（\%））] + 一次性拆除费$$

其他临时设施在临时设施费中所占比例，可由各地区造价管理部门依据典型施工企业的成本资料经分析后综合测定。

（5）夜间施工费。夜间施工费是指因夜间施工所发生的夜班补助费、夜间施工降效、夜间施工照明设备摊销及照明用电等费用。夜间施工费的计算：

$$夜间施工费 = \left（1 - \frac{合同工期}{定额工期}\right） \times \frac{直接工程费中的人工费合计}{平均日工资单价} \times 每工日夜间施工费开支$$

（6）二次搬运费。二次搬运费是指因施工场地狭小等特殊情况而发生的二次搬运费用。二次搬运费的计算：

$$二次搬运费 = 直接工程费 \times 二次搬运费费率（\%）$$

$$二次搬运费费率（\%） = \frac{年平均二次搬运费开支额}{全年建安产值 \times 直接工程费占总造价比例（\%）}$$

（7）大型机械设备进出场及安拆费。大型机械设备进出场及安拆费是指机械整体或分体自停放场地运至施工现场或由一个施工地点运至另一个施工地点，所发生的机械进出场运输及转移费用及机械在施工现场进行安装、拆卸所需的人工费、材料费、机械费、试运转费和安装所需的辅助设施的费用。大型机械设备进出场及安拆费的计算：

$$大型机械设备进出场及安拆费 = \frac{一次进出场及安拆费 \times 年平均安拆次数}{年工作台班}$$

（8）混凝土、钢筋混凝土模板及支架费。混凝土、钢筋混凝土模板及支架费是指混凝土施工过程中需要的各种钢模板、木模板、支架等的支、拆、运输费用及模板、支架的摊销（或租赁）费用。混凝土、钢筋混凝土模板及支架费的计算：

a. 自有模板及支架费的计算：

$$模板及支架费 = 模板摊销量 \times 模板价格 + 支、拆、运输费$$

$$模板摊销量 = 一次使用量 \times （1 + 施工损耗） \times \left（ \frac{1 + （周转次数 - 1） \times 补损率}{周转次数} - \frac{（1 - 补损率） \times 50\%}{周转次数} \right）$$

b. 租赁模板及支架费的计算：

$$模板及支架费租赁费 = 模板使用量 \times 使用日期 \times 租赁价格 + 支、拆、运输费$$

（9）脚手架费。脚手架费是指施工需要的各种脚手架搭、拆、运输费用及脚手架的摊销（或租赁）费用。）脚手架费的计算：

a. 自有脚手架费的计算：

$$脚手架费 = 脚手架摊销量 \times 脚手架价格 + 搭、拆、运输费$$

$$脚手架摊销量 = \frac{单位一次使用量 \times （1 - 残值率）}{耐用期 \div 一次使用期}$$

b. 租赁脚手架费的计算：

脚手架租赁费=脚手架每日租金×搭设周期+搭、拆、运输费

（10）已完工程及设备保护费。已完工程及设备保护费是指竣工验收前，对已完工程及设备进行保护所需费用。已完工程及设备保护费的计算：

已完工程及设备保护费=成品保护所需的机械费+材料费+人工费

（11）施工排水、降水费。施工排水、降水费是指为确保工程在正常条件下施工，采取各种排水、降水措施所发生的各种费用。施工排水、降水费的计算：

施工排水、降水费=∑（施工排水、降水机械台班单价×排水、降水周期）+排水、降水使用材料费、人工费

2.5 间接费的构成及计算 ▶

工程费用除去发生实体消耗的看得见摸得着的费用外，还有一种费用叫间接费，它尽管没有直接形成项目工程实体，但是它是为形成工程实体必不可少的费用消耗，间接费是由规费、企业管理费组成的。

2.5.1 规费

规费是指政府和有关权力部门规定必须缴纳的费用（简称规费），主要包括以下几个部分。

（1）社会保险费和住房公积金：社会保险费和住房公积金应以定额人工费为计算基础，根据工程所在地的省、自治区、直辖市或行业建设主管部门规定费率计算。

社会保险费和住房公积金=∑（工程定额人工费×社会保险费和住房公积金费率）

式中：社会保险费和住房公积金费率可以每万元发承包价的生产工人人工费和管理人员工资含量与工程所在地规定的缴纳标准综合分析取定。

（2）工程排污费：工程排污费等其他应列而未列入的规费应按工程所在地环境保护等部门规定的标准缴纳，按实计取列入。

（3）危险作业意外伤害保险：是指按照建筑法规定，企业为从事危险作业的建筑安装施工人员支付的意外伤害保险费。

2.5.2 企业管理费

企业管理费是指建筑安装企业组织施工生产和经营管理所需费用。主要内容为管理人员工资、办公费、差旅交通费、固定资产使用费、工具用具使用费、劳动保险费、工会经费、职工教育经费、财产保险费、税金和其他，共12项。

（1）管理人员工资：是指管理人员的基本工资、工资性补贴、职工福利费、劳动保护费等。

（2）办公费：是指企业管理办公用的文具、纸张、账表、印刷、邮电、书报、会议、水电、烧水和集体取暖（包括现场临时宿舍取暖）用煤等费用。

（3）差旅交通费：是指职工因公出差、调动工作的差旅费、住勤补助费，市内交通费和误餐补助费，职工探亲路费，劳动力招募费，职工离退休、退职一次性路费，工伤人员就医路费，工地转移费以及管理部门使用的交通工具的油料、燃料、养路费及牌照费。

（4）固定资产使用费：是指管理和试验部门及附属生产单位使用的属于固定资产的房屋、设备仪器的折旧、大修、维修或租赁费。

（5）工具用具使用费：是指管理使用的不属于固定资产的生产工具、器具、家具、交通工具和检验、试验、测绘、消防用具等的购置、维修和摊销费。

（6）劳动保险费：是指由企业支付离退休职工的易地安家补助费、职工退职金、六个月以上的病假人员工资、职工死亡丧葬补助费、抚恤费、按规定支付给离休干部的各项经费。

（7）工会经费：是指企业按职工工资总额计提的工会经费。

（8）职工教育经费：是指企业为职工学习先进技术和提高文化水平，按职工工资总额计提的费用。

（9）财产保险费：是指施工管理用财产、车辆保险。

（10）财务费：是指企业为筹集资金而发生的各种费用。

（11）税金：是指企业按规定缴纳的房产税、车船使用税、土地使用税、印花税等。

（12）其他：包括技术转让费、技术开发费、业务招待费、绿化费、广告费、公证费、法律顾问费、审计费、咨询费等。

2.5.3　间接费的计算

（1）间接费的计算方法按取费基数的不同分为以下三种：

a. 以直接费合计为计算基础：

间接费＝直接费合计×间接费费率（%）

b. 以人工费和机械费合计为计算基础：

间接费＝人工费和机械费合计×间接费费率（%）

间接费费率（%）＝规费费率（%）＋企业管理费费率（%）

c. 以人工费合计为计算基础：

间接费＝人工费合计×间接费费率（%）

（2）规费费率的计算公式。

a. 以直接费为计算基础：

$$规费费率（\%）＝\frac{\sum 规费缴纳标准×每万元发承包价计算基数}{每万元发承包价中人工费含量}×人工费占直接费的比例$$

b. 以人工费和机械费合计为计算基础

$$规费费率（\%）＝\frac{\sum 规费缴纳标准×每万元发承包价计算基数}{每万元发承包价中人工费含量和机械费含量}×100\%$$

c. 以人工费为计算基础：

$$规费费率（\%）＝\frac{\sum 规费缴纳标准×每万元发承包价计算基数}{每万元发承包价中人工费含量}×100\%$$

（3）企业管理费费率的计算公式。

a. 以直接费为计算基础：

$$企业管理费费率（\%）＝\frac{生产工人年平均管理费}{年有效施工天数×人工单价}×人工费占直接费的比例$$

b. 以人工费和机械费合计为计算基础：

$$企业管理费费率（\%）=\frac{生产工人年平均管理费}{年有效施工天数×（人工单价+每一工日机械使用费）}×100\%$$

c. 以人工费为计算基础：

$$企业管理费费率（\%）=\frac{生产工人年平均管理费}{年有效施工天数×人工单价}×100\%$$

2.6 利润与税金

2.6.1 利润的计算

利润是指施工企业完成所承包工程获得的盈利。利润的计算也因计算基础不同而不同。利润的计算公式：

（1）以直接费为计算基础：

利润=（直接费+间接费）×相应的利润率（%）

（2）以人工费和机械费合计为计算基础：

利润=直接费中人工费和机械费合计×相应的利润率（%）

（3）以人工费为计算基础：

利润=直接费中人工费合计×相应的利润率（%）

2.6.2 税金的构成及计算

税金是指国家税法规定的应计入建筑安装工程造价内的营业税、城市维护建设税及教育费附加等。税金的计算：

税金=（直接费+间接费+利润）×税率（%）

（1）营业税。营业税是指对从事建筑业、交通运输业和各种服务业的单位和个人，就其营业收入征收的一种税。营业税应纳税额的计算公式为：

应纳税额=营业额×适用税率

我国建筑业营业税的适用税率为3%。

营业额是指从事建筑、安装、修缮、装饰及其他工程作业收取的全部收入（即工程造价），还包括建筑、修缮、装饰工程所用原材料及其他物资和动力的价款；当安装的设备的价值作为安装工程产值时，亦包括所安装设备的价款。但建筑业的总承包方将工程分包或转包给他人的，其营业额中不包括付给分包或转包人的价款。

（2）城市维护建设税。城市维护建设税，是国家为了加强城市的维护建设，扩大和稳定城市维护建设资金来源而对有经营收入的单位和个人征收的一种税；城市维护建设税与营业税同时缴纳，应纳税额的计算公式为：

应纳税额=营业税应纳税额×适用税率

城市维护建设税实行差别比例税率。城市维护建设税的纳税人所在地为市区的，适用税率为7%；所在地为县城、镇的，适用税率为5%；所在地不在市区、县城或镇的，适用税率为1%。

（3）教育费附加及地方教育费附加。教育费附加是指对加快发展地方教育事业，扩大地方教育资金来源的一种地方税；教育费附加应纳税额的计算公式为：

应纳税额＝营业税应纳税额×适用税率

教育费附加一般为营业税的3%，并与营业税同时缴纳。

在工程造价计算程序中，税金计算在最后进行。将税金计算之前的所有费用之和称为不含税工程造价，不含税工程造价加税金称为含税工程造价。税金计算公式：

税金＝税前造价×综合税率

依照土地所在地的不同，税率的计算结果也是不同的，综合税率：

a. 纳税地点在市区的企业：

$$综合税率（\%）= \frac{1}{1-3\%-（3\%×7\%）-（3\%×3\%）-（3\%×2\%）} - 1$$

b. 纳税地点在县城、镇的企业：

$$综合税率（\%）= \frac{1}{1-3\%-（3\%×5\%）-（3\%×3\%）-（3\%×2\%）} - 1$$

c. 纳税地点不在市区、县城、镇的企业：

$$综合税率（\%）= \frac{1}{1-3\%-（3\%×1\%）-（3\%×3\%）-（3\%×2\%）} - 1$$

d. 实行营业税改增值税的，按纳税地点现行税率计算。

2.7 设备及工、器具购置费用的构成

设备及工、器具购置费用由设备购置费和工具、器具及生产家具购置费组成。它是固定生产投资中的积极部分。在生产性工程建设中，设备及工具、器具购置费用占工程造价的比重越大，意味着生产技术的进步和资本有机构成的提高。

2.7.1 设备购置费用的构成及计算

设备购置费是指为建设项目购置或自制的达到固定资产标准的各种国产或进口设备、工具、器具的购置费用。设备购置费用由设备原价和设备运杂费构成。

设备购置费用＝设备原价＋设备运杂费

上式中设备原价是指国产设备或进口设备的原价，设备运杂费是指除设备原价以外的关于设备采购、包装、运输及仓库保管等方面支出费用的总和。

（1）国产设备原价的构成及计算。国产设备原价一般指的是设备制造厂的交货价，或订货合同价。一般由生产厂或供货商的询价、报价、合同价来确定，或采用一定的方法计算出来。国产设备有两种，即国产标准设备和国产非标准设备。

国产标准设备是指按照主管部门颁布的标准图纸和技术要求，由我国的设备生产厂批量生产的，并

符合国家质量检测标准的设备。国产标准设备原价一般指的是设备制造厂的交货价，或订货合同价。一般根据生产厂家或供货商的询价、报价、合同价确定。国产标准设备原价有两种，即带有备件的原价和不带备件的原价，在计算时，一般采用带有备件的原价。

国产非标准设备是指国家尚无定型标准，各设备生产厂商在生产过程中不可能采用批量生产，只能按一次订货，并根据具体的设计图纸制造的设备。非标准设备原价有多种计算方法，如成本计算估价法、系列设备插入估价法、分部组合估价法、定额估价法等。无论采用哪种计算方法，都应使设备的计价接近真实的出厂价，并且能使计算简单、明确。在成本计算估价法中，非标准设备的原价由材料费、加工费、辅助材料费，专用工具费、废品损失费、外购配套件费、包装费、利润、税金及非标准设备费构成。其中：

a. 材料费。其计算公式如下：

材料费 = 材料净重 × （1 + 加工损耗系数）× 每吨材料的综合价

b. 加工费。包括生产工人工资和工资附加费、燃料动力费、设备折旧费、车间经费等。其计算公式如下：

加工费 = 设备总重量（吨）× 设备每吨加工费

c. 辅助材料费。包括焊条、焊丝、氧气、氩气、油漆、电石等费用。其计算公式如下：

辅助材料费 = 设备总重量（吨）× 辅助材料费指标

d. 专用工具费。按 a ~ c 项之和乘以一定的百分比计算。

e. 废品损失费。按 a ~ d 项之和乘以一定的百分比计算。

f. 外购配套件费。按设备设计图纸所列的外购配套件的名称、型号、规格、数量、重量，根据相应的价格加运杂费计算。

g. 包装费。按 a ~ d 项之和乘以一定的百分比计算。

h. 利润。可按 a ~ e 项加上 g 项之和乘以一定的利润率计算。

i. 税金。主要指增值税，计算公式为：

增值税 = 当期销项税额 − 进项税额

当期销项税额 = 销售额 × 适用增值税率，（销售额为 a ~ h 项之和）

j. 非标准设备设计费：按国家规定的设计费收费标准计算。

这样，单台非标准设备原价计算公式为：

单台非标准设备原价 = ［（材料费 + 加工费 + 辅助材料费）×（1 + 专用工具费率）×（1 + 废品损失费率）+（外购配套件费）×（1 + 包装费率）− 外购配套件费］×（1 + 利润率）+ 增值税 + 非标准设备设计费 + 外购配套件费

（2）进口设备原价的构成及计算。进口设备的原价是进口设备的抵岸价，即抵达买方边境港口或边境车站，且交完关税后的价格。进口设备的原价随着进口设备的交货类别的不同而不同，交货类别决定了交货价格，从而相应影响了抵岸价。

进口设备交货类别根据交货地点的不同可分为：内陆交货类、目的地交货类、装运港交货类。进口设备由于交货地点的不同，卖方与买方所承担的责任和风险也不同。

内陆交货类，即卖方在出口国内陆的某个地点交货。在交货地点，卖方及时提交合同规定的货物和有关凭证，并负担交货前的一切费用和风险；买方按时接受货物，交付货款。负担接货后的一切费用和风险，并自行办理出口手续和装运出口。货物的所有权也在交货后转交给买方。

目的地交货类，即卖方在进口国的港口或内地交货。它有目的港船上交货价、目的港船边交货价（FOS）和目的港码头交货价（关税已付）及完税后交货价（进口国的指定地点）等几种交货价。它们的特点是：买卖双方承担的风险、责任是以目的地约定交货点为分界线，只有当卖方在交货点将货物置于买方的控制下才算交货，才能向买方收取货款。这种交货类别对卖方来说承担的风险大，在国际贸易中卖方一般不愿采用。

装运港交货类，即卖方在出口国装运港交货，主要有装运港船上交货价（FOB），习惯称离岸价格，运费在内价（CNF）和运费、保险费在内价（CIF），习惯称到岸价格，它们的特点是：卖方按照约定的时间在装运港交货，只要卖方把规定的货物装船后提供货运单据便完成交货任务，可凭单据收取货款。

装运港船上交货价是我国进口设备采用最多的一种交货价。采用船上交货价时卖方的责任是：在规定的期限内，负责在合同规定的装运港口将货物装上买方指定的船只，并及时通知买方；负担货物装船前的一切费用和风险；负责办理出口手续；提供出口国政府或有关方面签发的证件；负责提供有关装运单据；买方的责任是：负责租船和订舱，支付运费，并将船期、船名通知卖方，负责货物装船后的一切费用和风险；负责办理保险及支付保险费，办理在目的地的进口和收货手续，接受卖方提供的有关装运单据，并按合同规定支付货款。

进口设备抵岸价的构成及计算式为：

进口设备抵岸价 = 货价 + 国际运费 + 运输保险费 + 银行财务费 + 外贸手续费 + 关税 + 增值税 + 消费税 + 海关监管手续费 + 车辆购置附加费

a. 货价：一般指装运港船上交货价。设备货价分为原币货价和人民币货价，原币货价一律折算成美元表示，人民币货价按原币货价乘以外汇市场美元兑换人民币中间价确定。进口设备货价按有关生产厂商询价、报价、订货合同价计算。

b. 国际运费：即从装运港（站）至我国抵达港（站）的运费，我国进口设备大部分采用海洋运输，小部分采用铁路运输，个别采用航空运输。进口设备国际运费计算公式为：

国际运费（海、陆、空）= 原币货价（FOB）× 运费率

国际运费（海、陆、空）= 运量 × 单位运价

其中，运费率或单位运价参照有关部门或出口公司的规定执行。

c. 运输保险费：对外贸易货物运输保险是由保险人（保险公司）与被保险人（出口人或进口人）订立保险契约，在被保险人交付议定的保险费后，保险人根据保险契约的规定对货物在运输过程中发生的承保范围内的损失给予经济上的补偿。这是一种财产保险。

计算公式为：

$$运输保险费 = \frac{原币货价 + 国际运费}{1 - 保险费率} \times 保险费率$$

其中，保险费率按保险公司规定的进口货物保险费率计取。

d. 银行财务费：一般是指中国银行手续费，可按下式简化计算：

银行财务费 = 人民币货价（FOB）× 银行财务费率

e. 外贸手续费：指按经济贸易部规定的外贸手续费率计取的费用。计算公式为：

外贸手续费 = （装运港船上交货价 + 国际运费 + 运输保险费）× 外贸手续费率

f. 关税：由海关对进入国境或关境的货物和物品征收的一种税；计算公式为：

关税 = 到岸价格 × 进口关税税率

其中，到岸价格包括：离岸价格、国际运费、运输保险费等费用，是关税完税价格；进口关税税率分为优惠税率和普通税率两种。优惠税率适用于与我国签订有关税互惠条款的贸易条约或协定的国家的进口设备。进口关税税率是按我国海关总署发布的进口关税税率计取。

g. 增值税：是对从事进口贸易的单位和个人，进口商品报关进口后征收的税种，我国增值税条例规定，进口应税产品均按组成计税价格和增值税税率直接计算应缴税额，计算公式为：

进口设备增值税额 = 组成计税价格 × 增值税税率

组成计税价格 = 关税完税价格 + 关税 + 消费税

其中增值税税率根据规定的税率计取。

h. 消费税：对部分进口设备，如轿车、摩托车等征收，一般计算公式为：

$$应缴消费税额 = \frac{到岸价 + 关税}{1 - 消费税税率} \times 消费税税率$$

其中消费税税率根据规定的税率计取。

i. 海关监管手续费：指海关对进口减税、免税、保税货物实施监督、管理、提供服务的手续费。对全额征收进口关税的货物不计本项费用。其计算公式为：

海关监管手续费 = 到岸价 × 海关监管手续费率

j. 车辆购置附加费：进口车辆需缴进口车辆购置附加费，其计算公式为：

进口车辆购置附加费 = (到岸价 + 关税 + 消费税 + 增值税) × 进口车辆购置附加费率

【例2－1】某工业建设项目，需要引进国外先进设备及技术，其中硬件费200万美元，软件费40万美元，其中计算关税的有25万美元，美元兑人民币汇率为：1美元 = 8.28元人民币，国际运费费率为6%，国内运杂费率是2.5%；运输保险费是货价的0.35%，银行财务费率为设备与材料离岸价的0.5%，外贸手续费费率是1.5%，关税税率为22%，增值税税率为17%；试计算该批设备与材料到达建设现场的估价。

解：货价 = 200 × 8.28 + 40 × 8.28 = 1656 + 331.20 = 1987.20万元人民币

国际运费 = 1656 × 6% = 99.36万元人民币

运输保险费 = (1656 + 99.36) × 0.35% = 6.14万元人民币

硬件关税 = (1656 + 99.36 + 6.14) × 22% = 1761.15 × 22% = 387.53万元人民币

软件关税 = 25 × 8.28 × 22% = 207 × 22% = 45.54万元人民币

外贸手续费 = (1761.15 + 207) × 1.5% = 29.52万元人民币

银行财务费 = 1987.20 × 0.5% = 9.94万元人民币

消费税：该批设备与材料为生产用，无消费税。

增值税 = (1761.15 + 207 + 387.53 + 45.54) × 17% = 408.21万元人民币

加国内运杂费的总价

总价 = (1987.20 + 99.36 + 6.14 + 387.53 + 45.54 + 29.52 + 9.94 + 408.21) × 1.025 = 3047.78万元人民币

所以该批进口设备与材料到达建设现场的价格为3047.78万元人民币。

2.7.2 设备运杂费的构成及计算

设备运杂费通常由运费和装卸费、包装费、设备供销部门手续费、采购与仓库保管费各项构成。

国产设备由设备制造厂交货地点起至工地仓库（或施工组织设计指定的需要安装设备的堆放地点）止所发生的运费和装卸费；进口设备由我国到岸港口或边境车站起至工地仓库（或施工组织设计指定的需要安装设备的堆放地点）止所发生的运费和装卸费；包装费是在设备原价中没有包含的，为运输而进行的包装支出的各种费用；设备供销部门手续费是按有关部门规定的统一费率计算；采购与仓库保管费是指采购、验收、保管和收发设备所发生的各种费用，包括设备采购人员、保管人员和管理人员的工资、工资附加、办公费、交通费，设备供应部门办公和仓库所占固定资产使用费、工具用具使用费、劳动保护、检验实验费等。

设备运杂费按设备原价乘以设备运杂费率计算，其计算公式为：

设备运杂费 = 设备原价 × 设备运杂费率

其中设备运杂费率按各部门及省、市等的规定计取。

2.7.3 工具、器具及生产家具购置费的构成及计算

工具、器具及生产家具购置费，是指新建或扩建项目初步设计规定的，保证初期正用生产必须购置的，没有达到固定资产标准的设备、仪器、工卡模具、器具、生产家具和备品备件等的购置费用。一般以设备购置费为计算基数，按照部门或行业规定的工具、器具及生产家具费率计算。其计算公式为：

工具、器具及生产家具购置费 = 设备购置费 × 定额费率

2.8 工程建设其他费用 ▶

工程建设其他费用，是指从工程筹建起到工程竣工验收交付使用止的整个建设期间，除建筑安装工程费用和设备及工、器具购置费用以外的，为保证工程建设顺利完成和交付使用后能够正常发挥效用而发生的各项费用。

工程建设其他费用，按其内容可分为三类：土地使用费，与工程建设有关的其他费用，与企业未来生产经营有关的其他费用。

2.8.1 土地使用费

土地使用费是指通过划拨方式取得土地使用权而支付的土地征用及迁移补偿费，或者通过土地使用权出让方式取得土地使用权而支付的土地使用权出让金。

土地征用及迁移补偿费，是指建设项目通过划拨方式取得无限期的土地使用权，依照《中华人民共和国土地管理法》等规定所支付的费用。其总和一般不得超过被征用土地年产值的30倍，土地年产值则按该地被征用前3年的平均产量和国家规定的价格计算。其内容包括：

（1）土地补偿费。征用耕地（包括菜地）的补偿标准，为该耕地年产值的6—10倍，具体补偿标准由省、自治区、直辖市人民政府在此范围内制定征用园地、鱼塘、藕塘、苇塘、宅基地、林地、牧场、

草原等的补偿标准。征收无收益的土地，不予补偿。

（2）青苗补偿费和被征用土地上的房屋、水井、树木等附着物补偿费。这些补偿费的标准由省、自治区、直辖市人民政府制定。征用城市郊区的菜地时，还应按照有关规定向国家缴纳新菜地开发建设基金。

（3）安置补助费。征用耕地、菜地的，每个农业人口的安置补助费为该地每亩年产值的4—6倍，每亩耕地的安置补助费最高不得超过其年产值的15倍。

（4）缴纳的耕地占用税或城镇土地使用税、土地登记费及征地管理费等。县市土地管理机关从征地费中提取土地管理费的比率，要按征地工作量大小，视不同情况，在1%—4%幅度内提取。

（5）征地动迁费。包括征用土地上的房屋及附着构筑物、城市公共设施等拆除、迁建补偿费、搬迁运输费，企业单位因搬迁造成的减产、停工损失补贴费，拆迁管理费等。

（6）水利水电工程水库淹没处理补偿费。包括农村移民安置迁建费，城市迁建补偿费，库区工矿企业、交通、电力、通信、广播、管网、水利等的恢复、迁建补偿费，库底清理费，防护工程费，环境影响补偿费用等。

土地使用权出让金是指建设项目通过土地使用权出让方式，取得有限期的土地使用权，依照《中华人民共和国城镇国有土地使用权出让和转让暂行条例》规定，支付的土地使用权出让金。

明确国家是城市土地的唯一所有者，并分层次、有偿、有限期地出让、转让城市土地。第一层次是城市政府将国有土地使用权出让给用地者，该层次由城市政府垄断经营，出让对象可以是有法人资格的企事业单位，也可以是外商。第二层次及以下层次的转让则发生在使用者之间。

城市土地的出让和转让可采用协议、招标、公开拍卖、挂牌等方式。

（1）协议方式是由用地单位申请，经市政府批准同意后，双方洽谈具体地块及地价，该方式适用于市政工程、公益事业用地以及需要减免地价的机关、部队用地和需要重点扶持、优先发展的产业用地。

（2）招标方式是在规定的期限内，由用地单位以书面形式投标，市政府根据投标报价、所提供的规划方案以及企业信誉综合考虑，择优而取。该方式适用于一般工程建设用地。

（3）公开拍卖是指在指定的地点和时间，由申请用地者叫价应价，价高者得。这完全由市场竞争决定，适用于盈利高的行业用地。

（4）挂牌出让是近年新出现的一种土地出让方式，是指出让人发布挂牌公告，按公告规定的期限将拟出让宗地的交易条件在指定的土地交易场所挂牌公布，接受竞买人的报价申请并更新挂牌价格，根据挂牌期限截止时的出价结果确定土地使用者的行为。该方式适用范围比较广，比招标方式和公开拍卖方式更有灵活性。

城市土地是城市的重要资源，也是国家财政收入的主要来源之一，为了加强对城市土地出让转让的管理，国家先后颁布了《招标拍卖挂牌出让国有土地使用权规定》（中华人民共和国国土资源部令第11号）、《关于继续开展经营性土地使用权招标拍卖挂牌出让情况执法监察工作的通知》，明确规定：商业、旅游、娱乐和商品住宅等经营性用地供应必须严格按规定采用招标拍卖挂牌方式，其他土地的供地计划公布后，同一宗地有两个或两个以上意向用地者的，也应当采用招标拍卖挂牌方式供应。国家不断加强城市土地的市场经营，城市土地协议出让方式在法定意义上被叫停，并不断被取代，渐渐退出土地出让的历史舞台。

有偿出让和转让土地的原则：（1）地价对目前的投资环境不产生大的影响；（2）地价与当地的社会经济承受能力相适应；（3）地价要考虑已投入的土地开发费用、土地市场供求关系、土地用途和使用年限。

关于政府有偿出让土地使用权的年限，各地可根据时间、区位等各种条件作不同的规定，一般可在30—99年之间：按照地面附属建筑物的折旧年限来看，以50年为宜。

土地有偿出让和转让，土地使用者和所有者要签约，明确使用者对土地享有的权利和对土地所有者应承担的义务：（1）有偿出让和转让使用权，要向土地受让者征收契税；（2）转让土地如有增值，要向转让者征收土地增值税；（3）在土地转让期间，国家要区别不同地段、不同用途向土地使用者收取土地占用费。

【例2-2】某企业为了某一工程建设项目，需要征用耕地200亩，被征用前第一年平均每亩产值1400元，征用前第二年平均每亩产值1200元，征用前第三年平均每亩产值1000元，该单位人均耕地2.5亩，地上附着物共有树木3000棵，按照20元/棵补，青苗补偿按照100元/亩计取，现试对该土地费用进行估价。

解：根据国家有关规定，取被征用前三年平均产值的8倍计算土地补偿费，则有：

土地补偿费 = （1400 + 1200 + 1000）× 200 × 8/3 = 192万元

取该耕地被征用前三年平均产值的5倍计算安置补助费，则：

需要安置的农业人口数 = 200/2.5 = 80人

人均安置补助费 = （1400 + 1200 + 1000）× 2.5 × 5/3 = 1.5万元

安置补助费 = 1.5万 × 80人 = 120万元

地上附着物补偿费 = 3000 × 20 = 6万元

青苗补偿费 = 100 × 200 = 2万元

则该土地费用估价为：192 + 120 + 6 + 2 = 320万元

【例2-3】某建设单位准备以有偿的方式取得某城区一宗土地的使用权，该宗土地占地面积12000㎡，土地使用权出让金标准为5000元/㎡。根据调查，目前该区域尚有平房住户60户，建筑面积总计2500㎡，试对该土地费用进行估价。

解：土地使用权出让金 = 5000 × 12000 = 6000万元

以同类地区征地拆迁补偿费作为参照，估计单价为1200元/㎡，则该土地拆迁补偿费用为：

1200 × 2500 = 300万元

则该土地费用 = 6000 + 300 = 6300万元

2.8.2 与项目建设有关的其他费用

根据项目的不同，与项目建设有关的其他费用的构成也不尽相同，一般包括建设单位管理费、勘察设计费、研究试验费、建设单位临时设施费、工程监理费、工程保险费、引进技术和进口设备的其他费用、工程承包费等项目费用，在进行工程估算及概算中可根据实际情况进行计算。

建设单位管理费是指建设项目从立项、筹建、建设、联合试运转、竣工验收、交付使用及后评估等全过程管理所需要的费用。内容包括：建设单位开办费、建设单位经费。

（1）建设单位开办费。指新建项目为保证筹建和建设工作正常进行所需办公设备、生活家具、用具、交通工具等购置费用。

（2）建设单位经费。包括工作人员的基本工资、工资性补贴、职工福利费、劳动保护费、劳动保险费、办公费、差旅交通费、工会经费、职工教育经费、固定资产使用费、工具用具使用费、技术图书资料费、生产人员招募费、工程招标费、合同契约公证费、工程质量监督检测费、工程咨询费、法律顾问费、审计费、业务招待费、排污费、竣工交付使用清理及竣工验收费、后评估等费用。不包括应计入设备、材料预算价格的建设单位采购及保管设备材料所需的费用。

建设单位管理费 = 单项工程费用之和（包括设备工器具购置费和建筑安装工程费用）×建设单位管理费率

建设单位管理费率按照建设项目的不同性质、不同规模确定。有的建设项目按照建设工期和规定的金额计算建设单位管理费。

勘察设计费是指为本建设项目提供项目建议书、可行性研究报告及设计文件等所需费用。内容包括：

（1）编制项目建议书、可行性研究报告及投资估算、工程咨询、评价以及为编制上述文件进行勘察、设计、研究试验等所需费用。

（2）委托勘察、设计单位进行初步设计、施工图设计及概预算编制等所需费用。

（3）在规定范围内由建设单位自行完成的勘察、设计工作所需费用。

勘察设计费中，项目建议书、可行性研究报告按国家颁布的收费标准计算，勘察设计费按国家颁布的工程勘察设计收费标准计算。

研究试验费是指为建设项目提供和验证设计参数、数据、资料等所进行的必要的试验费用以及设计规定在施工中必须进行试验、验证所需费用。研究试验费按照设计单位根据本工程项目的需要提出的研究试验内容和要求计算。

建设单位临时设施费是指建设期间建设单位所需临时设施的搭设、维修、摊销费用或租赁费用。临时设施包括临时宿舍、文化福利及公用事业房屋与构筑物、仓库、办公室、加工厂以及规定范围内的道路、水、电、管线等临时设施和小型临时设施。

工程监理费是指建设单位委托工程监理单位对工程实施监理工作所需费用。根据国家物价局、中华人民共和国建设部《关于发布工程建设监理费用有关规定的通知》等文件规定，选择下列方法之一计算：

（1）一般情况应按工程建设监理收费标准计算，即占所监理工程概算或预算的百分比计算；

（2）对于单工种或临时性项目可根据参与监理的年度平均人数按每年3.5万元—5万元/人计算。

工程保险费是指建设项目在建设期间根据需要实施工程保险所需的费用，包括以各种建筑工程及其在施工过程中的物料、机器设备为保险标的的建筑工程一切险，以安装工程中的各种机器、机械设备为保险标的的安装工程一切险，以及机器损坏保险等。工程保险费根据不同的工程类别，分别以其建筑、安装工程费乘以建筑、安装工程保险费率计算：民用建筑（住宅楼、综合性大楼、商场、旅馆、医院、学校）占建筑工程费的0.2%—0.4%；其他建筑（工业厂房、仓库、道路、码头、水坝、隧道、桥梁、管道等）占建筑工程费的0.3%—0.6%；安装工程（农业、工业、机械、电子、电器、纺织、矿山、石油、化学及钢铁工业、钢结构桥梁）占建筑工程费的0.3%—0.6%。

引进技术及进口设备其他费用包括出国人员费用、国外工程技术人员来华费用、技术引进费、分期或延期付款利息、担保费以及进口设备检验鉴定费。

（1）出国人员费用：指为引进技术和进口设备派出人员在国外培训和进行设计联络、设备检验等的差旅费、置装费、生活费等。这项费用根据设计规定的出国培训和工作的人数、时间及派往国家，按国家财政部、外交部规定的临时出国人员费用开支标准及中国民用航空公司现行国际航线票价等进行计算，其中使用外汇部分应计算银行财务费用。

（2）国外工程技术人员来华费用：指为安装进口设备，引进国外技术等聘用外国工程技术人员进行技术指导工作所发生的费用。包括技术服务费、外国技术人员的在华工资、生活补贴、差旅费、医药费、住宿费、交通费、宴请费、参观游览等招待费用。这项费用按每人每月费用指标计算。

（3）技术引进费：指为引进国外先进技术而支出的费用。包括专利费、专有技术费（技术保密费）、国外设计及技术资料费、计算机软件费等。这项费用根据合同或协议的价格计算。

（4）分期或延期付款利息：指利用出口信贷引进技术或进口设备采取分期或延期付款的办法所支付的利息。

（5）担保费：指国内金融机构为买方出具保函的担保费。这项费用按有关金融机构规定的担保费率计算（一般可按承保金额的5%计算）。

（6）进口设备检验鉴定费用：指进口设备按规定付给商品检验部门的进口设备检验鉴定费。这项费用按进口设备货价的3%—5%计算。

工程承包费是指具有总承包条件的工程公司，对工程建设项目从开始建设至竣工投产全过程的总承包所需的管理费用，具体内容包括组织勘察设计、设备材料采购、非标准设备设计制造与销售、施工招标、发包、工程预决算、项目管理、施工质量监督、隐蔽工程检查、验收和试车直至竣工投产的各种管理费用，该费用按国家主管部门或省、自治区，直辖市协调规定的工程总承包费取费标准计算。如无规定时，一般工业建设项目为投资估算的6%—8%；民用建筑和市政项目为4%—6%。不实行工程总承包的项目不计算本项费用。

2.8.3　与未来企业生产经营有关的其他费用

企业生产经营有关费用也应计入项目建设投资费用中，与未来企业生产经营有关的费用主要是联合试运转费、生产准备费、办公和生活家具购置费三大项。

联合试运转费是指新建企业或新增加生产工艺过程的扩建企业在竣工验收前，按照设计规定的工程质量标准，进行整个车间的负荷试运转发生的费用支出大于试运转收入的亏损部分费用，内容包括：试运转所需要的原料、燃料、油料和动力的费用，机械使用费，低值易耗品及其他物品的购置费用和施工单位参加联合试运转人员的工资等。试运转收入包括试运转产品销售和其他收入，不包括应由设备安装工程费开支的单台设备调试费及无负荷联动试运转费用。以单项工程费用总和为基础，按照工程项目的不同规模分别规定的试运转费率计算或者以试运转费总金额包干使用。

生产准备费是指新建企业或新增生产能力的企业，为保证竣工交付使用进行必要的生产准备所发生的费用。费用内容包括：（1）生产人员培训费，包括自行培训、委托其他单位培训的人员的工资、工资性补贴、职工福利费、差旅交通费、学习资料费、学习费、劳动保护费等；（2）生产单位提前进厂参加施工、设备安装、调试以及熟悉工艺流程及设备性能等人员的工资、工资性补贴、职工福利费、差旅交通费、劳动保护费等。生产准备费一般根据需要培训和提前进厂人员的人数及培训时间按生产准备费指标进行估算。生产准备费在实际执行中是一笔在时间上、人数上、培训深度上很难划分的活口很大的支出，尤其要严格掌握。

办公和生活家具购置费是指为保证新建、改建、扩建项目初期正常生产、使用和管理所必须购置的办公和生活家具及用具的费用。改、扩建项目所需的办公和生活用具购置费应低于新建项目。其范围包括办公室、会议室、资料档案室、阅览室、文娱室、食堂、浴室、理发室、单身宿舍和设计规定必须建设的托儿所、卫生所、招待所、中小学校等家具用具购置费，这项费用按照设计定员人数乘以综合指标计算，一般为600—800元/人。

2.9 预备费、建设期贷款利息和调节税 ▶▶

按我国现行规定，预备费包括基本预备费和涨价预备费。

2.9.1 基本预备费

基本预备费是指在初步设计及概算内难以预料的工程费用，费用内容包括：

（1）在批准的初步设计范围内，技术设计、施工图设计及施工过程中所增加的工程费用，设计变更、局部地基处理等增加的费用；（2）一般自然灾害造成的损失和预防自然灾害所采取的措施费用，实行工程保险的工程项目费用应适当降低；（3）竣工验收时为鉴定工程质量对隐蔽工程进行必要的挖掘和修复费用。

基本预备费是按设备及工器具购置费、建筑安装工程费用和工程建设其他费用三者之和为计取基础，乘以基本预备费率进行计算。其计算公式为：

基本预备费＝（设备及工器具购置费＋建筑安装工程费用＋工程建设其他费用）×基本预备费率

基本预备费率的取值应执行国家及部门的有关规定。

2.9.2 涨价预备费

涨价预备费是指建设项目在建设期间内由于价格等变化引起工程造价变化的预测预留费用，费用内容包括：人工、设备、材料、施工机械的价差费，建筑安装工程费及工程建设其他费用调整，利率、汇率调整等增加的费用。

涨价预备费的测算方法，一般根据国家规定的投资综合价格指数，按估算年份价格水平的投资额为基数，采用复利方法计算。其计算公式为：

$$PF = \sum_{t=0}^{n} I_t \left[(1+f)^t - 1 \right]$$

式中，PF：涨价预备费；

n：建设期年份数；

I_t：建设期中第t年的计划投资额，包括设备工、器具购置费、建筑安装工程费、工程建设其他费用及基本预备费；

f：年均投资价格上涨率。

【例2-4】某项目的静态投资为10000万元，项目建设期为3年，项目的投资分年使用比例为第一年20％，第二年60％，第三年20％，建设期内年平均价格变动率为6％，则估计该项目建设期的涨价预备费为多少万元？

解：第一年的投资额为：$10000 \times 20\% = 2000$万元

第二年的投资额为：$10000 \times 60\% = 6000$万元

第三年的投资额为：$10000 \times 20\% = 2000$万元

$$PF = \sum_{t=0}^{n} I_t \left[(1+f)^t - 1 \right] = 2000 \left[(1+6\%)^1 - 1 \right] + 6000 \left[(1+6\%)^2 - 1 \right]$$

$$+ 2000 \left[(1+6\%)^3 - 1 \right] = 120.0 + 741.6 + 382.0 = 1243.6 \text{万元}$$

2.9.3 建设期贷款利息的计算

建设期贷款利息包括向国内银行和其他非银行金融机构贷款、出口信贷、外国政府贷款、国际商业银行贷款以及在境内外发行的债券等在建设期间内应偿还的贷款利息。建设期利息实行复利计算。

（1）贷款一次贷出且利率固定时，利息的计算：

$$F = P \times (1+i)^n$$

式中：F：建设期末的本利之和；

　　P：一次性贷款金额；

　　i：年利率；

　　n：贷款期限。

（2）贷款是分年均衡发放时，利息的计算：

建设期利息的计算，可按当年借款在年中支用考虑，即当年贷款按半年计息，上年贷款按全年计息。其计算公式为：

$$q_j = \left(P_{j-1} + \frac{1}{2} A_j \right) \times i$$

式中：q_j：建设期第 j 年应计利息；

　　P_{j-1}：建设期第 $j-1$ 年末贷款累计金额与利息累计金额之和；

　　A_j：建设期第 j 年贷款金额；

　　i：年利率。

国外贷款利息的计算中，还应包括国外贷款银行根据贷款协议向贷款方以年利率的方式收取的手续费、管理费、承诺费，以及国内代理机构经国家主管部门批准的以年利率的方式向贷款单位收取的转贷费、担保费、管理费等。

【例2-5】某新建项目，建设期为3年，在建设期第一年贷款300万元，第二年400万元，货款年利率为10%，各年贷款均在年内均匀发放。用复利法计算建设期利息。

解：第一年利息：$q_1 = 1/2 \times 300 \times 10\% = 15$万元

第一年末本利之和：$P_1 = 300 + 15 = 315$万元

第二年利息：$q_2 = (315 + 1/2 \times 400) \times 10\% = 51.5$万元

第二年末本利之和：$P_2 = 315 + 400 + 51.5 = 766.5$万元

第三年利息：$q_3 = 766.5 \times 10\% = 76.5$万元

建设期利息 $q = 15 + 51.5 + 76.65 = 143.15$万元

2.9.4 固定资产投资方向调节税的构成及计算

为了贯彻国家产业政策，控制投资规模，引导投资方向，调整投资结构，加强重点建设，促进国民经济持续、稳定、协调发展，1991年4月16日，国务院发布了《中华人民共和国固定资产投资方向调节税暂行条例》，对在我国境内进行固定资产投资的单位和个人（不含中外合资经营企业、中外合作经营企业和外商独资企业）征收固定资产投资方向调节税（简称投资方向调节税）。

根据国家产业政策和项目经济规模实行差别税率，税率为0、5%、10%、15%，30%五个档次，差别税率按两大类设计：一是基本建设项目投资；二是更新改造项目投资。对前者设计了四档税率，即0、5%、15%、30%；对后者设计了两档税率，即0、10%。

基本建设项目适用的投资税率：

（1）国家急需发展的项目投资，如农业、林业、水利、能源、交通、通信、原材料、科教、地质、勘探、矿山开采等基础产业和薄弱环节的部门项目投资，适用税率为零。

（2）对国家鼓励发展，但受能源、交通等制约的项目投资，如钢铁、化工、石油、水泥等部分重要原材料项目，以及一些重要机械、电子、轻工业和新型建材项目，实行5%的税率。

（3）为配合住房制度改革，对城乡个人修建、购买住宅的投资实行零税率；对单位购修建、购买一般性住宅投资，实行5%的低税率；对单位用公款修建、购买高标准、独门独院、别墅式住宅投资，实行30%的高税率。

（4）对楼堂馆所以及国家严格限制发展的项目投资，课以重税，税率为30%。

（5）对不属于上述四类的其他项目投资，实行中等税负政策，税率为15%。

对于更新改造项目适用的投资税率：

（1）为了鼓励企事业单位进行设备更新和技术改造，促进技术进步，对国家急需发展的项目投资，予以扶持，适用零税率。对单纯工艺改造和设备更新的项目投资，适用零税率。

（2）对不属于上述提及的其他更新改造项目投资，一律适用10%的税率。

固定资产投资项目实际完成投资额，其中更新改造项目为建筑工程实际完成的投资额。投资方向调节税按固定资产投资项目的单位工程年度计划额预缴；年度终了后，按年度实际投资结算，多退少补。项目竣工后按全部实际投资进行清算，多退少补。

为贯彻国家宏观调控政策，扩大内需，鼓励投资，根据国务院的决定，对《中华人民共和国固定资产投资方向调节税暂行条例》规定的纳税义务人，其固定资产投资应税项目自2000年1月1日起新发生的投资额，暂停征收固定资产投资方向调节税。但该税种并未取消。

· 复习思考题 ·

1. 论述建设项目总投资和固定资产投资的区别和联系。

2. 工程造价由哪些费用组成？列表说明各项费用的计算方法。

3. 世界银行工程造价的构成与我国现阶段工程造价的构成有哪些不同？

4. 简述建筑安装工程造价的组成。

5. 设备购置费由哪些费用组成？应如何计算国产标准设备的购置费？

6. 抵离岸价的构成及计算是怎样的？

7．什么是工程建设其他费？它由哪三类费用组成？

8．预备费的概念及计算是怎样的？

9．建设期利息如何计算？

·综合实训练习·

1．某项目总投资为2000万元，项目建设期为3年，第一年投资为500万元，第二年投资为1000万元，第三年投资为500万元，建设期内年利率为10%，请编制建设期应付利息费用书面报告。

2．某项目的静态投资为3750万元，按进度计划，项目建设期为2年，2年的投资分年使用，比例为第一年40%，第二年60%，建设期内平均价格变动率预测为6%，请编制该项目建设期的涨价预备费用书面报告。

3．某项目进口一批工艺设备，其银行财务费为2.5万元，外贸手续费为18.9万元，关税税率为20%，增值税税率为17%，抵岸价格1792.19万元。该批设备无消费税、海关监管手续费，请编制该进口设备的到岸价格费用书面报告。

3

― 工程量清单计价 ―

学习目标

1. 熟悉工程量清单的概念及作用；
2. 熟悉计价规范的特点；
3. 掌握计价规范的相关术语；
4. 掌握计价规范的适用范围；
5. 了解计量规范的适用范围及各计量规范之间的关系。

3.1 工程量清单概述 ▶▶

2003年2月17日，建设部119 号令颁布了国家标准《建设工程工程量清单计价规范》（GB50500 - 2003），并于2003年7月1日正式实施。2008年7月9日，住房和城乡建设部以第63号公告发布了《建设工程工程量清单计价规范》（GB50500 - 2008），自2008年12月1日起实施。2012年12月25日，公布了《建设工程工程量清单计价规范》（GB50500 - 2013，以下简称"2013版计价规范"）和九部专业工程工程量计算规范（以下简称"计算规范"），自2013年7月1日起实施。这是我国工程造价计价方式适应社会主义市场经济发展的一次重大变革，也是我国工程造价计价工作逐步实现向"政府宏观调控、企业自主报价、市场形成价格"的目标迈出的坚实一步。

3.1.1 工程量清单概念

工程量清单是指在工程量清单计价中载明建设工程分部分项工程项目、措施项目、其他项目的名称和相应数量以及规费、税金项目等内容的明细清单。在建设工程发承包及实施过程的不同阶段，又可分别称为"招标工程量清单"及"已标价工程量清单"。

招标工程量清单是指招标人依据国家标准、招标文件、设计文件以及施工现场实际情况编制的，随招标文件发布供投标人投标报价的工程量清单，包括其说明和表格。招标工程量清单应以单位（项）工程为单位编制，应由分部分项工程项目清单、措施项目清单、其他项目清单、规费和税金项目清单组成。

已标价工程量清单是指构成合同文件组成部分的投标文件中已标明价格，经算术性错误修正（如有）且承包人已确认的工程量清单，包括其说明和表格。

3.1.2 工程量清单的作用

3.1.2.1 工程量清单的主要作用

（1）工程量清单是编制工程预算或招标人编制招标控制价的依据。

（2）工程量清单是供投标者报价的依据。

（3）工程量清单是确定和调整合同价款的依据。

（4）工程量清单是计算工程量以及支付工程款的依据。

（5）工程量清单是办理工程结算和工程索赔的依据。

3.1.2.2 工程量清单编制的一般规定

（1）招标工程量清单的编制人：招标工程量清单应由具有编制能力的招标人或受其委托、具有相应资质的工程造价咨询人编制。

（2）招标工程量清单的编制责任：采用工程量清单计价方式，招标工程量清单必须作为招标文件的组成部分，其准确性和完整性应由招标人负责，投标人依据工程量清单进行投标报价，对工程量清单不负有核实的义务，更不具有修改和调整的权力。

（3）编制招标工程量清单应依据：计价规范和相关工程的国家计算规范，国家或省级、行业建设主管部门颁发的计价定额和办法，建设工程设计文件及相关资料，与建设工程有关的标准、规范、技术资料，拟定的招标文件，施工现场情况、地勘水文资料、工程特点及常规施工方案，其他相关资料。

3.2 工程量清单计价规范 ▶

3.2.1 工程量清单计价概述

3.2.1.1 工程量清单计价的基本原理

工程量清单计价是指投标人完成由招标人提供的工程量清单所需的全部费用，包括分部分项工程费、措施项目费、其他项目费和规费、税金。工程量清单计价的基本原理就是以招标人提供的工程量清单为依据，投标人根据自身的技术、财务、管理能力进行投标报价，招标人根据具体的评标细则进行优选。这种计价方式是市场定价体系的具体表现形式。工程量清单计价采取综合单价计价。

3.2.1.2 工程量清单计价的基本方法和程序

工程量清单计价的基本国策可以描述为：在统一的工程量计算规则的基础上，制定工程量清单项目设置规则，根据具体工程的施工图纸计算出各个清单项目的工程量，再根据各种渠道所获的工程造价信息和经验数据计算得到工程造价。

工程量清单计价过程分为两个阶段：工程量清单格式的编制和利用工程量清单来编制招标控制价或投标报价。投标报价是在业主提供的工程量计算结果的基础上，根据企业自身所掌握的各种信息、资料，结合企业定额编制出来的。

3.2.1.3 工程量清单计价中的计价风险

在工程施工阶段发包和承包双方都面临许多计价风险，但不是所有的风险都应由某一方承担，而是应按风险共担的原则对风险进行合理分摊。其具体体现在招标文件、合同中对计价风险内容及其范围进行界定和明确。明确计价中的风险内容及其范围，不得采用无限风险、所有风险或类似语句规定计价中的风险内容及范围。根据我国工程建设特点，投标人应完全承担技术风险和管理风险，如管理费和利润；应有限度承担市场风险，如材料价格、施工机械使用费；应完全不承担法律、法规、规章和政策变化的风险。

应由发包人承担的风险有：国家法律、法规、规章和政策发生变化；省级或行业建设主管部门发布的人工费调整，但承包人对人工费或人工单价的报价高于发布的除外；由政府定价或政府指导价管理的原材料等价格进行了调整。

由于市场物价波动影响合同价款的，应由发承包双方合理分摊。由于承包人使用机械设备、施工技术以及组织管理水平等自身原因造成施工费用增加的，应由承包人全部承担。

因不可抗力事件导致的人员伤亡、财产损失及其费用增加，发承包双方应按下列原则分别承担并调整合同价款和工期：

（1）合同工程本身的损害、因工程损害导致第三方人员伤亡和财产损失以及运至施工场地用于施工的材料和待安装的设备的损害，应由发包人承担。

（2）发包人、承包人人员伤亡应由其所在单位负责，并应承担相应费用。

（3）承包人的施工机械设备损坏及停工损失，应由承包人承担。

（4）停工期间，承包人应发包人要求留在施工场地的必要的管理人员及保卫人员的费用应由发包人承担。

（5）工程所需清理、修复费用，应由发包人承担。

3.2.2　工程量清单计价规范的特点

第一，强制性。工程量清单计价规范作为国家标准包含了一部分必须严格执行的强制性条文，如：全部使用国有资金投资或国有投资资金为主的工程建设项目，必须采用工程量清单计价；采用工程量清单方式招标，工程量清单必须作为招标文件的组成部分，其准确性和完整性由招标人负责；分部分项工程量清单应根据附录规定的项目编码、项目名称、项目特征、计量单位和工程量计算规则进行编制；分部分项工程量清单应采用综合单价计价；招标文件中的工程量清单标明的工程量是投标人投标报价的共同基础，竣工结算的工程量按承、发包双方在合同中的约定应予计量且实际完成的工程量确定；措施项目清单中的安全文明施工费应按照国家或省级、行业建设主管部门的规定计价，不得作为竞争性费用；投标人应按招标人提供的工程量清单填报价格，填写的项目编码、项目名称、项目特征、计量单位和工程量必须与招标人提供的一致。

第二，实用性。主要表现在计价规范的附录中，工程量清单及其计算规则的项目名称表现的是工程实体项目，项目名称明确清晰，工程量计算规则简洁明了。特别还列有项目特征和工作内容，易于编制工程量清单时确定具体项目名称和投标报价。

第三，竞争性。一方面，表现在工程量清单计价规范中从政策性规定到一般内容的具体规定，充分体现了工程造价由市场竞争形成价格的原则。工程量清单计价规范中的措施项目，在工程量清单中只列"措施项目"一栏，具体采用什么措施由投标企业的施工组织设计，视具体情况报价。另一方面，工程量清单计价规范中人工、材料和施工机械没有具体的消耗量，投标企业可以依据企业定额、市场价格或参照建设主管部门发布的社会平均消耗量定额、价格信息进行报价，为企业报价提供了自主的空间。

第四，通用性。表现在我国工程量清单计价是与国际惯例接轨的，符合工程量计算方法标准化、工程量清单计算规则统一化，工程造价确定市场化的要求。

3.2.3 工程量清单计价规范主要内容和相关术语

3.2.3.1 2013版计价规范主要内容

2013版计价规范主要内容包括：总则、术语、一般规定、工程量清单编制、招标控制价、投标报价、合同价款约定、工程计量、合同价款调整、合同价款中期支付、竣工结算与支付、合同解除的价款结算与支付、合同价款争议的解决、工程造价鉴定、工程计价资料与档案、计价表格等。

计算规范是在2008版计价规范附录 A、B、C、D、E、F 的基础上制订的，内容包括：房屋建筑与装饰工程、仿古建筑工程、通用安装工程、市政工程、园林绿化工程、矿山工程、构筑物工程、城市轨道交通工程、爆破工程等九个专业。各专业工程量计算规范包括总则、术语、工程计量、工程量清单编制、附录等。

3.2.3.2 2013版计价规范的相关术语

（1）项目编码：分部分项工程和措施项目清单名称的阿拉伯数字标识。项目编码应采用十二位阿拉伯数字表示。

（2）项目特征：成分部分项工程项目、措施项目自身价值的本质特征。

（3）综合单价：完成一个规定清单项目所需的人工费、材料和工程设备费、施工机具使用费和企业管理费、利润以及一定范围内的风险费用。

（4）风险费用：隐含于已标价工程量清单综合单价中，用于化解发承包双方在工程合同中约定内容和范围内的市场价格波动风险的费用。

（5）工程成本：承包人为实施合同工程并达到质量标准，在确保安全施工的前提下，必须消耗或使用的人工、材料、工程设备、施工机械台班及其管理等方面发生的费用和按规定缴纳的规费和税金。

（6）单价合同：发承包双方约定以工程量清单及其综合单价进行合同价款计算、调整和确认的建设工程施工合同。

（7）总价合同：发承包双方约定以施工图及其预算和有关条件进行合同价款计算、调整和确认的建设工程施工合同。

（8）成本加酬金合同：发承包双方约定以施工工程成本再加合同约定酬金进行合同价款计算、调整和确认的建设工程施工合同。

（9）工程造价信息：工程造价管理机构根据调查和测算发布的建设工程人工、材料、工程设备、施工机械台班的价格信息以及各类工程的造价指数、指标。

（10）工程造价指数：反映一定时期的工程造价相对于某一固定时期的工程造价变化程度的比值或比率。包括按单位或单项工程划分的造价指数，按工程造价构成要素划分的人工、材料、机械等价格指数。

（11）工程变更：合同工程实施过程中由发包人提出或由承包人提出经发包人批准的合同工程任何一项工作的增、减、取消或施工工艺、顺序、时间的改变；设计图纸的修改；施工条件的改变；招标工程量清单的错、漏而引起合同条件的改变或工程量的增减变化。

（12）工程量偏差：承包人按照合同工程的图纸（含经发包人批准由承包人提供的图纸）实施，按照现行国家计算规范规定的工程量计算规则计算得到的完成合同工程项目应予计量的工程量与相应的招标工程量清单项目列出的工程量之间出现的量差。

（13）索赔：在工程合同履行过程中，合同当事人一方因非己方的原因而遭受损失，按合同约定或法律法规规定应由对方承担责任，从而向对方提出补偿的要求。

（14）现场签证：发包人现场代表（或其授权的监理人、工程造价咨询人）与承包人现场代表就施工过程中涉及的责任事件所做的签认证明。

（15）提前竣工（赶工）费：承包人应发包人的要求而采取加快工程进度措施，使合同工程工期缩短，由此产生的应由发包人支付的费用。

（16）误期赔偿费：承包人未按照合同工程的计划进度施工，导致实际工期超过合同工期（包括经发包人批准的延长工期），承包人应向发包人赔偿损失的费用。

（17）不可抗力：发承包双方在工程合同签订时不能预见的，对其发生的后果不能避免，并且不能克服的自然灾害和社会性突发事件。

（18）缺陷责任期：指承包人对已交付使用的合同工程承担合同约定的缺陷修复责任的期限。

（19）质量保证金：发承包双方在工程合同中约定，从应付合同价款中预留，用以保证承包人在缺陷责任期内履行缺陷修复义务的金额。

（20）费用：承包人为履行合同所发生或将要发生的所有合理开支，包括管理费和应分摊的其他费用，但不包括利润。

（21）企业定额：施工企业根据本企业的施工技术、机械装备和管理水平而编制的人工、材料和施工机械台班等的消耗标准。

（22）发包人：有工程发包主体资格和支付工程价款能力的当事人以及取得该当事人资格的合法继承人，本规范有时又称招标人。

（23）承包人：被发包人接受的具有工程施工承包主体资格的当事人以及取得该当事人资格的合法继承人，本规范有时又称投标人。

（24）单价项目：工程量清单中以单价计价的项目，即根据合同工程图纸（含设计变更）和相关工程现行国家计量规范规定的工程量计算规则进行计量，与已标价工程量清单相应综合单价进行价款计算的项目。

（25）总价项目：工程量清单中以总价计价的项目，即此类项目在相关工程现行国家计量规范中无工程量计算规则，以总价（或计算基础乘费率）计算的项目。

（26）工程计量：发包承包双方根据合同约定，对承包人完成合同工程的数量进行的计算和确认。

（27）工程结算：双方根据合同约定，对合同工程在实施中、终止时、已完工后进行的合同价款计算、调整和确认。包括期中结算、终止结算、竣工结算。

（28）招标控制价：招标人根据国家或省级、行业建设主管部门颁发的有关计价依据和办法，以及拟定的招标文件和招标工程量清单，结合工程具体情况编制的招标工程的最高投标限价。

（29）投标价：投标人投标时响应招标文件要求所报出的对已标价工程量清单汇总后标明的总价。

（30）签约合同价（合同价款）：发承包双方在工程合同中约定的工程造价，即包括了分部分项工程费、措施项目费、其他项目费、规费和税金的合同总金额。

（31）预付款：在开工前，发包人按照合同约定，预先支付给承包人用于购买合同工程施工所需的材料、工程设备，以及组织施工机械和人员进场等的款项。

（32）进度款：在合同工程施工过程中，发包人按照合同约定对付款周期内承包人完成的合同价款给予支付的款项，也是合同价款期中结算支付。

（33）合同价款调整：在合同价款调整因素出现后，发承包双方根据合同约定，对合同价款进行变动的提出、计算和确认。

（34）竣工结算价：发承包双方依据国家有关法律、法规和标准规定，按照合同约定确定的，包括在履行合同过程中按合同约定进行的合同价款调整，是承包人按合同约定完成了全部承包工作后，发包人应付给承包人的合同总金额。

（35）工程造价鉴定：工程造价咨询人接受人民法院、仲裁机关委托，对施工合同纠纷案件中的工程造价争议，运用专门知识进行鉴别、判断和评定，并提供鉴定意见的活动。也称为工程造价司法鉴定。

3.2.4 2013版计价规范适用范围

（1）2013版计价规范适用于建设工程发承包及实施阶段的计价活动，包括工程量清单编制、招标控制价编制、投标报价编制、工程合同价款的约定、工程施工过程中工程计量与合同价款的支付、索赔与现场签证、合同价款的调整、竣工结算的办理和合同价款争议的解决以及工程造价鉴定等活动，涵盖了工程建设发承包以及施工阶段的整个过程。

（2）使用国有资金投资的建设工程发承包，必须采用工程量清单计价。国有资金投资的工程建设项目包括使用国有资金投资和国家融资投资的工程建设项目。国有资金（含国家融资资金）为主的工程建设项目是指国有资金占投资总额50%以上，或虽不足50%但国有投资实质上拥有股权的工程建设项目。

（3）非国有资金投资的建设工程，宜采用工程量清单计价。对于非国有资金投资的工程建设项目，是否采用工程量清单方式计价由项目业主自主确定，但规范鼓励采用工程量清单计价方式。

（4）不采用工程量清单计价的建设工程，应执行规范除工程量清单等专门性规定外的其他规定。除不执行工程量清单计价的专门性规定外，本规范的其他条文仍应执行。

3.3 工程量清单计量规范 ▶

为规范房屋建筑与装饰工程造价计量行为，统一房屋建筑与装饰工程工程量计算规则、工程量清单的编制方法，制定本规范。工程量清单计量规范适用于工业与民用的房屋建筑与装饰工程发承包及实施阶段计价活动中的工程计量和工程量清单编制。

3.3.1 工程量清单计算规范术语

（1）工程量计算。指建设工程项目以工程设计图纸、施工组织设计或施工方案及有关技术经济文件为依据，按照相关工程国家标准的计算规则、计量单位等规定，进行工程数量的计算活动，在工程建设中简称工程计量。

（2）房屋建筑。在固定地点，为使用者或占用物提供庇护覆盖以进行生活、生产或其他活动的实体，可分为工业建筑与民用建筑。

（3）工业建筑。提供生产用的各种建筑物，如车间、厂区建筑、动力站、与厂房相连的生活间、厂区内的库房和运输设施等。

（4）民用建筑。非生产性的居住建筑和公共建筑，如住宅、办公楼、幼儿园、学校、食堂、影剧院、商店、体育馆、旅馆、医院、展览馆等。

3.3.2 工程量清单计算工程量的特点

工程量计算除依据本规范各项规定外，尚应依据以下文件：

（1）经审定通过的施工设计图纸及其说明。

（2）经审定通过的施工组织设计或施工方案。

（3）经审定通过的其他有关技术经济文件。

工程实施过程中的计量应按照现行国家标准《建设工程工程量清单计价规范》（GB50500 - 2013）的相关规定执行。规范附录中有两个或两个以上计量单位的，应结合拟建工程项目的实际情况，确定其中一个为计量单位。同一工程项目的计量单位应一致。

工程计量时每一项目汇总的有效位数应遵守下列规定：

（1）以"t"为单位，应保留小数点后三位数字，第四位小数四舍五入。

（2）以"m""m²""m³""kg"为单位，应保留小数点后两位数字，第三位小数四舍五入。

（3）以"个""件""根""组""系统"为单位，应取整数。

房屋建筑与装饰工程涉及电气、给排水、消防等安装工程的项目，按照现行国家标准《通用安装工程工程量计算规范》（GB50856 - 2013）的相应项目执行；涉及仿古建筑工程的项目，按现行国家标准《仿古建筑工程工程量计算规范》（GB50855 - 2013）的相应项目执行；涉及室外地（路）面、室外给排水等工程的项目，按现行国家标准《市政工程工程量计算规范》（GB50857 - 2013）的相应项目执行；采用爆破法施工的石方工程按照现行国家标准《爆破工程工程量计算规范》（GB50862 - 2013）的相应项目执行。

3.3.3 工程量清单编制

（一）一般规定

编制工程量清单应依据：（1）本规范和现行国家标准《建设工程工程量清单计价规范》（GB50500 - 2013）。（2）国家或省级行业建设主管部门颁发的计价依据和办法。（3）建设工程设计文件。（4）与建设工程项目有关的标准、规范、技术资料。（5）拟定的招标文件。（6）施工现场情况、工程特点及常规施工方案。（7）其他相关资料。

其他项目、规费和税金项目清单应按照现行国家标准《建设工程工程量清单计价规范》（GB50500 - 2013）的相关规定编制。

编制工程量清单出现附录中未包括的项目，编制人应做补充，并报省级或行业工程造价管理机构备案，省级或行业工程造价管理机构应汇总报住房和城乡建设部标准定额研究所。补充项目的编码由本规范的代码01与B和三位阿拉伯数字组成，并应从01B001起顺序编制，同一招标工程的项目不得重码。补充的工程量清单需附有补充项目的名称、项目特征、计量单位、工程量计算规则、工作内容。不能计量的措施项目，需附有补充项目的名称、工作内容及包含范围。

（二）分部分项工程

工程量清单应根据附录规定的项目编码、项目名称、项目特征、计量单位和工程量计算规则进行编制。工程量清单的项目编码，应采用十二位阿拉伯数字表示，一至九位应按附录的规定设置，十至十二位应根据拟建工程的工程量清单项目名称和项目特征设置，同一招标工程的项目编码不得有重码。工程量清单的项目名称应按附录的项目名称结合拟建工程的实际确定。

工程量清单项目特征应按附录中规定的项目特征，结合拟建工程项目的实际予以描述。工程量清单中所列工程量应按附录中规定的工程量计算规则计算。工程量清单的计量单位应按附录中规定的计量单位确定。

本规范现浇混凝土工程项目"工作内容"中包括模板工程的内容，同时又在措施项目中单列了现浇混凝土模板工程项目。对此，招标人应根据工程实际情况选用。若招标人在措施项目清单中未编列现浇混凝土模板项目清单，即表示现浇混凝土模板项目不单列，现浇混凝土工程项目的综合单价中应包括模板工程费用。

本规范对预制混凝土构件按现场制作编制项目，"工作内容"中包括模板工程，不再另列。若采用成品预制混凝土构件时，构件成品价（包括模板、钢筋、混凝土等所有费用）应计入综合单价中。

金属结构构件按成品编制项目，构件成品价应计入综合单价中，若采用现场制作，包括制作的所有费用。

门窗（橱窗除外）按成品编制项目，门窗成品价应计入综合单价中。若采用现场制作，包括制作的所有费用。

（三）措施项目

措施项目中列出了项目编码、项目名称、项目特征、计量单位、工程量计算规则的项目，编制工程量清单时，应按照本规范分部分项工程的规定执行。

措施项目中仅列出项目编码、项目名称，未列出项目特征、计量单位和工程量计算规则的项目，编制工程量清单时，应按本规范附录S措施项目规定的项目编码、项目名称确定。

3.3.4 相关工程量清单计算规范介绍

1. 通用安装工程工程量计算规范

《通用安装工程工程量计算规范》是根据住房和城乡建设部《关于印发〈2009年工程建设标准规范制订、修订计划〉的通知》（建标函〔2009〕88号）的要求，为进一步适应建设市场计量、计价的需要，对《建设工程工程量清单计价规范》（GB50500－2008）附录C进行修订并增加新项目而成。

为规范通用安装工程造价计量行为，统一通用安装工程工程量计算规则、工程量清单的编制方法，制定本规范。本规范适用于工业、民用、公共设施建设安装工程的计量和工程计量清单编制。通用安装工程计价，必须按本规范规定的工程量计算规则进行工程计量。通用安装工程计量活动，除应遵守本规范外，尚应符合国家现行有关标准的规定。其中，相关术语如下：

安装工程是指各种设备、装置的安装工程。通常包括：工业、民用设备，电气、智能化控制设备，自动化控制仪表，通风空调，工业、消防、给排水、采暖燃气管道以及通信设备安装等。

2. 仿古建筑工程工程量计算

《仿古建筑工程工程量计算规范》是根据住房和城乡建设部《关于印发〈2009年工程建设标准规范制订、修订计划〉的通知》(建标函〔2009〕88号)的要求，为进一步适应建设市场计量、计价的需要，对《工程量清单计价规范》(GB50500 - 2008)附录A、附录E的仿古建筑部分进行修订并增加新项目而成。

该规范为规范仿古建筑工程造价计量行为，统一仿古建筑工程工程量计算规则、工程量清单的编制方法，制订本规范。本规范适用于仿古建筑物、构筑物和纪念性建筑等工程发承包及实施阶段计价活动中的工程计量和工程量清单编制。仿古建筑工程计价，必须按本规范规定的工程量计算规则进行工程计量。仿古建筑工程计量活动，除应遵守本规范外，尚应符合国家现行有关标准的规定。其中，相关术语如下：

古建筑是指主要古代原始社会、奴隶社会和封建社会遗留的建筑物。

仿古建筑是指仿照古建筑式样而运用现代结构、材料及技术建造的建筑物、构筑物纪念性建筑。

纪念性建筑是指为了纪念的目的，具有纪念性功能和纪念意义的表明某种特征的建筑。

3. 市政工程工程量计算规范

本规范是根据住房和城乡建设部《关于印发〈2009年工程建设标准规范制订、修订计划〉的通知》(建标函〔2009〕88号)的要求，为进一步适应建设市场计量、计价的需要，对《建设工程工程量清单计价规范》(GB50500 - 2008)附录D进行修订，并增加新项目而成。

为规范市政工程造价计量行为，统一市政工程工程量计算规则、工程量清单的编制方法，制定本规范。本规范适用于市政工程发承包及实施阶段计价活动中的工程计量和工程量清单编制。市政工程计价，必须按本规范规定的工程量计算规则进行工程计量。市政工程计量活动，除应遵守本规范外，尚应符合国家现行有关标准的规定。其中，相关术语如下：

市政工程是指市政道路、桥梁、广（停车）场、隧道、管网、污水处理、生活垃圾处理、路灯等公用事业工程。

4. 爆破工程工程量计算规范

本规范是根据住房和城乡建设部《关于印发〈2009年工程建设标准规范制订、修订计划〉的通知》(建标函〔2009〕88号)的要求，为进一步适应建设市场计量、计价的需要，对《建设工程工程量清单计价规范》(GB50500 - 2008)附录A的"石方爆破"、附录D的"隧道工程"有关爆破部分进行修订并增加新项目而成。

为规范爆破工程造价计量行为，统一各类建筑工程中爆破工程工程量计算规则、工程量清单的编制方法，制定本规范。本规范适用于建筑物、构筑物、基础设施、地下空间建设及拆除、岩石（混凝土）钻孔开挖、硐室等爆破工程施工发承包及实施阶段计价活动中的工程计量和工程量清单编制。爆破工程计价，必须按本规范规定的工程量计算规则进行工程计量。爆破工程计量活动，除应遵守本规范外，尚应符合国家现行有关标准的规定。其中，相关术语如下：

爆破工程是指利用炸药爆炸产生的巨大能量作为生产手段，进行工程建设或矿山开采的施工。

钻孔爆破是指在不同目的开挖工程中，采用钻孔、装药、爆破的作业。根据钻孔深度和直径的不同，分为浅孔爆破和深孔爆破。

硐室爆破是将大量炸药集中装填于按设计开挖的药室中，达到一次起爆完成大量土石方开挖、抛填任务的爆破作业。

拆除爆破是指对各种结构和材质的旧建筑物、构筑物进行爆破拆除的作业。

地下空间爆破工程包括大型地下厂房及硐库、地铁车站、机库、车库、人防工事及各种隧道（洞）等爆破开挖工程。

环境状况定义为爆破作业受环境保护约束要求的差别，需要采用不同的施工工艺和要求作业。爆破作业环境包括三种情况：环境十分复杂指爆破可能危及国家、二级文物及重要设施、极精密贵重仪器及重要建（构）筑物等保护对象的安全；环境复杂指爆破可能危及国家三级文物、省级文物、居民楼、办公楼、厂房等保护对象的安全；环境不复杂指爆破只可能危及个别房屋、设施等保护对象的安全。

5. 构筑物工程工程量计算规范

本规范是根据住房和城乡建设部《关于印发〈2009年工程建设标准规范制订、修订计划〉的通知》（建标函〔2009〕88号）的要求，为进一步适应建设市场计量、计价的需要，对《建设工程工程量清单计价规范》（GB50500-2008）附录A的构筑物部分进行修订并增加新项目而成。

为规范构筑物工程造价计量行为，统一构筑物工程工程量计算规则、工程量清单的编制方法，制定本规范。本规范适用于构筑物工程发承包及实施阶段计价活动中的工程计量和工程量清单编制。构筑物工程计价，必须按本规范规定的工程量计算规则进行工程计量。构筑物工程计量活动，除应遵守本规范外，尚应符合国家现行有关标准的规定。其中，相关术语如下：

构筑物是为某种使用目的而建造的、人们一般不直接在其内部进行生产和生活活动的工程实体或附属建筑设施。

工业隧道是工业上用以某种用途、在地面下用任何方法按规定形状和尺寸修筑的断面积大于$2m^2$的洞室。

造粒塔是指化肥生产过程中制造粒状化肥最高的大型钢筋混凝土构筑物。其结构主要由以下几部分组成：主体塔身、操作间、刮料漏斗、集料漏斗及其附属电梯间。

输送战桥是指机械操纵连续输送物料的桥式构筑物。下部是支撑构架，上部是输送长廊，长廊中间设有传送带。

6. 矿山工程工程量计算规范

本规范是根据住房和城乡建设部《关于印发〈2009年工程建设标准规范制订、修订计划〉的通知》（建标函〔2009〕88号）的要求，为进一步适应建设市场计量、计价的需要，对《建设工程工程量清单计价规范》（GB50500-2008）附录F部分进行修订并增加新项目而成。

为规范矿山建设工程造价计量行为，统一矿山建设工程工程量计算规则、工程量清单编制方法，制定本规范。本规范适用于矿山建设工程发承包及实施阶段计价活动中的工程计量和工程量清单编制。矿山工程计价必须按本规范规定的工程量计算规则进行工程计量。矿山建设工程工程计价与计量活动，除应遵守本规范外，尚应符合国家现行有关标准的规定。其中，相关术语如下：

矿山工程就是以矿产资源为基础，在矿山进行资源开采作业的工程技术学。包括露天工程、井巷工程，硐室工程及其附属工程。不包括与其配套的地面建筑、安装和井下安装工程。

露天工程是指对煤矿床进行露天开采时在地表所形成的采场、排土场及地面生产系统的总体。本规范内容主要包括露天煤矿的剥采工程、运输工程和排土工程等主要生产环节以及穿孔、爆破、边坡、疏干降水和防水排水。不包括与其配套的地面生产系统、输配电、机修等辅助工程。

井巷工程是为地下矿石开采而开掘的井筒，井底车场及硐室、主要石门、运输大巷、采区巷道及回风巷道支护工程等统称为井巷工程。

硐室是指为某种专门用途在井下开凿和建造的断面较大或长度较短的空间构筑物。

7. 园林绿化工程工程量计算规范

本规范是根据住房和城乡建设部《关于印发〈2009年工程建设标准规范制订、修订计划〉的通知》（建标函〔2009〕88号）的要求，为进一步适应建设市场计量、计价的需要，对《建设工程工程量清单计价规范》（GB50500-2008）附录E部分进行修订并增加新项目而成。

为规范园林绿化工程造价计量行为，统一园林绿化工程工程量计算规则、工程量清单的编制方法，制定本规范。本规范适用于园林绿化工程发承包及实施阶段计价活动中的工程计量和工程量清单编制。园林绿化工程计价，必须按本规范规定的工程量计算规则进行工程计量。园林绿化工程计量活动，除应遵守本规范外，尚应符合国家现行有关标准的规定。其中，相关术语如下：

园林工程是指在一定地域内运用工程及艺术的手段，通过改造地形、建造建筑（构筑）物、种植花草树木、铺设园路 、设置小品和水景等，对园林各个施工要素进行工程处理，使目标园林达到一定的审美要求和艺术氛围，这一工程的实施过程称为园林工程。

绿化工程是指树木、花卉、草坪、地被植物等的植物种植工程。

园路是指园林中的道路。

园桥是指园林内供游人通行的步桥。

· 复习思考题 ·

1．什么是工程量清单？

2．工程量清单编制的原则？

3．简述工程量清单计价的特点。

4．简述工程量清单计价规范的适用范围。

5．简述工程量清单编制的一般规定。

· 综合实训练习 ·

结合计价规范和计量规范，试编制一份工程量清单。

4

— 工程定额 —

学习目标

1. 熟悉施工定额的概念、作用；
2. 熟悉劳动定额的概念和表现形式；
3. 掌握材料消耗定额的概念和材料消耗量的组成；
4. 熟悉机械台班定额的表现形式；
5. 熟悉预算定额的概念、作用；
6. 了解预算定额的编制原则和方法；
7. 熟悉概算定额、概算指标和估算指标的概念和作用；
8. 熟悉工期定额的内容。

4.1 施工定额 ▶

4.1.1 施工定额

4.1.1.1 施工定额的概念

施工定额是具有合理劳动组织的建筑安装工人小组在正常施工条件下完成单位合格产品所需人工、机械、材料消耗的数量标准，它根据专业施工的作业对象和工艺制定。施工定额反映企业的施工水平。

施工定额是企业定额。施工企业应根据本企业的具体条件和可能挖掘的潜力，根据市场的需求和竞争环境，根据国家有关政策、法律和规范、制度，自己编制定额，自行决定定额的水平。同类企业和同一地区的企业之间存在施工定额水平的差距，这样，在建筑市场上才能具有竞争能力。在市场经济条件下，国家定额和地区定额不再是强加给施工企业的约束和指令，而是对企业的施工定额管理进行引导，从而实现对工程造价的宏观调控。

施工定额本质上属于企业生产定额的性质。它由劳动定额、机械定额和材料定额三个相对独立的部分组成。

4.1.1.2 施工定额的作用

1. 施工定额是企业计划管理的依据

施工定额在企业计划管理方面的作用，表现在它既是企业编制施工组织设计的依据，也是企业编制施工作业计划的依据。

施工组织设计是指导拟建工程进行施工准备和施工生产的技术、经济文件。其基本任务是：根据招标文件及合同协议的规定，确定出经济合理的施工方案，在人力和物力、时间和空间、技术和组织上对拟建工程做出最佳的安排。

施工作业计划则是根据企业的施工计划、拟建工程施工组织设计和现场实际情况编制的，它是一个以实现企业施工计划为目的的具体执行计划，是组织和指挥生产的技术文件，也是班组进行施工的依据。

2. 施工定额是组织和指挥施工生产的有效工具

企业组织和指挥施工，是按照作业计划通过下达施工任务书和限额领料单来实现的。施工任务书，既是下达施工任务的技术文件，也是班、组经济核算的原始凭证。它表明了应完成的施工任务，也记录着班、组实际完成任务的情况，并且进行班、组工人的工资结算。施工任务书上的工程计量单位、产量定额和计件单位，均需取自劳动定额，工资结算也要根据劳动定额的完成情况计算。

限额领料单是施工队随任务书同时签发的领取材料的凭证。这一凭证是根据施工任务和施工的材料定额填写的。其中领料的数量，是班、组为完成规定的工程任务消耗材料的最高限额，这一限额也是考核班、组完成任务情况的一项重要指标。

3. 施工定额是计划工人劳动报酬的依据

施工定额通过衡量工人劳动数量和质量，提供成功和效益标准。所以，施工定额是计算工人工资的依据。这样，才能做到完成定额好的工资报酬就多，达不到定额的工资报酬就会减少，真正实现多劳多得、少劳少得的社会主义分配原则。

4. 施工定额有利于推广先进技术

施工定额水平中包含着某些已成熟的先进的施工技术和经验，工人要达到和超过定额，就必须掌握和运用这些先进技术；要想大幅度超过定额，就必须创造性地劳动，不断改进工具和改进技术操作方法，注意原材料的节约，避免浪费。当施工定额明确要求采用某些较先进的施工工具和施工方法时，贯彻施工定额就意味着推广先进技术。

5. 施工定额是编制施工预算、加强企业成本管理的基础

施工预算是施工单位用以确定单位人工、机械、材料和资金需要量的计划文件。施工预算以施工定额为编制基础，既要反映设计图纸的要求，也要考虑在现有条件下可能采取的节约人工、材料和降低成本的各项具体措施。这就有效地控制人力、物力消耗，节约成本开支。严格执行施工定额不仅可以起到控制消耗、降低成本和费用的作用，同时为贯彻经济核算制、加强班组核算和增加盈利创造良好的条件。

4.1.2　劳动定额

4.1.2.1　劳动定额的概念

劳动定额，是指在正常的施工技术组织条件下，为完成一定数量的合格的产品或完成一定量的工作所必需的劳动消量标准。这个标准是国家和企业对生产工人在生产数量和质量方面的综合要求，也是建筑施工企业内部组织生产，编制施工作业计划、签发施工任务单、考核工效、计算报酬的依据。

现行的《全国统一建筑安装工程劳动定额》是供各地区主管部门和企业编制施工定额的参考定额，是以建筑安装工程产品为对象，以合理组织现场施工为条件，按"实"计算。因此，定额规定的劳动时间或劳动量一般不变，其劳动工资单价可根据各地工资水平进行调整。

4.1.2.2　劳动定额的表现形式

劳动定额按其表现形式的不同，分为时间定额和产量定额。

1. 时间定额

时间定额也称工时定额，是指在一定的生产技术和生产组织条件下，完成单位合格产品或完成一定工作任务所必须消耗的时间。定额包括基本工作时间、辅助工作时间、准备与结束时间、必要休息时间以及不可避免的中断时间。由于劳动组织的缺点而停工、缺乏材料停工、工作地点未准备好而停工、机具设备不正常而停工、产品质量不符合标准而停工、偶然停工（停水、停电、暴风雨）、违反劳动纪律造成的工作时间损失、其他损失时间，都不属于劳动定额时间。

时间定额以"工日"为单位，即单位产品的工日，如：工日/m、工日/m²、工日/m³、工日/t 等。每一个工日工作时间按8小时计算，用公式表示如下：

单位产品时间定额（工日）＝工作人数×工作时间÷工作时间内完成的产品数量＝消耗的总工日数÷产品数量

2. 产量定额

产量定额是指在合理的劳动组织、合理的使用材料以及施工机械同时配合的条件下，某种专业、技术等级的工人或班组，在单位时间内所完成的质量合格产品的数量。

产量定额的计量单位是以产品的单位计算即单位产品的工日，如：m/工日、m²/工日、m³/工日、t/工日等，用公式表示如下：

产量定额（每日产量）＝工作时间内完成的产品数量÷工作时间内完成的产品数工作人数×工作时间＝产品数量÷消耗的总工日数

3. 时间定额和产量定额的关系

时间定额和产量定额互为倒数关系，即：

时间定额＝1÷产量定额

产量定额×时间定额＝1

【例4-1】砖基础劳动定额表现形式如表4-1所示，试求1砖带形基础的综合时间定额。

表4-1 砖基础劳动定额表现形式　　　　　　　　　　　　　　单位：m³

定额编号	AD0001	AD0002	AD0003	AD0004	AD0005	序号
项目	带形基础			圆、弧形基础		
	1砖	3/2砖	2砖、>2砖	1砖	>1砖	
综合	0.937	0.905	0.876	1.080	1.040	一
砌砖	0.39	0.354	0.325	0.470	0.425	二
运输	0.499	0.499	0.499	0.500	0.500	三
调制砂浆	0.098	0.102	0.102	0.110	0.114	四

注：1. 墙基无大放脚者，其砌砖部分执行混水墙相应定额。

　　2. 带形基础也称条形基础。

解：查表得1砖带形基础，砌筑综合时间定额为0.937工日/m³，则综合产量定额为1.067m³/工日，其中砌筑综合时间定额为各工作过程的时间定额之和，即：

1砖带形基础的综合时间定额＝砌筑时间定额＋运输时间定额＋调制砂浆时间定额＝0.39＋0.449＋

$0.098 = 0.937$（工日$/m^3$）

4.1.2.3 劳动定额的使用

时间定额和产量定额是同一劳动定额的不同表现形式，但其作用却不尽相同。时间定额以单位产品的工日数表示，便于计算完成某一分部（项）工程所需的总工日数、便于核算工资、便于编制施工进度计划和计算分项工期。如果已知工程量和施工人数，计算劳动量或确定施工天数时，通常使用时间定额。

【例4-2】经查砌双面清水墙时间定额为1.270工日$/m^3$，某包工包料工程砌墙班组砌墙工程量为100m^3，需耗费多少定额人工？

解：所需总定额人工工日 = 100m^3 × 1.270工日$/m^3$ = 127工日

【例4-3】某土方工程二类土，挖基槽的工程量为450m^3，每天有24名工人负责施工，时间定额为0.205工日$/m^3$，试计算完成该分项工程的施工天数。

解：（1）计算完成该分项工程所需总人工工日：

总人工工日 = 总工程量 × 时间定额 = 450 × 0.205 = 92.25（工日）

（2）计算施工天数：

施工天数 = 总人工工日 ÷ 实际施工人数 = 92.257 ÷ 24 = 3.84（天）

即该分项工程需4天完成。

【例4-4】某工程有170m^3一砖混水内墙，每天有14名专业工人进行砌筑，试根据国家劳动定额计算完成该工程的定额施工天数。

解：查《建设工程劳动定额（建筑工程）》编号为AD0022，时间定额为1.02工日$/m^3$，故完成砌筑需要的总工日数 = 170m^3 × 1.02工日$/m^3$ = 173.40工日

需要的施工天数 = 173.40工日 ÷ 14工日/天 ≈ 13天

产量定额是以单位时间内完成的产品数量表示，便于小组分配施工任务，考核工人的劳动效率和签发施工任务单。如需施工企业给工人下达生产任务，考核工人劳动生产率时一般使用产量定额。

【例4-5】矩形杜木模板产量定额为0.394（10m^2）/工日，10名工人工作1天，应完成多少面积的模板工程量？

解：应完成的模板工程量 = 10 × 0.394 = 3.94（10m^2）

【例4-6】某抹灰班组有13名工人，抹某住宅楼混砂墙面，施工25天完成任务。已知产量定额为10.2m^2/工日，试计算抹灰班完成的抹灰面积。

解：13名工人施工25天的总工日数 = 13 × 25 = 325（工日）

总抹灰面积工程量 = 总人工工日 × 产量定额 = 325 × 10.2 = 3315（m^2）

【例4-7】有140m^3二砖混水外墙，由11人砌筑小组负责施工，产量定额为0.862m^3/日，试计算其施工天数。

解：（1）计算小组每工日完成的工程量：

工程量 = 11 × 0.862 = 9.48（m^3）

（2）计算施工天数：

施工天数 = 140 ÷ 79.48 = 14.77（天）

即该混水外墙需15天完成。

【例4-8】某砌砖班组20名工人，砌筑某住宅楼1.5砖混水外墙需要5天完成，试根据国家劳动定额确定班组完成的砌筑体积。

解：

查定额编号为AD0028，时间定额为1.04工日/m³，则：

产量定额 = 1/时间定额 = 1÷1.04 = 0.96（m³/工日）

砌筑的总工日数 = 20工日/天×5天 = 100工日

砌筑体积 = 100工日×0.96m³/工日 = 96m³

4.1.3　材料消耗定额

4.1.3.1　材料消耗定额的概念

建筑材料是建筑安装企业进行生产活动完成建筑产品的物质条件。建筑工程的原材料（包括半成品、成品等）品种繁多、耗用量大。在一般工业与民用建筑工程中，材料消耗占工程成本的60%—70%，材料消耗定额的任务，就在于利用定额这个经济杠杆，对材料消耗进行控制和监督，以达到降低物资消耗和工程成本的目的。建筑工程材料消耗定额是企业推行经济承包、编制材料计划、进行单位工程核算不可缺少的基础，是促进企业合理使用材料，实行限额领料和材料核算，正确核定材料需要量和储备量，考核、分析材料消耗，反映建筑安装生产技术管理水平的重要依据。

材料消耗定额是在合理和节约使用材料的前提下，生产单位合格产品所必须消耗的建筑材料（半成品、配件、燃料、水、电）的数量标准。材料的消耗量由材料的净用量和消耗量两部分组成。直接构成建筑安装工程实体的材料数量称为材料净用量，不可避免的施工废料和施工操作损耗称为材料损耗量。其关系如下：

材料消耗量 = 材料净用量 + 材料损耗量

材料损耗率 = 材料损耗量÷材料净用量×100%

材料消耗量 = 材料净用量×（1 + 材料损耗率）

4.1.3.2　材料消耗定额的种类

根据施工生产材料消耗工艺要求，建筑安装材料消耗定额分为非周转性材料和周转性材料两大类定额。

非周转性材料也称直接性材料，是指在建筑工程施工中一次性消耗并直接构成工程实体的材料。如砖、砂、石、钢筋、水泥等。

周转性材料是指在施工过程中能多次使用、逐渐消耗、不断补损的工具型材料。如各种模板、活动支架、脚手架、支撑等。

4.1.3.3　非周转材料消耗定额的制定

通常采用现场观测法、试验室实验法、统计分析法和理论计算法等方法来确定建筑材料净耗量、损耗量。

（一）现场观察法

在合理使用材料条件下，对施工中实际完成的建筑产品数量与所消耗的各种材料量进行现场观察测定的方法。

此法通常用于制定材料的损耗量。通过现场的观察，获得必要的现场资料，才能测定出哪些是施工过程中不可避免的损耗，应该计入定额内；哪些材料是施工过程中可以避免的损耗，不应计入定额内。在现场观测中，同时测出合理的材料损耗量，即可据此制定出相应的材料消耗定额。

（二）试验室实验法

是专业材料实验人员，通过实验仪器设备确定材料消耗定额的一种方法。它只适用于在试验室条件下测定混凝土、沥青、砂浆、油漆涂料等材料的消耗定额。

由于试验室工作条件与现场施工条件存在一定的差别，施工中的某些因素对材料消耗量的影响不一定能充分考虑到，因此，对测出的数据还要用观察法进行校核修正。

（三）统计分析法

是指在现场施工中，对分部分项工程发出的材料数量、完成建筑产品的数量、竣工后剩余材料的数量等资料，进行统计、整理和分析，从而编制材料消耗定额的方法。这种方法主要是通过工地的工程任务单、限额领料单等有关记录取得所需要的资料，因而不能将施工过程中材料的合理损耗和不合理损耗区别开来，得出的材料消耗量准确性也不高。

（四）理论计算法

是根据设计图纸、施工规范及材料规格，运用一定的理论计算公式制定材料消耗定额的方法。它主要适用于计算按件论块的现成制品材料。例如砖石砌体、装饰材料中的砖石、镶贴材料等。其方法比较简单，先计算出材料的净用量、材料的损耗量，然后两者相加，即为材料消耗定额。

（1）每 $1m^3$ 砖砌体材料消耗量的计算公式：

砖净用量（块）=（墙厚砖×数2）÷[墙厚×（砖长+灰缝）×（砖厚+灰缝）]

砖消耗量 = 砖净用量×（1+损耗率）

砂浆消耗量（ m^3 ）=（1−砖净用量×每块砖体积）×（1+损耗率）

式中，每块标准砖体积 = 0.24m×0.115m×0.053m = 0.0014628 m^3 ，灰缝为0.01m，墙厚砖数如表4-2所示。

表4-2 墙厚砖数

墙厚砖数	1/2	3/4	1	3/2	2
墙厚（m）	0.115	0.178	0.24	0.365	0.49

【例4-9】计算1砖标准砖外墙每 $1m^3$ 砌体中砖和砂浆的消耗量。砖与砂浆损耗率查表各为1%。

解：标准砖净用量 = 1×2＋[0.24×（0.24+0.01）×（0.053+0.01）] = 529.10（块/ m^3 ）

标准砖消耗量 = 529.10×（1+1%）= 583.01（块/ m^3 ）

砂浆用量 =（1−529.10×0.0014628）×（1+1%）≈0.25（ m^3 / m^3 ）

（2）每 $10m^2$ 楼地面块料面层材料×耗量计算公式：

无嵌缝块料用量 =[10÷（块料长块料宽）]×（1+损耗率）

有嵌缝块料用量 =[10÷（块料长+灰缝宽）（块料宽+灰缝）]×（1+损耗率）

嵌缝材料用量 [10÷（块料长×块料宽×10 m^2 块料净用量）]×缝深×（1+损耗率）

【例4-10】计算200mm×300mm墙面瓷砖每 $10m^2$ 无嵌缝瓷砖用量，嵌缝材料损耗率为零，瓷砖损耗率为2.5%。

解：瓷砖用量 =[10÷（0.2×0.3）]×（1+2.5%）= 171（块/ $10m^2$ ）

4.1.3.4 周转性材料消耗定额的制定

周转性材料在材料消耗定额中以摊销量表示，现以钢筋混凝土模板为例，介绍周转性材料摊销量计算。

1. 现浇钢筋混凝土模板摊销量

（1）材料一次使用量，是指为完成定额单位合格产品，周转性材料在不重复使用条件下的周转性材料一次性用量，通常根据选定的结构设计图纸进行计算。

一次使用量 =（每 10m³ 混凝土和模板接触面积 × 每 1m² 接触面积模板用量）×（1 + 模板制作安装损耗率）

（2）材料周转次数，是指周转性材料从第一次使用起，可以重复使用的次数。

一般采用现场观测法或统计分析法来测定材料周转次数，或查相关手册。

（3）材料补损量，是指周转使用一次后由于损坏需补充的数量，也就是在第二次和以后各次周转中为了修补难于避免的损耗所需要的材料消耗，通常用补损率来表示。补损率的大小主要取决于材料的拆除、运输、堆放的方法以及施工现场的条件。在一般情况下，补损率要随周转次数增多而加大，所以一般采取平均补损率来计算。

补损率 = 平均损耗率 ÷ 一次使用量 × 100%

（4）材料周转使用量，是指周转性材料在周转使用和补损条件下，每周转使用一次平均所需材料数量。一般应按材料周转次数和每次周转发生的补损量等因素计算生产一定计算单位结构构件的材料周转使用量。

周转使用量 = [一次使用量 + 一次使用量 ×（周转次数 – 1）× 补损率] ÷ 周转次数

= 一次使用量 × [1 +（周转次数 – 1）× 补损率] ÷ 周转次数

（5）材料回收量，是指在一定周转次数下，每周转使用一次平均可以回收材料的数量。

回收量 =（一次使用量 – 一次使用量 × 补损率）÷ 周转次数

= 一次使用量 ×（1 – 补损率）÷ 周转次数

（6）材料摊销量，是指周转性材料在重复使用条件下，应分摊到每一计量单位结构构件的材料消耗量。这是应纳入定额的实际周转性材料消耗数量。

摊销量 = 周转使用量 – 回收量

2. 预制构件模板计算公式

预制构件模板由于损耗很少，可以不考虑每次周转的补损率，按多次使用平均分摊的办法进行计算。

摊销量 = 一次使用量 ÷ 周转次数

4.1.4 机械台班定额

4.1.4.1 机械台班消耗定额的概念

机械台班消耗定额，是指在正常的施工、合理的劳动组合和合理使用施工机械的条件下，生产单位合格产品所必需的一定品种、规格施工机械作业时间的消耗标准。机械台班消耗定额以台班为单位，每一台班按 8 小时计算。

4.1.4.2 机械台班消耗定额的表现形式

机械台班消耗定额的表现形式，有时间定额和产量定额两种。

1. 机械时间定额

机械时间定额是指在正常的施工条件下，某种机械生产合格单位产品所必须消耗的台班数量，用公式表示如下：

机械时间定额 = 1÷机械台班产量

2. 机械台班产量定额

机械台班产量定额是指某种机械在合理的施工组织和正常施工的条件下，单位时间内完成合格产品的数量，用公式表示如下：

机械台班产量定额 = 1÷机械时间定额

3. 时间定额和产量定额的关系

机械时间定额和机械台班产量定额互为倒数关系，即：

机械时间定额 × 机械台班产量定额 = 1

4.1.4.3 机械台班配合人工定额

由于机械必须由工人小组配合，机械台班人工配合定额是指机械台班配合用工部分，即机械台班劳动定额。表现形式为机械台班配合工人小组的人工时间定额和完成合格产品数量，即：

单位产品的时间定额（工日） = 小组成员总工日数÷每台班产量

机械台班产量定额 = 每台班产量÷班组总工日数

4.2 预算定额 ▶▶

4.2.1 预算定额的概念

预算定额是规定消耗在合格质量的单位工程基本构造要素上的人工、材料和机械台班的数量标准，是计算建筑安装产品价格的基础。所谓基本构造要素，即通常所说的分项工程和结构构件。预算定额按工程基本构造要素规定的劳动力、材料和机械的消耗数量，以满足编制施工图预算、规划和控制工程造价的要求。

预算定额是工程建设中的一项重要的技术经济文件，它的各项指标，反映了在完成规定计量单位符合设计标准和施工及验收规范要求的分项工程消耗的劳动和物化劳动的数量限度。这种限度最终决定着单项工程和单位工程的成本和造价。

在编制施工图预算时，需要按照施工图纸和工程量计算工程量，还需要借助于某些可靠的参数计算人工、材料、机械（台班）的耗用量，并在此基础上计算出资金的需要量，从而计算出建筑安装工程的价格。

在我国，现行的工程建设概、预算制度规定了通过编制概算和预算控制造价，概算定额、概算指标、预算定额等为计算人工、材料、机械（台班）耗用量提供统一的可靠参数。同时，现行制度还赋予了概、预算定额相应的权威性，使之成为建设单位和施工企业之间建立经济关系的重要基础。

4.2.2　预算定额的用途

（1）预算定额是编制施工图预算、确定建筑安装工程造价的基础。施工图设计一经确定，工程预算造价就取决于预算定额水平和人工、材料及机械台班的价格。预算定额起着控制劳动消耗、材料消耗和机械台班使用的作用，进而起着控制建筑产品价格的作用。

（2）预算定额是编制施工组织设计的依据。施工组织设计的重要任务之一，是确定施工中所需人力、物力的供求量，并做出最佳安排。施工单位在缺乏本企业的施工定额的情况下，根据预算定额，也能够比较精确地计算出施工中各项资源的需要量，为有计划地组织材料采购和预制件加工、劳动力和施工机械调配提供了可靠的计算依据。

（3）预算定额是工程结算的依据。工程结算是建设单位和施工单位按照工程进度对已完成的分部分项工程实现货币支付的行为。按进度支付工程款，需要根据预算定额算出已完成分项工程的造价。单位工程验收后，再按竣工工程量、预算定额和施工合同规定进行结算，以保证建设单位建设资金的合理使用和施工单位的经济收入。

（4）预算定额是施工单位进行经济活动分析的依据。预算定额规定的物化劳动和劳动消耗指标，是施工单位在生产经营中允许消耗的最高标准。目前，预算定额决定着施工单位的收入，施工单位就必须以预算定额作为评价企业工作的重要标准，作为努力实现的目标。施工单位可根据预算定额对施工中的劳动、材料、机械的消耗情况进行具体的分析，以便找出并克服低功效、高消耗的薄弱环节，提高竞争能力。只有在施工中尽量降低劳动消耗，采用新技术，提高劳动者素质，提高劳动生产率，才能取得较好的经济效果。

（5）预算定额是编制概算定额的基础。概算额是在预算定额基础上综合扩大编制的。利用定额作为编制依据，不但可以节省编制工作的大量人力、物力和时间，收到事半功倍的效果，还可以使概算定额在水平上与预算定额保持一致，以免造成执行中的不一致。

（6）预算定额是合理编制招标标底、招标报价的基础。在深化改革中，预算定额的指令性作用将日益削弱，而施工单位按照工程个别成本报价的指导性作用仍然存在，因此，预算定额作为编制标底的依据和施工企业报价的基础性作用仍将存在，这也是由于预算定额本身的科学性和权威性决定的。

4.2.3　预算定额的编制依据

（1）现行劳动定额和施工定额。预算定额是在现行劳动定额和施工定额的基础上编制的。预算定额中人工、材料、机械台班消耗水平，需要依据劳动定额或施工定额取定；预算定额的计量单位的选择，也要以施工定额为参考，从而保证两者的协调和可比性，减少预算定额的编制工作量，缩短编制时间。

（2）现行设计规范、施工及验收规范、质量评定标准和安全操作规程。预算定额在确定人工、材料、机械台班消耗数量时，必须考虑上述各项规范的要求和规定。

（3）具有代表性的典型工程施工图及有关标准图。对这些图纸进行仔细分析研究，并计算出工程数量，作为编制定额时选择施工方法确定定额含量的依据。

（4）新技术、新结构、新材料和先进的施工方法等。这类资料是调整定额水平和增加新的定额项目所必需的依据。

（5）有关科学试验、技术测定的统计、经验资料。这类工程是确定定额水平的重要依据。

（6）现行的预算定额、材料预算价格及有关文件规定等。包括过去定额编制过程中积累的基础资料，也是编制预算定额的依据和参考。

4.2.4 预算定额的编制方法

1. 人工工日消耗量的计算

人工的工日数可以有两种确定方法：一种是以劳动定额为基础确定；一种是以现场观察测定资料为基础计算。遇到劳动定额缺项时，采用现场工作日写实等测定方法确定和计算定额的人工耗用量。

采用以劳动定额为基础的测定方法时，预算定额中人工工日消耗量是指在正常施工条件下，生产单位合格产品所必需消耗的人工工日数量，是由分项工程所综合的各个工序劳动定额包括的基本用工、其他用工两部分组成的。

（1）基本用工

基本用工是指完成一定计量单位的分项工程或结构构件的各项工作过程的施工任务所必须消耗的技术工种用工。按技术工种相应劳动定额工时定额计算，以不同工种列出定额工日。基本用工包括：

基本用工消耗量 = $\sum$（综合取定的工程量 × 劳动定额）

例如：在完成混凝土柱工程中的混凝土搅拌、水平运输、浇筑、捣制和养护所需的工日数量根据劳动定额进行汇总之后，形成混凝土柱预算定额中的基本用工消耗量。

根据劳动定额规定应增（减）计算的工程量。由于预算定额是以施工定额子目综合扩大的，包括的工作内容较多，施工的效果、具体部位不一样，需要另外增加用工，这种人工消耗也应列入基本用工内。

（2）其他用工

其他用工是指预算定额中没有包含的而在预算定额中又必须要考虑进去的工时消耗，通常包括材料及半成品超运距用工、辅助用工和人工幅度差。

①超运距用工是指劳动定额中已包括的材料、半成品场内水平搬运距离与预算定额所考虑的现场材料半成品堆放地点到操作地点的水平搬运距离之差。

超运距 = 预算定额取定运距 − 劳动定额已包括的运距

超运距用工消耗量 = $\sum$（超运距材料数量 × 相应的劳动定额）

需要指出，实际工程现场运距超过预算定额取定运距时，可另行计算现场二次搬运费。

②辅助用工是指技术工种劳动定额内不包括而在预算定额内又必须考虑的用工。例如机械土方工程配合用工、材料加工（筛砂、洗石、淋化石膏）、电焊点火工等，计算公式如下：

辅助用工 = $\sum$（材料加工数量 × 相应的加工劳动定额）

③人工幅度差。即预算定额与劳动定额的差额，主要是指在劳动定额中未包括而在正常施工情况下不可避免但又很难准确计量的用工和各种工时损失。内容包括：各工种间的工序搭接及交叉作业相互配合或影响所发生的停歇用工；施工机械在单位工程之间转移及临时水电线路移动所造成的停工；质量检查和隐蔽工程验收工作的影响；班组操作地点转移用工；工序交接时对前一工序不可避免的修整用工；施工中不可避免的其他零星用工。

人工幅度差计算公式如下：

人工幅度差 = （基本用工 + 辅助用工 + 超运距用工）× 人工幅度差系数

人工幅度差系数一般为10%—15%，在预算定额中，人工幅度差的用工量列入其他用工量中。

【例4－11】某混凝土工程工程量为100m³，每1m³混凝土需要基本用工1.11工日，助用工和超运距用工分别是基本用工的25%和15%，人工幅度差系数为10%，试计算该混凝土工程的预算定额人工工日消耗量。

解：预算定额中人工消耗量

＝（基本用工＋辅助用工＋超运距用工）×（1＋人工幅度差系数）

＝1.11×（1＋25%＋15%）×（1＋10%）×100＝170.9（工日）

2. 材料消耗量的计算

预算定额中的材料消耗量一般由材料净用量和损耗量两部分构成。材料的损耗量是指在正常条件下不可避免的材料消耗，如现场内材料运输及施工操作过程中的损耗等。

（1）材料消耗量分类

材料消耗量是完成单位合格产品所必须消耗的材料数量，按用途分为以下四种：

①主要材料。指直接构成工程实体的材料，包括成品、半成品的材料。

②辅助材料。是构成工程实体除主要材料以外的其他材料，如垫木钉子、铅丝等。

③周转性材料。指脚手架、模板等多次周转使用的不构成工程实体的摊销性材料。

④其他材料。指用量较少，难以计算的零星用量，如棉纱、编号用的油漆等。

（2）材料消耗量主要计算方法

①凡有标准规格的材料，按规范要求计算定额计量单位的耗用量，如砖、防水卷材、块料面层等。

②凡设计图纸标注尺寸及下料要求的，按设计图纸尺寸计算材料净用量，如门窗制作用材料，方、板料等。

③换算法。各种粘接、涂料等材料的配合比用料，可以根据要求条件换算，得出材料用量。

④测定法，包括试验室实验法和现场观察法。指各种强度等级的混凝土及砌筑砂浆配合比的耗用原材料数量的计算，需按照规范要求试配，经过试压合格以后，并经过必要的调整得出的水泥、沙子、石子、水的用量。对新材料、新结构，不能用其他方法计算定额消耗用量时需用现场测定法来确定，根据不同条件可以采用写实记录法和观察法，得出定额的消耗量。

⑤其他材料的确定。一般按工艺测算并在定额项目材料计算表内列出名称、数量，并依编制期价格以及其他材料占主要材料的比率计算，列在定额材料栏之下，定额内可不列材料名称及耗用量。

3. 机械台班消耗量的计算

预算定额中的机械台班消耗量是指在正常施工条件下，生产单位合格产品（分部分项工程或结构构件）必须消耗的某种型号施工机械的台班数量。机械台班消耗量的确定有两种方法：一种是以施工定额为基础的机械台班消耗量的确定，另一种是以现场实测数据为基础的机械台班消耗量。

（1）根据施工定额确定机械台班消耗量的计算

这种方法是指施工定额或劳动定额中机械台班产量加机械台班幅度差预算定额的机械台班消耗量。

机械台班幅度差是指在施工定额中所规定的范围内没有包括，而在实际工作中又不可避免产生的影响机械或机械停歇的时间。一般包括正常施工组织条件下不可避免的机械空转时间，施工技术原因的中断及合理停滞时间，因供电供水故障及水电线路移动检修而发生的运转中断时间，因气候变化或机械本身故障影响工时利用的时间，施工机械转移及配套机械相互影响损失的时间，配合机械施工的工人因与其他工种交叉造成的间歇时间，因检查工程质量造成的机械停歇时间，工程收尾和工作量不饱满造成的机械停歇时间等。

大型机械台班幅度差系数为：土方机械25%，打桩机械33%，吊装机械30%。砂浆、混凝土搅拌机由于按小组配用，以小组产量计算机械台班产量，不另增加机械幅度差。其他分部工程中，钢筋加工、水磨石等各项专用机械的幅度差为10%。

综上所述，预算定额的机械台班消耗量按下式计算：

预算定额机械耗用台班 = 施工定额机械耗用台班 × (1 + 机械台班幅度差系数)

占比重不大的零星小型机械按劳动定额小组成员计算出机械台班使用量，以"机械费"或其他机械费表示，不再列台班数量。

（2）以现场测定资料为基础确定机械台班消耗量

如遇到施工定额（劳动定额）缺项者，则需要依据施工现场对施工机械耗用台班的实测数据，并加上适当的机械台班幅度差来测定机械台班预算定额消耗量。表4-3为2014版《江苏省建筑与装饰工程计价定额》示例。

表4-3 垫层及基础

工作内容：混凝土搅拌、水平运输、浇捣、养护　　　　　　　　　　　　　　　　　　计量单位：m³

定额编号				6-6		6-7	
项　目		单位	单价	满堂（板式）基础			
				无梁式		有梁式	
				数量	合计	数量	合计
综合单价		元		367.97		380.48	
其中	人工费	元		57.40		67.24	
	材料费	元		246.59		245.62	
	机械费	元		31.20		31.20	
	管理费	元		22.15		24.61	
	利润	元		10.63		11.81	
二类工		工日	82.00	0.70	57.40	0.82	67.24
材料	80210144　现浇混凝土 C20	m³	236.14	1.015	239.68	1.015	239.68
	80210145　现浇混凝土 C25	m³	249.52	(1.015)	(253.26)	(1.015)	(253.26)
	80210148　现浇混凝土 C30	m³	251.84	(1.015)	(255.62)	(1.015)	(255.62)
	02090101　塑料薄膜	m²	0.80	1.87	1.50	1.38	1.10
	31150101　水	m³	4.70	1.15	5.41	1.03	4.84
机械	99050152　滚筒式混凝土搅拌机（电动）出料容量400 L	台班	156.81	0.035	5.49	0.035	5.49
	99052107　混凝土振捣器插入式	台班	11.87	0.069	0.82	0.069	0.82
	99071903　机动翻斗车装载质量1t	台班	190.03	0.13i	24.89	0.131	24.89

注：1. 整板钢筋混凝土基础按满堂基础相应定额执行。

　　2. 整板钢筋混凝土基础带边肋或仅有楼梯基础梁者，按无梁式满堂基础定额执行。

4.3 概算定额、概算指标和估算指标 ▶▶

4.3.1 概算定额的概念及作用

4.3.1.1 概算定额的概念

概算定额是在预算定额的基础上，根据通用图和标准图等资料，以主要分项工程为主综合相关分项工程或工序适当扩大编制而成的扩大分项工程人工、材料、机械消耗量标准。概算定额是编制单位工程概算和概算指标的基础，是介于预算定额和概算指标之间的一种定额。

概算定额规定了完成一定计量单位的建筑扩大结构构件、分部工程或扩大分项工程所需人工、材料、机械消耗和费用的数量标准。例如砖基础概算定额项目，就是以砖基础为主，综合了挖地槽、砌砖基础、铺设防潮层、回填土及运土等预算定额中的分项工程项目。

4.3.1.2 概算定额的作用

（1）概算定额是编制概算的依据。工程建设程序规定：采用两阶段设计时，其初步设计必须编制概算；采用三阶段设计时，其技术设计必须缩制修正概算，对拟建项目进行总估价。概算定额是编制初步设计概算和技术设计修正概算的依据。

（2）概算定额是设计方案比较的依据。设计方案比较，目的是选择出技术先进、经济合理的方案，在满足使用功能的条件下，降低造价和资源消耗。采用扩大综合后的概算定额为设计方案的比较提供了便利。

（3）概算定额是编制概算指标和投资估算指标的依据。

（4）实行工程总承包时，概算定额也可以作为投标报价参考。

4.3.1.3 概算定额的编制原则

概算定额应该贯彻社会平均水平和简明适用的原则。

预算定额也是工程计价的依据，应符合价值规律，反映现阶段生产力水平，在概算定额与综合预算定额水平之间应保留必要的幅度差，并在概算定额编制过程中严格控制。

为满足事先确定概算造价、控制投资的要求，概算定额要尽量不留活口或少留活口。

4.3.1.4 概算定额的编制依据

概算定额的适用范围不同于预算定额，其编制依据也略有区别，一般有以下几种：

（1）现行的设计标准规范。

（2）现行建筑和安装工程预算定额。

（3）国务院各有关部门和各省、自治区、直辖市批准颁发的标准设计图集和有代表性的设计图纸等。

（4）现行的概算定额及其编制资料。

（5）编制期人工工资标准、材料预算价格、机械台班费用等。

4.3.1.5 概算定额基准价

概算定额基准价又称扩大单价，是概算定额单位扩大分部分项工程或结构等所需全部人工费、材料费、施工机械使用费之和，是概算定额价格表现的具体形式。计算公式为：

概算定额基准价=概算定额单位人工费+概算定额单位材料费+概算定额单位施工机械使用费=人工概算定额消耗量×人工工资单价+∑（材料概算定额消耗量×材料预算价格）+∑（施工机械概算定额消耗量×机械台班费用单价）

概算定额基准价的制定依据与综合预算定额基价相同，以省会城市的工资标准、材料预算价格和机械台班单价计算基准价。在概算定额表中一般应列出基准价所依据的单价，并在附录中列出材料预算价格取定表。

4.3.2 概算指标

4.3.2.1 概算指标的概念

概算指标是比概算定额综合，扩大性更强的一种定额指标，是概算定额的扩大与合并。它以整个建筑物和构筑物为对象，通常以建筑面积（m²或100m²）或建筑体积（m³或100m³）、构筑物以座位计量单位，规定分部工程所需人工、材料、机械台班消耗量和资金数量的定额指标。

4.3.2.2 概算指标的作用

概算指标和概算定额、预算定额一样，都是与各个设计阶段相适应的多次计价的产物，主要用于投资估价、初步设计阶段，其作用为：

（1）概算指标是编制投资估价和控制初步设计概算、工程概算造价的依据。

（2）概算指标是设计单位进行设计方案的技术经济分析、衡量设计水平、考核投资效果的标准。

（3）概算指标是建设单位编制基本建设计划、申请投资贷款和主要材料计划的依据。

4.3.2.3 概算指标的编制依据

（1）现行的设计标准规范。

（2）现行的概算定额及其他相关资料。

（3）国务院各有关部门和各省、自治区、直辖市批准颁发的标准设计图集和有代表性的设计。

（4）编制期相应地区人工工资标准、材料价格、机械台班费用等。

4.3.2.4 概算指标的内容与应用

1. 概算指标的内容

（1）总说明。主要从总体上说明概算指标的作用、编制依据、适应范围和使用方法等。

（2）示意图。表明工程的结构形式。工业项目还表示出吊车及起重能力等。

（3）结构特征。主要对工程的结构形式、层高、层数和建筑面积进行说明（表4-4）。

表4-4 砖混住宅结构特征

结构类型	层数	层高（m）	檐高（m）	建筑面积（m²）
砖混	六层	2.8	17.7	4206

（4）经济指标。说明该项目每100m²的造价指标以及其中土建、水暖和电气照明等单位工程的相应造价。

（5）构造内容及工程量指标。说明该工程项目的构造内容和相应计算单位的工程量指标及人工、材料消耗指标（表4-5）。

表4-5 砖混住宅构造内容及工程量指标

单位：100m²建筑面积

序号	构造特征		工程量	
			单位	数量
一、土建				
1 2 3 ……	基础 外墙 地面 ……	灌注桩 2砖墙、清水墙勾缝、内墙抹灰刷白水泥砂浆面层 水泥砂浆面层 ……	m³ m³ m² ……	14.46 24.32 1300 ……
二、水暖				
1 2 3 ……	采暖方式 给水性质 排水性质 ……	集中采暖 生活给水明设 生活排水 ……		
三、电气照明				
1 2 ……	配电方式 灯具种类 ……	塑料管暗配电线 日光灯 ……		

2. 概算指标的应用

概算指标的应用比概算定额具有更大的灵活性。由于它是一种综合性很强的指标，不可能与拟建工程的建筑特征、结构特征、自然条件、施工条件完全一致，因此在选用概算指标时要十分慎重，选用的指标与设计对象在各个方面应尽量一致或接近，不一致的地方要进行换算，以提高准确性。

概算指标的应用一般有两种情况：第一种情况，若设计对象的结构特征与概算指标一致，可直接套用；第二种情况，若设计对象的结构特征与概算指标的规定局部不同，要调整指标的局部内容后再套用。

4.3.3 估算指标

4.3.3.1 估算指标的概念与作用

估算指标是确定生产一定计量单位（如m²、m³或幢、座等）建筑安装工程的造价和工料消耗的标准，用于在项目建议书可行性和编制设计任务书阶段编制投资估算。

主要是选择具有代表性的、符合技术发展方向的、数量足够的并具有重复使用可能的设计图纸及其工程量的工程造价实例，经筛选、统计分析后综合取定。

工程造价估算指标的制定是建设项目管理的一项重要工作。估算指标是编制项目建议书和可行性研究报告书投资估算的依据，是对建设项目全面的技术性与经济性论证的依据。估算指标对提高投资估算的准确度、建设项目全面评估、正确决策具有重要意义。

4.3.3.2 估算指标编制原则

（1）估算指标编制必须适应今后一段时期编制建设项目建议书和可行性研究报告书的需要。

（2）估算指标的分类、项目划分、项目内容、表现形式等必须结合工程专业特点，与编制建设项目建议书和可行性研究报告书深度相适应。

（3）估算指标编制要符合国家有关的方针政策、近期技术发展方向，反映正常建设条件下的造价水平，并适当留有余地。

（4）采用的依据和数据尽可能做到正确、准确和具有代表性。

（5）估算指标力求满足各种用户使用的需要。

4.3.3.3 估算指标编制依据

（1）国家和建设行政主管部门制定的工期定额。

（2）国家和地区建设行政主管部门制定的计价规范、专业工程概预算定额及取费标准。

（3）编制基准期的人工单价、材料价格、施工机械台班价格。

4.4 工期定额 ▶▶

4.4.1 工期定额的概念

工期是指工程从正式开工之日起，至完成建筑安装工程的全部设计内容，并达到国家验收标准之日止的全部日历天数，包括法定节假日。

我国施工工期定额是住房和城乡建设部组织编制，以民用和工业通用的建筑安装工程为对象，按工程结构、层数不同，并考虑到施工方法等因素，规定从基础破土开始至完成全部工程设计或定额子目规定的内容并达到国家验收标准的日天数。

定额工期指在一定的经济和社会条件下，在一定时期内由建设行政主管部制定并发布的项目建设所消耗的时间标准。定额工期体现了合理的建设工期，反映的是在平均建设管理水平、施工装备水平和正常的建设条件下的工期，对建设期的确定具有指导意义。

合同工期指在定额工期的指导下，由承发包双方根据建设项目的具体情况，招标投标或协商一致后，在施工合同中确认的工期。合同工期一经签订，对合同双方都具有强制性约束作用。

大多数投标工期或中标合同工期明显较定额工期短，这主要是因为有些建设单位在招标文件中确定工期不够规范，缺乏约束，盲目压缩工期，施工单位在僧多粥少的情况下也不得不采取非正常的措施以期中标，中标后为赶工期投入大量人力、物力，而经济上得不到应有的补偿，于是出现了一些工程仓促完工，产生质量问题和造价方面的许多纠纷。

4.4.2 工期定额的构成

建筑安装工程工期定额主要包括民用建筑工程、工业及其他建筑工程、构筑物工程和专业工程施工的工期标准。除定额另有说明外，均指单项工程工期。

表4-6、表4-7是《建筑安装工程工期定额》（2016年）定额项目示例。

表4-6 ±0.00以下工程（无地下室）

编号	基础类型	首层建筑面积（m²）	工期（天）		
			Ⅰ类	Ⅱ类	Ⅲ类
1－1	带形基础	500以内	30	35	40
1－2		1000以内	36	41	46
1－3		2000以内	42	47	52
……		……	……	……	……
1－9	筏板基础、满堂基础	500以内	40	45	50
1－10		1000以内	45	50	55
1－11		2000以内	51	56	61
……		……	……	……	……
1－17	框架基础、独立柱基	500以内	20	25	30
1－18		1000以内	29	34	39
1－19		2000以内	39	44	49
……		……	……	……	……

表4-7 ±0.00以上工程（居住建筑）

结构类型：砖混结构

编号	层数	建筑面积（m²）	工期（天）		
			Ⅰ类	Ⅱ类	Ⅲ类
……	……	……	……	……	……
1－72	4	2000以内	100	110	130
1－73		3000以内	110	120	140
1－74		5000以内	135	145	165
1－75		5000以外	155	165	185
1－76	5	3000以内	130	145	165
1－77		5000以内	150	160	185
1－78		8000以内	170	180	205
1－79		10000以内	185	195	220
1－80		10000以外	205	215	240
1－81	6	4000以内	160	170	195
1－82		6000以内	175	185	210
1－83		8000以内	190	200	225
1－84		10000以内	205	215	240
1－85		10000以外	225	235	260
……	……	……	……	……	……

1. 工期按地区类别划分

由于我国幅员辽阔，各地自然条件差别较大，同类工程的建筑设备和实物工量不同，故将全国划分为Ⅰ、Ⅱ、Ⅲ类地区，分别制定工期定额。

Ⅰ类地区：上海、江苏、浙江、安徽、福建、江西、湖北、湖南、广东、广西、四川、贵州、云南、重庆、海南。

Ⅱ类地区：北京、天津、河北、山西、山东、河南、陕西、甘肃、宁夏。

Ⅲ类地区：内蒙古、辽宁、吉林、黑龙江、西藏、青海、新疆。

设备安装和机械施工工程执行本定额时不分地区类别。

2. 定额项目的划分

（1）单项工程按建筑物用途、结构类型、建筑面积、层数等划分；

（2）专业工程按专业施工项目、用途、安装设备的规格、能力、工程量等划分。

4.4.3 工期定额的有关规定

（1）定额综合考虑了冬雨季施工、一般气候影响、常规地质条件和节假日等因素。

（2）定额综合考虑预拌混凝土和现场搅拌混凝土、预拌砂浆和现场搅拌砂浆的施工因素。

（3）工期压缩时，宜组织专家论证，且相应增加压缩工期增加费。

（4）施工过程中，遇不可抗力、极端天气或政府政策性影响施工进度或暂停施工的，按照实际延误的工期顺延。

（5）施工过程中发现实际地质情况与地质勘查报告出入较大的，应按照实际地质情况调整工期。

（6）施工过程中遇到障碍物或古墓、文物、化石、流沙、溶洞、暗河、淤泥、石文、地下水等需要进行特殊处理且影响关键线路时，顺延工期。

（7）由于重大设计变更或发包方原因造成工程停工，经承发包双方确认后，可顺延工期。

（8）同期施工的群体工程中，一个承包人同时承包2个或2个以上单项（位）工程时，工期的计算以一个最大工期的单项（位）工程为基数，另加其他单项（位）工程工期总和乘以相应系数计算：加1个乘以系数0.35，加2个乘以系数0.2，加3个乘以系数0.15，加4个及以上的单项（位）工程不另增加工期。

· 复习思考题 ·

1．施工定额的作用是什么？

2．简要说明施工定额中的人工、材料和机械的消耗量是如何确定的。

3．预算定额的作用是什么？

4．概算定额的作用是什么？

5．概算指标的作用是什么？

6．估算指标的作用是什么？

7．如何根据工期定额确定工程工期？

· 综合实训练习 ·

1. 某人工挖土的基本工作时间为30min，辅助工作时间、准备与结束时间、与工艺相关的不可避免的中断时间、休息时间各占基本工作时间的10%、3%、5%、12%，计算该工序的定额时间。

2. 项目经理在施工管理的哪些方面要用到施工定额？具体如何使用？

3. 按某施工图计算一层现浇混凝土柱接触面积为100m²，混凝土构件体积为16m³，采用组合钢模板，每平方米接触面积需模量1.1m²，模板施工制作损耗率为3%，周转次数为50次，根据已学知识确定所需模板单位面积、单位体积摊销量。

5

— 工程造价编制 —

学习目标

1. 了解投资估算、设计概算和施工图预算；
2. 掌握招标控制价的概念及适用原则；
3. 掌握计价规范对投标报价的规定；
4. 了解投标报价的方法及策略；
5. 掌握计价规范对竣工结算的规定；
6. 掌握工程预付款的概念；
7. 熟悉工程价款结算的相关规定；
8. 了解竣工决算的含义。

5.1 投资估算 ▶▶

5.1.1 投资估算的含义

投资估算是在投资决策阶段，以方案设计或可行性研究文件为依据，按照规定的程序、方法和依据，对拟建项目所需总投资及其构成进行的预测和估计；是在研究并确定项目的建设规模、产品方案、技术方案、工艺技术、设备方案、厂址方案、工程建设方案以及项目进度计划等的基础上，依据特定的方法，估算项目从筹建、施工直至建成投产所需全部建设资金总额并测算建设期各年资金使用计划的过程。投资估算的成果文件称作投资估算书，也简称投资估算。投资估算书是项目建议书或可行性研究报告的重要组成部分，是项目决策的重要依据之一。

投资估算的准确与否不仅影响到可行性研究工作的质量和经济评价结果，而且直接关系到下一阶段设计概算和施工图预算的编制，以及建设项目的资金筹措方案。因此，全面准确地估算建设项目的工程造价，是可行性研究乃至整个决策阶段造价管理的重要任务。

5.1.2 投资估算的作用

投资估算作为论证拟建项目的重要经济文件，既是建设项目技术经济评价和投资决策的重要依据，又是该项目实施阶段投资控制的目标值。投资估算在建设工程的投资决策、造价控制、筹集资金等方面都有重要作用。

（1）项目建议书阶段的投资估算，是项目主管部门审批项目建议书的依据之一，也是编制项目规划、确定建设规模的参考依据。

（2）项目可行性研究阶段的投资估算，是项目投资决策的重要依据，也是研究、分析、计算项目投资经济效果的重要条件。当可行性研究报告被批准后，其投资估算额将作为设计任务书中下达的投资限额，即建设项目投资的最高限额，不得随意突破。

（3）项目投资估算是设计阶段造价控制的依据，投资估算一经确定，即成为限额设计的依据，用以对各设计专业实行投资切块分配，作为控制和指导设计的尺度。

（4）项目投资估算可作为项目资金筹措及制订建设贷款计划的依据，建设单位可根据批准的项目投资估算额，进行资金筹措和向银行申请贷款。

（5）项目投资估算是核算建设项目固定资产投资需要额和编制固定资产投资计划的重要依据。

（6）投资估算是建设工程设计招标；优选设计单位和设计方案的重要依据。在工程设计招标阶段，投标单位报送的投标书中包括项目设计方案、项目的投资估算和经济性分析，招标单位根据投资估算对各项设计方案的经济合理性进行分析、衡量、比较，在此基础上，择优确定设计单位和设计方案。

5.2 设计概算

5.2.1 设计概算的概念

设计概算是以初步设计文件为依据，按照规定的程序、方法和依据，对建设项目总投资及其构成进行的概略计算。具体而言，设计概算是在投资估算的控制下由设计单位根据初步设计或扩大初步设计的图纸及说明，利用国家或地区颁发的概算指标、概算定额、综合指标预算定额、各项费用定额或取费标准（指标）、建设地区自然、技术经济条件和设备、设备材料预算价格等资料，按照设计要求，对建设项目从筹建至竣工交付使用所需全部费用进行的预计。设计概算的成果文件称作设计概算书，也简称设计概算。设计概算书是初步设计文件的重要组成部分，其特点是编制工作相对简略，无须达到施工图预算的准确程度。采用两阶段设计的建设项目，初步设计阶段必须编制设计概算；采用三阶段设计的，扩大初步设计阶段必须编制修正概算。

设计概算的编制内容包括静态投资和动态投资两个层次。静态投资作为考核工程设计和施工图预算的依据，动态投资作为项目筹措、供应和控制资金使用的限额。

设计概算经批准后，一般不得调整。如果由于下列原因需要调整概算时，应由建设单位调查分析变更原因，报主管部门审批同意后，由原设计单位核实编制调整概算，并按有关审批程序报批。当影响工程概算的主要因素查明且工程量完成了一定量后，方可对其进行调整。一个工程只允许调整一次概算。允许调整概算的原因包括以下几点：

（1）超出原设计范围的重大变更。

（2）超出基本预备费规定范围不可抗拒的重大自然灾害引起的工程变动和费用增加。

（3）超出工程造价价差预备费的国家重大政策性的调整。

5.2.2 设计概算的作用

设计概算是工程造价在设计阶段的表现形式，但其并不具备价格属性。因为设计概算不是在市场竞争中形成的，而是设计单位根据有关依据计算出来的工程建设的预期费用，用于衡量建设投资是否超过估算并控制下一阶段费用支出。设计概算的主要作用是控制以后各阶段的投资，具体表现为：

（1）设计概算是编制固定资产投资计划、确定和控制建设项目投资的依据。设计概算投资应包括建设项目从立项、可行性研究、设计、施工、试运行到竣工验收等的全部建设资金。按照国家有关规定，编制年度固定资产投资计划，确定计划投资总额及其构成数额，要以批准的初步设计概算为依据，没有批准的初步设计文件及其概算，建设工程不能列入年度固定资产投资计划。

设计概算一经批准，将作为控制建设项目投资的最高限额。在工程建设过程中，年度固定资产投资计划安排、银行拨款或贷款、施工图设计及其预算、竣工决算等，未经规定程序批准，都不能突破这一限额，确保对国家固定资产投资计划的严格执行和有效控制。

（2）设计概算是控制施工图设计和施工图预算的依据。经批准的设计概算是建设工程项目投资的最高限额。设计单位必须按批准的初步设计和总概算进行施工图设计，施工图预算不得突破设计概算，设计概算批准后不得任意修改和调整；如需修改或调整时，须经原批准部门重新审批。竣工结算不能突破施工图预算，施工图预算不能突破设计概算。

（3）设计概算是衡量设计方案技术经济合理性和选择最佳设计方案的依据。设计部门在初步设计阶段要选择最佳设计方案，设计概算是从经济角度衡量设计方案经济合理性的重要依据。因此，设计概算是衡量设计方案技术经济合理性和选择最佳设计方案的依据。

（4）设计概算是编制招标控制价（招标标底）和投标报价的依据。以设计概算进行招投标的工程，招标单位以设计概算作为编制招标控制价（标底）及评标定标的依据。承包单位也必须以设计概算为依据，编制投标报价，以合适的投标报价在投标竞争中取胜。

（5）设计概算是签订建设工程合同和贷款合同的依据。合同法中明确规定，建设工程合同价款是以设计概、预算价为依据，且总承包合同不得超过设计总概算的投资额。银行贷款或各单项工程的拨款累计总额不能超过设计概算。如果项目投资计划所列支投资额与贷款突破设计概算时，必须查明原因，之后由建设单位报请上级主管部门调整或追加设计概算总投资。凡未批准之前，银行对其超支部分不予拨付。

（6）设计概算是考核建设项目投资效果的依据。通过设计概算与竣工决算对比可以分析和考核建设工程项目投资效果的好坏，同时还可以验证设计概算的准确性，有利于加强设计概算管理和建设项目的造价管理工作。

5.3 施工图预算 ▶

5.3.1 施工图预算的含义

施工图预算是以施工图设计文件为依据，按照规定的程序、方法和依据，在工程施工前对工程项目的工程费用进行的预测与计算。施工图预算的成果文件称作施工图预算书，也简称施工图预算，它是在施工图设计阶段对工程建设所需资金作出较精确计算的设计文件。

施工图预算价格既可以是按照政府统一规定的预算单价、取费标准、计价程序计算得到的属于计划或预期性质的施工图预算价格，也可以是通过招标投标法定程序后施工企业根据自身的实力即企业定额、资源市场单价以及市场供求及竞争状况计算得到的反映市场性质的施工图预算价格。

5.3.2 施工图预算的作用

施工图预算作为建设工程建设程序中一个重要的技术经济文件，在工程建设实施过程中具有十分重要的作用，可以归纳为以下几个方面：

1. 施工图预算对投资方的作用

（1）施工图预算是设计阶段控制工程造价的重要环节，是控制施工图设计不突破设计概算的重要措施。

（2）施工图预算是控制造价及资金合理使用的依据。施工图预算确定的预算造价是工程的计划成本，投资方按施工图预算造价筹集建设资金，合理安排建设资金计划，确保建设资金的有效使用，保证项目建设顺利进行。

（3）施工图预算是确定工程招标控制价的依据。在设置招标控制价的情况下，建筑安装工程的招标控制价可按照施工图预算来确定。招标控制价通常是在施工图预算的基础上考虑工程的特殊施工措施、工程质量要求、目标工期、招标工程范围以及自然条件等因素进行编制的。

（4）施工图预算可以作为确定合同价款、拨付工程进度款及办理工程结算的基础。

2. 施工图预算对施工企业的作用

（1）施工图预算是建筑施工企业投标报价的基础。在激烈的建筑市场竞争中，建筑施工企业需要根据施工图预算，结合企业的投标策略，确定投标报价。

（2）施工图预算是建筑工程预算包干的依据和签订施工合同的主要内容。在采用总价合同的情况下，施工单位通过与建设单位协商，可在施工图预算的基础上，考虑设计或施工变更后可能发生的费用与其他风险因素，增加一定系数作为工程造价一次性包干价。同样，施工单位与建设单位签订施工合同时，其中工程价款的相关条款也必须以施工图预算为依据。

（3）施工图预算是施工企业安排调配施工力量、组织材料供应的依据。施工企业在施工前，可以根据施工图预算的工、料、机分析，编制资源计划，组织材料、机具、设备和劳动力供应，并编制进度计划，统计完成的工作量，进行经济核算并考核经营成果。

（4）施工图预算是施工企业控制工程成本的依据。根据施工图预算确定的中标价格是施工企业收取工程款的依据，企业只有合理利用各项资源，采取先进技术和管理方法，将成本控制在施工图预算价格以内，才能获得良好的经济效益。

（5）施工图预算是进行"两算"对比的依据。施工企业可以通过施工图预算和施工预算的对比分析，找出差距，采取必要的措施。

3. 施工图预算对其他方面的作用

（1）对于工程咨询单位而言，尽可能客观、准确地为委托方做出施工图预算，不仅体现出其水平、素质和信誉，而且强化了投资方对工程造价的控制，有利于节省投资，提高建设项目的投资效益。

（2）对于工程项目管理、监督等中介服务企业而言，客观准确的施工图预算是为业主方提供投资控制的依据。

（3）对于工程造价管理部门而言，施工图预算是其监督、检查执行定额标准、合理确定工程造价、测算造价指数以及审定工程招标控制价的重要依据。

（4）如在履行合同的过程中发生经济纠纷，施工图预算还是有关仲裁、管理、司法机关按照法律程序处理、解决问题的依据。

5.4 招标阶段造价编制

5.4.1 招标工程量清单的编制

为使建设工程发包与承包计价活动规范有序地进行，不论是招标发包还是直接发包，都必须注重前期工作。尤其是对于招标发包，关键的是应从施工招标开始，在拟订招标文件的同时，科学合理地编制工程量清单、招标控制价以及评标标准和办法，只有这样，对投标报价、合同价的约定以至后期的工程结算这一工程承发包计价全过程起到良好的控制作用。

5.4.1.1 招标工程量清单编制依据及准备工作

招标工程量清单是招标人依据国家标准、招标文件、设计文件以及施工现场实际情况编制的，随招标文件发布供投标报价的工程量清单，包括对其的说明和表格。编制招标工程量清单，应充分体现"量价分离"的"风险分担"原则。招标阶段，由招标人或其委托的工程造价咨询人根据工程项目设计文件，编制出招标工程项目的工程量清单，并将其作为招标文件的组成部分。招标工程量清单的准确性和完整性由招标人负责；投标人应结合企业自身实际、参考市场有关价格信息完成清单项目工程的组合报价，并对其承担风险。

1. 招标工程量清单的编制依据

（1）《建设工程工程量清单计价规范》（GB50500－2013）以及各专业工程计量规范等。

（2）国家或省级、行业建设主管部门颁发的计价定额和办法。

（3）建设工程设计文件及相关资料。

（4）与建设工程有关的标准、规范、技术资料。

（5）拟定的招标文件。

（6）施工现场情况、地勘水文资料、工程特点及常规施工方案。

（7）其他相关资料。

2. 招标工程量清单编制的准备工作

招标工程量清单编制的相关工作在收集资料包括编制依据的基础上，需进行如下工作：

（1）初步研究。对各种资料进行认真研究，为工程量清单的编制做准备。主要包括：

①熟悉《建设工程工程量清单计价规范》（GB50500－2013）和各专业工程计量规范、当地计价规定及相关文件；熟悉设计文件，掌握工程全貌，便于清单项目列项的完整、工程量的准确计算及清单项目额准确描述，对设计文件中出现问题应及时提出。

②熟悉招标文件、招标图纸，确定工程量清单编审的范围及需要设定的暂估价；收集相关市场价格信息，为暂估价的确定提供依据。

③对《建设工程工程量清单计价规范》（GB50500－2013）缺项的新材料、新技术、新工艺，收集足够的基础材料，为补充项目的制定提供依据。

（2）现场踏勘。为了选用合理的施工组织设计和施工技术方案，需进行现场踏勘，以充分了解施工现场情况及工程特点，主要对以下两方面进行调查。

①自然地理条件：工程所在地的地理位置、地形、地貌、用地范围等；气象、水文情况，包括气温、湿度、降雨量等；地质情况，包括地质构造及特征、承载能力等；地震、洪水及其他自然灾害情况。

②施工条件：工程现场周围的道路、进出场条件、交通限制情况；工程现场施工临时设施、大型施工机具、材料堆放场地安排情况；工程现场邻近建筑物与招标工程的间距、结构形式、基础埋深、新旧程度、高度；市政给排水管线位置、管径、压力、废水、污水处理方式，市政、消防供水管道管径、压力、位置等；现场供电方式、方位、距离、电压等；工程现场通信线路的连接和铺设；当地政府有关部门对施工现场管理的一般要求、特殊要求及规定等。

（3）拟订常规施工组织设计。施工组织设计是指导拟建工程项目的施工准备和施工的技术经济文件。根据项目的具体情况编制施工组织设计，拟定工程的施工方案、施工顺序、施工方法等，便于工程量清单的编制及准确计算，特别是工程量清单中的措施项目。施工组织设计编制的主要依据：招标文件中的相关要求，设计文件中的图纸及相关说明，现场踏勘资料，有关定额，现行有关技术标准、施工规范或规则等。作为招标人，仅需拟订常规的施工组织设计即可。在拟订常规的施工组织设计时需注意以下问题：

①估算整体工程量。根据概算指标或类似工程进行估算，且仅对主要项目加以估算即可，如土石方、混凝土等。

②拟订施工总方案。施工总方案仅只需对重大问题和关键工艺作原则性的规定，不需考虑施工步骤，主要包括：施工方法，施工机械设备的选择，科学的施工组织，合理的施工进度，现场的平面布置及各种技术措施。制订总方案要满足以下原则：从实际出发，符合现场的实际情况，在切实可行的范围内尽量求其先进和快速；满足工期的要求；确保工程质量和施工安全；尽量降低施工成本，使方案更加经济合理。

③确定施工顺序。合理确定施工顺序需要考虑以下几点：各分部分项工程之间的关系；施工方法和施工机械的要求；当地的气候条件和水文要求；施工顺序对工期的影响。

④编制施工进度计划。施工进度计划要满足合同对工期的要求，在不增加资源的前提下尽量提前。编制施工进度计划时要处理好工程中各分部、分项、单位工程之间的关系，避免出现施工顺序的颠倒或工种相互冲突。

⑤计算人、材、机资源需要量。人工工日数量根据估算的工程量、选用的定额、拟定的施工总方案、施工方法及要求的工期来确定，并考虑节假日、气候等的影响。材料需要量主要根据估算的工程量和选用的材料消耗定额进行计算。机械台班数量则根据施工方案确定选择机械设备方案及机械种类的匹配要求，再根据估算的工程量和机械时间定额进行计算。

⑥施工平面的布置。施工平面布置是根据施工方案、施工进度要求，对施工现场的道路交通、材料仓库、临时设施等做出合理的规划布置，主要包括：建设项目施工总平面图上的一切地上、地下已有和拟建的建筑物、构筑物以及其他设施的位置和尺寸；所有为施工服务的临时设施的布置位置，如施工用地范围，施工用道路，材料仓库，取土与弃土位置，水源、电源位置，安全、消防设施位置，永久性测量放线标桩位置等。

5.4.1.2 招标工程量清单的编制内容

1. 分部分项工程量清单编制

分部分项工程量清单所反映的是拟建工程分项实体工程项目名称和相应数量的明细清单，招标人负责包括项目编码、项目名称、项目特征、计量单位和工程量在内的五项内容。

（1）项目编码。分部分项工程量清单的项目编码，应根据拟建工程的工程量清单项目名称设置，同一招标工程的项目编码不得有重码。

（2）项目名称。分部分项工程量清单的项目名称应按专业工程计量规范附录的项目名称结合拟建工程的实际确定。

在分部分项工程量清单中所列出的项目，应是在单位工程的施工过程中以其本身构成该单位工程实体的分项工程，但应注意：

①当在拟建工程的施工图纸中有体现，并且在专业工程计量规范附录中也有相对应的项目时，则根据附录中的规定直接列项，计算工程量，确定其项目编码。

②当在拟建工程的施工图纸中有体现，但在专业工程计量规范附录中没有相对应的项目，并且在附录项目的"项目特征"或"工程内容"中也没有提示时，则必须编制针对这些分项工程的补充项目，在清单中单独列项并在清单的编制说明中注明。

（3）项目特征描述。工程量清单的项目特征是确定一个清单项目综合单价不可缺少的重要依据，在编制工程量清单时，必须对项目特征进行准确和全面的描述。但有些项目特征用文字往往又难以准确和全面地描述。为达到规范、简洁、准确、全面描述项目特征的要求，在描述工程量清单项目特征时应按以下原则进行：

①项目特征描述的内容应按附录中的规定，结合拟建工程的实际，满足确定综合单价的需要。

②若采用标准图集或施工图纸能够全部或部分满足项目特征描述的要求，项目特征描述可直接采用详见××图集或××图号的方式。对不能满足项目特征描述要求的部分，仍应用文字描述。

（4）计量单位。分部分项工程量清单的计量单位与有效位数应遵守《建设工程工程量清单计价规范》规定。当附录中有两个或两个以上计量单位的，应结合拟建工程项目的实际选择其中一个确定。

（5）工程量的计算。分部分项工程量清单中所列工程量应按专业工程计量规范规定的工程量计算规则计算。另外，对补充项的工程量计算规则必须符合下述原则：一是其计算规则要具有可计算性，二是计算结果要具有唯一性。

工程量的计算是一项繁杂而细致的工作，为了计算的快速准确并尽量避免漏算或重算，必须依据一定的计算原则及方法：

①计算口径一致。根据施工图，列出的工程量清单项目，必须与专业工程量规范中相应清单项目的口径相一致。

②按工程量计算规则计算。工程量计算规则是综合确定各项消耗指标的基本依据，也是具体工程测算和分析资料的基准。

③按图纸计算。工程量按每一分项工程，根据设计图纸进行计算，计算时采用的原始数据必须以施工图纸所表示的尺寸或施工图纸能读出的尺寸为准进行计算，不得任意增减。

④按一定顺序计算。计算分部分项工程量时，可以按照定额编目顺序或按照施工图专业顺序依次进行计算。对于计算同一张图纸的分项工程量时，一般可采用以下几种顺序：按顺时针或逆时针顺序计

算；按先横后纵顺序计算；按轴线编号顺序计算；按施工先后顺序计算；按定额分部分项顺序计算。

2. 措施项目清单编制

措施项目清单指为完成工程项目施工，发生于该工程施工准备和施工过程中的技术、生活、安全、环境保护等方面的项目清单，措施项目分单价措施项目和总价措施项目。

措施项目清单的编制需考虑多种因素，除工程本身的因素外，还涉及水文、气象、环境、安全等因素。措施项目清单应根据拟建工程的实际情况列项，若出现《建设工程工程量清单计价规范》(GB50500-2013) 中未列的项目，可根据工程实际情况补充。项目清单的设置要考虑拟建工程的施工组织设计，施工技术方案，相关的施工规范与施工验收规范，招标文件中提出的某些必须通过一定的技术措施才能实现的要求，设计文件中一些不足以写进技术方案的但是要通过一定的技术措施才能实现的内容。

一些可以精确计算工程量的措施项目可采用与分部分项工程量清单编制相同的方式，编制"分部分项工程和单价措施项目清单与计价表"。而有一些措施项目费用的发生与使用时间、施工方法或者两个以上的工序相关并大都与实际完成的实体工程量的大小关系不大，如安全文明施工、冬雨季施工、已完工程设备保护等，应编制"总价措施项目清单与计价表"。

3. 其他项目清单的编制

其他项目清单是应招标人的特殊要求而发生的与拟建工程有关的其他费用项目和相应数量的清单。工程建设标准的高低、工程的复杂程度、工程的工期长短、工程的组成内容、发包人对工程管理要求等都直接影响到其具体内容。当出现未包含在表格中的内容的项目时，可根据实际情况补充。其中：

（1）暂列金额是指招标人暂定并包括在合同中的一笔款项。用于工程合同签订时尚未确定或者不可预见的所需材料、工程设备、服务的采购，施工中可能发生的工程变更、合同约定调整因素出现时的合同价款调整以及发生的索赔、现场签证确认等的费用。此项费用由招标人填写其项目名称、计量单位、暂定金额等，若不能详列，也可只列暂定金额总额。由于暂列金额由招标人支配，实际发生后才得以支付，因此，在确定暂列金额时应根据施工图纸的深度、暂估价设定的水平、合同价款约定调整的因素以及工程实际情况合理确定。一般可按分部分项工程量清单的10%—15%确定，不同专业预留的暂列金额应分别列项。

（2）暂估价是招标人在招标文件中提供的用于支付必然要发生但暂时不能确定价格的材料、工程设备的单价以及专业工程的金额。一般而言，为方便合同管理和计价，需要纳入分部分项工程量项目综合单价中的暂估价，最好只限于材料费，以方便投标与组价。以"项"为计量单位给出的专业工程暂估价一般应是综合暂估价，即应当包括除规费、税金以外的管理费、利润等。

（3）计日工是为了解决现场发生的零星工作或项目的计价而设立的。计日工为额外工作的计价提供一个方便快捷的途径。计日工对完成零星工作所消耗的人工工时、材料数量、机械台班进行计量，并按照计日工表中填报的适用项目的单价进行计价支付。编制计日工表格时，一定要给出暂定数量，并且需要根据经验，尽可能估算一个比较贴近实际的数量，且尽可能把项目列全，以消除因此而产生的争议。

（4）总承包服务费是为了解决招标人在法律法规允许的条件下，进行专业工程发包以及自行采购供应材料、设备时，要求总承包人对发包的专业工程提供协调和配合服务，对供应的材料、设备提供收、发和保管服务以及对施工现场进行统一管理，对竣工资料进行整理等费用。

4. 规费税金项目清单的编制

规费税金项目清单应按照规定的内容列项，当出现规范中没有的项目，应根据省级政府或有关部门的规定列项。税金项目清单除规定的内容外，如国家税法发生变化或增加税种，应对税金项目清单进行补充。规费、税金的计算基础和费率均应按国家或地方相关部门的规定执行。

5. 工程量清单总说明的编制

工程量清单编制总说明包括以下内容：

（1）工程概况。工程概况中要对建设规模、工程特征、计划工期、施工现场实际情况、自然地理条件、环境保护要求等作出描述。其中建设规模是指建筑面积；工程特征应说明基础及结构类型、建筑层数、高度、门窗类型及各部位装饰、装修做法；计划工期是指按照工期定额计算的施工天数；施工现场实际情况是指施工场地的地表状况；自然地理条件，是指建筑场地所处地理位置的气候及交通运输条件；环境保护要求，是针对施工噪声及材料运输可能对周围环境造成的影响和污染所提出的防护要求。

（2）工程招标及分包范围。招标范围是指单位工程的招标范围，如建筑工程招标范围为"全部建筑工程"，装饰装修工程招标范围为"全部装饰装修工程"，或招标范围不含桩基础、幕墙头、门窗等。工程分包是指特殊工程项目的分包，如招标人自行采购安装"铝合金门窗"等。

（3）工程量清单编制依据。包括建设工程工程量清单计价规范、设计文件、招标文件、施工现场情况、工程特点及常规施工方案等。

（4）工程机械、材料、施工等的特殊要求。工程质量的要求，是指招标人要求拟建工程以及装饰装修标准提出，诸如对水泥的品牌、钢材的生产厂家、花岗石的出产地、品牌等的要求；施工要求，一般是指建设项目中对单项工程的施工顺序等的要求。

（5）其他需要说明的事项。

6. 招标工程量清单汇总

在分部分项工程量清单、措施项目清单、其他项目清单、规费和税金项目清单编制完成以后，经审查复核，与工程量清单封面及总说明汇总并装订，由相关责任人签字和盖章，形成完整的招标工程量清单文件。

5.4.2 招标控制价的编制

《招标投标法实施条例》规定，招标人可以自行决定是否编制标底，一个招标项目只能有一个标底，标底必须保密。同时规定，招标人设有最高投标限价的，应当在招标文件中明确最高投标限价或者最高投标限价的计算方法，招标人不得规定最低投标限价。

5.4.2.1 招标控制价的编制规定与依据

招标控制价是指根据国家或省级建设行政主管部门颁发的有关计价依据和办法，依据拟订的招标文件和招标工程量清单，结合工程具体情况发布的招标工程的最高投标限价。根据住房城乡建设部颁布的《建筑工程施工发包与承包计价管理办法》（住建部令第16号）的规定，国有资金投资的建筑工程招标的，应当设有最高投标限价；非国有资金投资的建筑工程招标的，可以设有最高投标限价或者招标标底。

1. 招标控制价与标底的关系

招标控制价是推行工程量清单计价过程中对传统标底概念的性质进行界定后所设置的专业术语，它使招标时评标定价的管理方式发生了很大的变化。

设标底招标、无标底招标以及招标控制价招标的利弊分析如下：

（1）设标底招标。

①设标底时易发生泄露标底及暗箱操作的现象，失去招标的公平公正性，容易诱发违法违规行为。

②编制的标底价是预期价格，因较难考虑施工方案、技术措施对造价的影响，容易与市场造价水平脱节，不利于引导投标人理性竞争。

③标底在评标过程的特殊地位使标底价成为左右工程造价的杠杆，不合理的标底会使合理的投标报价在评标中显得不合理，有可能成为地方或行业保护的手段。

④将标底作为衡量投标人报价的基准，导致投标人尽力地去迎合标底，往往招标投标过程反映的不是投标人实力的竞争，而是投标人编制预算文件能力的竞争，或者各种合法或非法的"投标策略"的竞争。

（2）无标底招标。

①容易出现围标串标现象，各投标人哄抬价格，给招标人带来投资失控的风险。

②容易出现低价中标后偷工减料，以牺牲工程质量来降低工程成本，或产生先低价中标，后高额索赔等不良后果。

③评标时，招标人对投标人的报价没有参考依据和评判基准。

（3）招标控制价招标。

①采用招标控制价招标的优点：

a. 可有效控制投资，防止恶性哄抬报价带来的投资风险；

b. 提高了透明度，避免了暗箱操作、寻租等违法活动的产生；

c. 可使各投标人自主报价、公平竞争，符合市场规律，且投标人自主报价，不受标底的左右；

d. 既设置了控制上限又尽量地减少了业主依赖评标基准价的影响。

②采用招标控制价招标也可能出现如下问题：

a. 若"最高限价"大大高于市场平均价时，就预示中标后利润很丰厚，只要投标不超过公布的限额都是有效投标，从而可能诱导投标人串标围标。

b. 若公布的最高限价远远低于市场平均价，就会影响招标效率。即可能出现只有1—2人投标或出现无人投标情况，因为按此限额投标将无利可图，超出此限额投标又成为无效投标，结果使招标人不得不修改招标控制价进行二次招标。

2. 编制招标控制价的规定

（1）国有资金投资的工程建设项目应实行工程量清单招标，招标人应编制招标控制价，并应当拒绝高于招标控制价的投标报价，即投标人的投标报价若超过公布的招标控制价，则其投标作为废标处理。

（2）招标控制价应由具有编制能力的招标人或受其委托、具有相应资质的工程造价咨询人编制。工程造价咨询人不得同时接受招标人和投标人对同一工程的招标控制价和投标报价的编制。

（3）招标控制价应在招标文件中公布，对所编制的招标控制价不得进行上浮或下调。在公布招标控制价时，除公布招标控制价的总价外，还应公布各单位工程的分部分项工程费、措施项目费、其他项目费、规费和税金。

（4）招标控制价超过批准的概算时，招标人应将其报原概算审批部门审核。这是由于我国对国有资金投资项目的投资控制实行的是设计概算审批制度，国有资金投资的工程原则上不能超过批准的设计概算。

（5）投标人经复核认为招标人公布的招标控制价未按照《建设工程工程量清单计价规范》（GB 50500－2013）的规定进行编制的，应在招标控制价公布后5天内向招标投标监督机构和工程造价管理机构投诉。工程造价管理机构受理投诉后，应立即对招标控制价进行复查，组织投诉人、被投诉人或其委托的招标控制价编制人等单位人员对投诉问题逐一核对。当招标控制价复查结论与原公布的招标控制价误差大于±3%时，应责成招标人改正。当重新公布招标控制价时，若重新公布之日起至原投标截止期不足15天的应延长投标截止期。

3. 招标控制价的编制依据

招标控制价的编制依据是指在编制招标控制价时需要进行工程量计量、价格确认、工程计价的有关参数、率值的确定等工作时所需的基础性资料，主要包括：

（1）现行国家标准《建设工程工程量清单计价规范》（GB50500－2013）与专业工程计量规范。

（2）国家或省级、行业建设主管部门颁发的计价定额和计价办法。

（3）建设工程设计文件及相关资料。

（4）拟定的招标文件及招标工程量清单。

（5）与建设项目相关的标准、规范、技术资料。

（6）施工现场情况、工程特点及常规施工方案。

（7）工程造价管理机构发布的工程造价信息；工程造价信息没有发布的，参照市场价。

（8）其他的相关资料。

5.4.2.2　招标控制价的编制内容

招标控制价的编制内容包括分部分项工程费、措施项目费、其他项目费、规费和税金，各个部分有不同的计价要求：

1. 分部分项工程费的编制要求

（1）分部分项工程费应根据招标文件中的分部分项工程量清单及有关要求，按《建设工程工程量清单计价规范》（GB50500－2013）有关规定确定综合单价计价。

（2）工程量依据招标文件中提供的分部分项工程量清单确定。

（3）招标文件提供了暂估单价的材料应按暂估的单价计入综合单价。

（4）为使招标控制价与投标报价所包含的内容一致，综合单价中应包括招标文件中要求投标人所承担的风险内容及其范围（幅度）产生的风险费用。

2. 措施项目费的编制要求

（1）措施项目费中的安全文明施工费应当按照国家或省级、行业建设主管部门的规定标准计价，该部分不得作为竞争性费用。

（2）措施项目应按招标文件中提供的措施项目清单确定，措施项目分为以"量"计算和以"项"计算两种。对于可精确计量的措施项目，以"量"计算即按其工程量用与分部分项工程工程量清单单价相同的方式确定综合单价；对于不可精确计量的措施项目，则以"项"为单位，采用费率法按有关规定综合取定，采用费率法时需确定某项费用的计费基数及其费率，结果应是包括除规费、税金以外的全部费用。计算公式为：

以"项"计算的措施项目清单费＝措施项目计费基数×费率

3. 其他项目费的编制要求

（1）暂列金额。暂列金额可根据工程的复杂程度、设计深度、工程环境条件（包括地质、水文、气候条件等）进行估算，一般可以分部分项工程费的10%—15%为参考。

（2）暂估价。暂估价中的材料单价应按照工程造价管理机构发布的工程造价信息中的材料单价计算，工程造价信息未发布的材料单价，其单价参考市场价格估算；暂估价中的专业工程暂估价应分不同专业，按有关计价规定估算。

（3）计日工。在编制招标控制价时，对计日工中的人工单价和施工机械台班单价应按省级、行业建设主管部门或其授权的工程造价管理机构公布的单价计算；材料应按工程造价管理机构发布的工程造价信息中的材料单价计算，工程造价信息未发布单价的材料，其价格应按市场调查确定的单价计算。

（4）总承包服务费。总承包服务费应按照省级或行业建设主管部门的规定计算，在计算时可参考以下标准：

①招标人仅要求对分包的专业工程进行总承包管理和协调时，按分包的专业工程估算造价的1.5%计算。

②招标人要求对分包的专业工程进行总承包管理和协调，并同时要求提供配合服务时，根据招标文件中列出的配合服务内容和提出的要求，按分包的专业工程估算造价的3%—5%计算。

③招标人自行供应材料的，按招标人供应材料价值的1%计算。

4. 规费和税金的编制要求

规费和税金必须按国家或省级、行业建设主管部门的规定计算。税金计算式如下：

税金＝（分部分项工程量清单费＋措施项目清单费＋其他项目清单费＋规费）×综合税率

5.4.2.3 招标控制价的计价与组价

1. 招标控制价组成

建设工程的招标控制价反映的是单位工程费用，各单位工程费用是由分部分项工程费、措施项目费、其他项目费、规费和税金组成。

2. 综合单价的组价

招标控制价的分部分项工程费应由各单位工程的招标工程量清单乘以其相应综合单价汇总而成。综合单价的组价，首先，依据提供的工程量清单和施工图纸，按照工程所在地区颁发的计价定额的规定，确定所组价的定额项目名称，并计算出相应的工程量；其次，依据工程造价政策规定或工程造价信息确定其人工、材料、机械台班单价；同时，在考虑风险因素确定管理费率和利润率的基础上，按规定程序计算出所组价定额项目的合价，见公式，然后将若干项所组价的定额项目合价相加除以工程量清单项目工程量，便得到工程量清单项目综合单价，见公式，对于未计价材料费（包括暂估单价的材料费）应计入综合单价。

定额项目合价＝定额项目工程量×[∑（定额人工消耗量×人工单价）

+∑（定额材料消耗量×材料单价）]

+∑（定额机械台班消耗量×机械台班单价）

+价差（基价或人工、材料、机械费用）＋管理费和利润]

$$工程量清单综合单价 = \frac{\sum（定额项目合价＋未计价材料费）}{工程量清单项目工程量}$$

3. 确定综合单价应考虑的因素

编制招标控制价在确定其综合单价时，应考虑一定范围内的风险因素。在招标文件中应通过预留一定的风险费用，或明确说明风险所包括的范围及超出该范围的价格调整方法。对于招标文件中未作要求的可按以下原则确定：

（1）对于技术难度较大和管理复杂的项目，可考虑一定的风险费用，并纳入到综合单价中。

（2）对于工程设备、材料价格的市场风险，应依据招标文件的规定，工程所在地或行业工程造价管理机构的有关规定，以及市场价格趋势考虑一定率值的风险费用，纳入到综合单价中。

（3）税金、规费等法律、法规、规章和政策变化的风险和人工单价等风险费用不应纳入综合单价。

招标工程发布的分部分项工程量清单对应的综合单价，应按照招标人发布的分部分项工程量清单的项目名称、工程量、项目特征描述，依据工程所在地区颁发的计价定额和人工、材料、机械台班价格信息等进行组价确定，并应编制工程量清单综合单价分析表。

5.4.2.4 编制招标控制价时应注意的问题

（1）采用的材料价格应是工程造价管理机构通过工程造价信息发布的材料价格，工程造价信息未发布材料单价的材料，其材料价格应通过市场调查确定。另外，未采用工程造价管理机构发布的工程造价信息时，需在招标文件或答疑补充文件中对招标控制价采用的与造价信息不一致的市场价格予以说明，采用的市场价格则应通过调查、分析确定，有可靠的信息来源。

（2）施工机械设备的选型直接关系到综合单价水平，应根据工程项目特点和施工条件，本着经济实用、先进高效的原则确定。

（3）应该正确、全面地使用行业和地方的计价定额与相关文件。

（4）不可竞争的措施项目和规费、税金等费用的计算均属于强制性的条款，编制招标控制价时应按国家有关规定计算。

（5）不同工程项目、不同施工单位会有不同的施工组织方法，所发生的措施费也会有所不同，因此，对于竞争性的措施费用的确定，招标人应首先编制常规的施工组织设计或施工方案，然后经专家论证确认后再进行合理确定措施项目与费用。

5.4.3 投标报价的编制

投标是一种要约，需要严格遵守关于招投标的法律规定及程序，还需对招标文件作出实质性响应，并符合招标文件的各项要求，科学规范地编制投标文件与合理策略地提出报价，直接关系到承揽工程项目的中标率。

5.4.3.1 建设项目施工投标与投标文件的编制

（一）施工投标前期工作

1. 施工投标报价流程

任何一个施工项目的投标报价都是一项复杂的系统工程，需要周密思考，统筹安排。在取得招标信息后，投标人首先要决定是否参加投标，如果参加投标，即进行前期工作：准备资料，申请并参加资格预审；获取招标文件；组建投标报价班子；然后进入询价与编制阶段，整个投标过程需遵循一定的程序（见图5-1）进行。

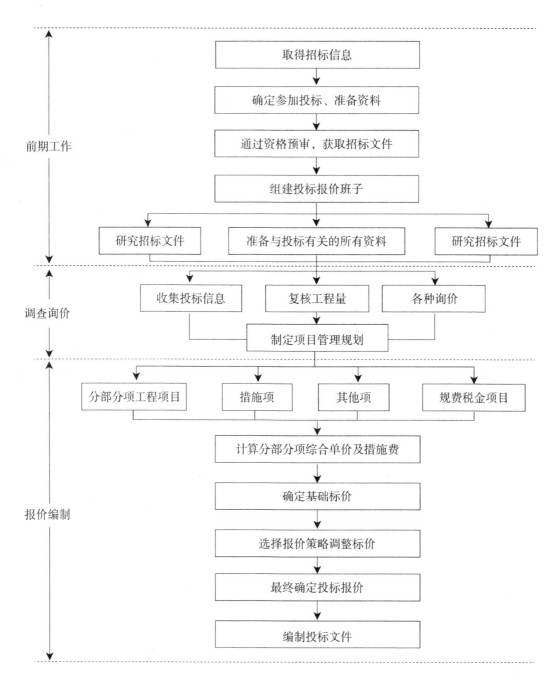

图5-1 施工投标报价流程图

2. 研究招标文件

投标人取得招标文件后，为保证工程量清单报价的合理性，应对投标人须知、合同条件、技术规范、图纸和工程量清单等重点内容进行分析，深刻而正确地理解招标文件和业主的意图。

（1）投标人须知。它反映了招标人对投标的要求，特别要注意项目的资金来源、投标书的编制和递交、投标保证金、更改或备选方案、评标方法等，重点在于防止废标。

（2）合同分析。

①合同背景分析。

投标人有必要了解与自己承包的工程内容有关的合同背景，了解监理方式，了解合同的法律依据，为报价和合同实施及索赔提供依据。

②合同形式分析。

主要分析承包方式（如分项承包、施工承包、设计与施工总承包和管理承包等）；计价方式（如固定合同价格、可调合同价格和成本加酬金确定的合同价格等）。

③合同条款分析。

主要包括：

a. 承包商的任务、工作范围和责任。

b. 工程变更及相应的合同价款调整。

c. 付款方式、时间。应注意合同条款中关于工程预付款、材料预付款的规定。根据这些规定和预计的施工进度计划，计算出占用资金的数额和时间，从而计算出需要支付的利息数额并计入投标报价。

d. 施工工期。合同条款中关于合同工期、竣工日期、部分工程分期交付工期等规定，这是投标人制订施工进度计划的依据，也是报价的重要依据。要注意合同条款中有无工期奖罚的规定，尽可能做到在工期符合要求的前提下报价有竞争力，或在报价合理的前提下工期有竞争力。

e. 业主责任。投标人所制订的施工进度计划和做出的报价，都是以业主履行责任为前提的。所以应注意合同条款中关于业主责任措辞的严密性，以及关于索赔的有关规定。

④技术标准和要求分析。

工程技术标准按工程类型来描述工程技术和工艺内容特点，对设备、材料、施工和安装方法等所规定的技术要求，有的是对工程质量进行检验、试验和验收所规定的方法和要求。它们与工程量清单中各子项工作密不可分，报价人员应在准确理解招标人要求的基础上对有关工程内容进行报价。任何忽视技术标准的报价都是不完整、不可靠的，有时可能导致工程承包重大失误和亏损。

⑤图纸分析。

图纸是确定工程范围、内容和技术要求的重要文件，也是投标者确定施工方法等施工计划的主要依据。

图纸的详细程度取决于招标人提供的施工图设计所达到的深度和所采用的合同形式。详细的设计图纸可使投标人比较准确地估价，而不够详细的图纸则需要估价人员采用综合估价方法，其结果一般不很精确。

3. 调查工程现场

招标人在招标文件中一般会明确进行工程现场踏勘的时间和地点。投标人对一般区域调查重点注意以下几个方面：

（1）自然条件调查。如气象资料，水文资料，地震、洪水及其他自然灾害情况，地质情况等。

（2）施工条件调查。主要包括：工程现场的用地范围、地形、地貌、地物、高程，地上或地下障碍物，现场的三通一平情况；工程现场周围的道路、进出场条件、有无特殊交通限制；工程现场施工临时设施、大型施工机具、材料堆放场地安排的可能性，是否需要二次搬运；工程现场邻近建筑物与招标工程的间距、结构形式、基础埋深、新旧程度、高度；市政给水及污水、雨水排放管线位置、高程、管径、压力、废水、污水处理方式，市政、消防供水管道管径、压力、位置等；当地供电方式、方位、距离、电压等；当地煤气供应能力，管线位置、高程等；工程现场通信线路的连接和铺设；当地政府有关部门对施工现场管理的一般要求、特殊要求及规定，是否允许节假日和夜间施工等。

（3）其他条件调查。主要包括各种构件、半成品及商品混凝土的供应能力和价格，以及现场附近的生活设施、治安情况等。

（二）询价与工程量复核

1. 询价

投标报价之前，投标人必须通过各种渠道，采用各种手段对工程所需各种材料、设备等的价格、质量、供应时间、供应数量等进行系统全面的调查，同时还要了解分包项目的分包形式、分包范围、分包人报价、分包人履约能力及信誉等。询价是投标报价的基础，它为投标报价提供可靠的依据。询价时要特别注意两个问题：一是产品质量必须可靠，并满足招标文件的有关规定；二是供货方式、时间、地点，有无附加条件和费用。

（1）询价的渠道。

①直接与生产厂商联系。

②了解生产厂商的代理人或从事该项业务的经纪人。

③了解经营该项产品的销售商。

④向咨询公司进行询价。通过咨询公司所得到的询价资料比较可靠，但需要支付一定的咨询费用，也可向同行了解。

⑤通过互联网查询。

⑥自行进行市场调查或信函询价。

（2）生产要素询价。

①材料询价。材料询价的内容包括调查对比材料价格、供应数量、运输方式、保险和有效期、不同买卖条件下的支付方式等。询价人员在施工方案初步确定后，立即发出材料询价单，并催促材料供应商及时报价。收到询价单后，询价人员应将从各种渠道所询得的材料报价及其他有关资料汇总整理。对同种材料从不同经销部门所得到的所有资料进行比较分析，选择合适、可靠的材料供应商的报价，提供给工程报价人员使用。

②施工机械设备询价。在外地施工需用的机械设备有时在当地租赁或采购可能更为有利。因此，事前有必要进行施工机械设备的询价。必须采购的机械设备，可向供应厂商询价。对于租赁的机械设备，可向专门从事租赁业务的机构询价，并应详细了解其计价方法。

③劳务询价。劳务询价主要有两种情况：一是成建制的劳务公司，相当于劳务分包，一般费用较高，但素质较可靠，工效较高，承包商的管理工作较轻；另一种是劳务市场招募零散劳动力，根据需要进行选择，这种方式虽然劳务价格低廉，但有时素质达不到要求或工效降低，且承包商的管理工作较繁重。投标人应在对劳务市场充分了解的基础上决定采用哪种方式，并以此为依据进行投标报价。

（3）分包询价。总承包商在确定了分包工作内容后，就将分包专业的工程施工图纸和技术说明送交预先选定的分包单位，请他们在约定的时间内报价，以便进行比较选择，最终选择合适的分包人。对分包人询价应注意以下几点：分包标函是否完整；分包工程单价所包含的内容；分包人的工程质量、信誉及可信赖程度；质量保证措施；分包报价。

2. 复核工程量

工程量清单作为招标文件的组成部分，是由招标人提供的。工程量的大小是投标报价最直接的依据。复核工程量的准确程度，将影响承包商的经营行为：一是根据复核后的工程量与招标文件提供的工程量之间的差距，考虑相应的投标策略，决定报价尺度；二是根据工程量的大小采取合适的施工方法，选择适用、经济的施工机具设备、投入使用相应的劳动力数量等。

复核工程量，要与招标文件中所给的工程量进行对比，注意以下几方面：

（1）投标人应认真根据招标说明、图纸、地质资料等招标文件资料，计算主要清单工程量，复核工程量清单。其中特别注意，按一定顺序进行，避免漏算或重算；正确划分分部分项工程项目，与"清单计价规范"保持一致。

（2）复核工程量的目的不是修改工程量清单，即使有误，投标人也不能修改工程量清单中的工程量，因为修改了清单就等于擅自修改了合同。对工程量清单存在的错误，可以向招标人提出，由招标人统一修改并把修改情况通知所有投标人。

（3）针对工程量清单中工程量的遗漏或错误，是否向招标人提出修改意见取决于投标策略。投标人可以运用一些报价的技巧提高报价的质量，争取在中标后能获得更大的收益。

（4）通过工程量计算复核还能准确地确定订货及采购物资的数量，防止由于超量或少购等带来的浪费、积压或停工待料。

在核算完全部工程量清单中的细目后，投标人应按大项分类汇总主要工程总量，以便获得对整个工程施工规模的整体概念，并据此研究采用合适的施工方法，选择适用的施工设备等。

3. 制订项目管理规划

项目管理规划是工程投标报价的重要依据，项目管理规划应分为项目管理规划大纲和项目管理实施规划。根据《建设工程项目管理规范》（GB/T 50326－2017），当承包商以编制施工组织设计代替项目管理规划时，施工组织设计应满足项目管理规划的要求。

（1）项目管理规划大纲。项目管理规划大纲是投标人管理层在投标之前编制，旨在作为投标依据、满足招标文件要求及签订合同要求的文件。可包括下列内容（根据需要选定）：项目概况；项目范围管理规划；项目管理目标规划；项目管理组织规划；项目成本管理规划；项目进度管理规划；项目质量管理规划；项目职业健康安全与环境管理规划；项目采购与资源管理规划；项目信息管理规划；项目沟通管理规划；项目风险管理规划；项目收尾管理规划。

（2）项目管理实施规划。项目管理实施规划是指在开工之前由项目经理主持编制的，旨在指导施工项目实施阶段管理的文件。项目管理实施规划必须由项目经理组织项目经理部在工程开工之前编制完成。应包括下列内容：项目概况；总体工作计划；组织方案；技术方案；进度计划；质量计划；职业健康安全与环境管理计划；成本计划；资源需求计划；风险管理规划；信息管理计划；项目沟通管理计划；项目收尾管理计划；项目现场平面布置图；项目目标控制措施；技术经济指标。

（三）编制投标文件

1. 投标文件编制的内容

投标人应当按照招标文件的要求编制投标文件。投标文件应当包括下列内容：

（1）投标函及投标函附录。

（2）法定代表人身份证明或附有法定代表人身份证明的授权委托书。

（3）联合体协议书（如工程允许采用联合体投标）。

（4）投标保证金。

（5）已标价工程量清单。

（6）施工组织设计。

（7）项目管理机构。

（8）拟分包项目情况表。

（9）资格审查资料。

（10）规定的其他材料。

2. 投标文件编制时应遵循的规定

（1）投标文件应按"投标文件格式"进行编写，如有必要，可以增加附页，作为投标文件的组成部分。其中，投标函附录在满足招标文件实质性要求的基础上，可以提出比招标文件要求更能吸引招标人的承诺。

（2）投标文件应当对招标文件有关工期、投标有效期、质量要求、技术标准和要求、招标范围等实质性内容作出响应。

（3）投标文件应由投标人的法定代表人或其委托代理人签字和单位盖章。委托代理人签字的，投标文件应附法定代表人签署的授权委托书。投标文件应尽量避免涂改、行间插字或删除。如果出现上述情况，改动之处应加盖单位章或由投标人的法定代表人或其授权的代理人签字确认。

（4）投标文件正本一份，副本份数按招标文件有关规定编制。正本和副本的封面上应清楚地标记"正本"或"副本"的字样。投标文件的正本与副本应分别装订成册，并编制目录。当副本和正本不一致时，以正本为准。

（5）除招标文件另有规定外，投标人不得递交备选投标方案。允许投标人递交备选投标方案的，只有中标人所递交的备选投标方案方可予以考虑。评标委员会认为中标人的备选投标方案优于其按照招标文件要求编制的投标方案的，招标人可以接受该备选投标方案。

3. 投标文件的递交

投标人应当在招标文件规定的提交投标文件的截止时间前，将投标文件密封送达投标地点。招标人收到招标文件后，应当向投标人出具标明签收人和签收时间的凭证，在开标前任何单位和个人不得开启投标文件。在招标文件要求提交投标文件的截止时间后送达或未送达指定地点的投标文件，为无效的投标文件，招标人不予受理。有关投标文件的递交还应注意以下问题：

（1）投标人在递交投标文件的同时，应按规定的金额、担保形式和投标保证金格式递交投标保证金，并作为其投标文件的组成部分。联合体投标的，其投标保证金由牵头人递交，并应符合规定。投标保证金除现金外，可以是银行出具的银行保函、保兑支票、银行汇票或现金支票。投标保证金的数额不得超过投标总价的2%，且最高不超过80万元。依法必须进行招标的项目的境内投标单位，以现金或者支票形式提交的投标保证金应当从其基本账户转出。投标人不按要求提交投标保证金的，其投标文件应被否决。出现下列情况的，投标保证金将不予返还：

①投标人在规定的投标有效期内撤销或修改其投标文件；

②中标人在收到中标通知书后，无正当理由拒签合同协议书或未按招标文件规定提交履约担保。

（2）投标有效期。投标有效期从投标截止时间起开始计算，主要用作组织评标委员会评标招标人定标、发出中标通知书，以及签订合同等工作，一般考虑以下因素：

①组织评标委员会完成评标需要的时间；

②确定中标人需要的时间；

③签订合同需要的时间。

一般项目投标有效期为60—90天，大型项目120天左右。投标保证金的有效期应与投标有效期保持一致。

出现特殊情况需要延长投标有效期的，招标人以书面形式通知所有投标人延长投标有效期。投标人同意延长的，应相应延长其投标保证金的有效期，但不得要求或被允许修改或撤销其投标文件；投标人拒绝延长的，其投标失效，但投标人有权收回其投标保证金。

（3）投标文件的密封和标识。投标文件的正本与副本应分开包装，加贴封条，并在封套上清楚标记"正本"或"副本"字样，于封口处加盖投标人单位章。

（4）投标文件的修改与撤回。在规定的投标截止时间前，投标人可以修改或撤回已递交的投标文件，但应以书面形式通知招标人。在招标文件规定的投标有效期内，投标人不得要求撤销或修改其投标文件。

（5）费用承担与保密责任。投标人准备和参加投标活动发生的费用自理。参与招标投标活动的各方应对招标文件和投标文件中的商业和技术等秘密保密，违者应对由此造成的后果承担法律责任。

4. 联合体投标

两个以上法人或者其他组织可以组成一个联合体，以一个投标人的身份共同投标。联合体投标需遵循以下规定：

（1）联合体各方应按招标文件提供的格式签订联合体协议书，联合体各方应当指定牵头人，授权其代表所有联合体成员负责投标和合同实施阶段的主办、协调工作，并应当向招标人提交由所有联合体成员法定代表人签署的授权书。

（2）联合体各方签订共同投标协议后，不得再以自己名义单独投标，也不得组成新的联合体或参加其他联合体在同一项目中投标。联合体各方在同一招标项目中以自己名义单独投标或者参加其他联合体投标的，相关投标均无效。

（3）招标人接受联合体投标并进行资格预审的，联合体应当在提交资格预审申请文件前组成。资格预审后联合体增减、更换成员的，其投标无效。

（4）由同—专业的单位组成的联合体，按照资质等级较低的单位确定资质等级。

（5）联合体投标的，应当以联合体各方或者联合体中牵头人的名义提交投标保证金。以联合体中牵头人名义提交的投标保证金，对联合体各成员具有约束力。

5. 串通投标

在投标过程有串通投标行为的，招标人或有关管理机构可以认定该行为无效。

（1）有下列情形之一的，属于投标人相互串通投标：

①投标人之间协商投标报价等投标文件的实质性内容；

②投标人之间约定中标人；

③投标人之间约定部分投标人放弃投标或者中标；

④属于同一集团、协会、商会等组织成员的投标人按照该组织要求协同投标；

⑤投标人之间为谋取中标或者排斥特定投标人而采取的其他联合行动。

（2）有下列情形之一的，视为投标人相互串通投标：

①不同投标人的投标文件由同一单位或者个人编制；

②不同投标人委托同一单位或者个人办理投标事宜；

③不同投标人的投标文件载明的项目管理成员为同一人；

④不同投标人的投标文件异常一致或者投标报价呈规律性差异；

⑤不同投标人的投标文件相互混装；

⑥不同投标人的投标保证金从同一单位或者个人的账户转出。

（3）有下列情形之一的，属于招标人与投标人串通投标：

①招标人在开标前开启投标文件并将有关信息泄露给其他投标人；

②招标人直接或者间接向投标人泄露标底、评标委员会成员等信息；

③招标人明示或者暗示投标人压低或者抬高投标报价；

④招标人授意投标人撤换、修改投标文件；

⑤招标人明示或者暗示投标人为特定投标人中标提供方便；

⑥招标人与投标人为谋求特定投标人中标而采取的其他串通行为。

5.4.3.2 投标报价编制的原则与依据

投标报价是在工程招标发包过程中，由投标人按照招标文件的要求，根据工程特点，并结合自身的施工技术、装备和管理水平，依据有关计价规定自主确定的工程造价，是投标人希望达成工程承包交易的期望价格，它不能高于招标人设定的招标控制价。作为投标计算的必要条件，应预先确定施工方案和施工进度，此外，投标计算还必须与采用的合同形式相协调。

（一）投标报价的编制原则

报价是投标的关键性工作，报价是否合理不仅直接关系到投标的成败，还关系到中标后企业的盈亏。投标报价编制原则如下：

（1）投标报价由投标人自主确定，但必须执行《建设工程工程量清单计价规范》（GB50500－2013）的强制性规定。投标价应由投标人或受其委托，具有相应资质的工程造价咨询人员编制。

（2）投标人的投标报价不得低于成本。《招标投标法》第四十一条规：“中标人的投标应当符合下列条件……（二）能够满足招标文件的实质性要求，并且经评审的投标价格最低；但是投标价格低于成本的除外。”《评标委员会和评标方法暂行规定》（七部委第12号令）第二十一条规定：“在评标过程中，评标委员会发现投标人的报价明显低于其他投标报价或者在设有标底时明显低于标底的，使得其投标报价可能低于其个别成本的，应当要求该投标人作出书面说明并提供相关证明材料。投标人不能合理说明或者不能提供相关证明材料的，由评标委员会认定该投标人以低于成本报价竞标，其投标应作为废标处理。”根据上述法律、规章的规定，特别要求投标人的投标报价不得低于成本。

（3）投标报价要以招标文件中设定的发承包双方责任划分，作为考虑投标报价费用项目和费用计算的基础，发承包双方的责任划分不同，会导致合同风险不同的分摊，从而导致投标人选择不同的报价；根据工程发承包模式考虑投标报价的费用内容和计算深度。

（4）以施工方案、技术措施等作为投标报价计算的基本条件；以反映企业技术和管理水平的企业定额作为计算人工、材料和机械台班消耗量的基本依据；充分利用现场考察、调研成果、市场价格信息和行情资料，编制基础标价。

（5）报价计算方法要科学严谨，简明适用。

（二）投标报价的编制依据

《建设工程工程量清单计价规范》（GB50500－2013）规定，投标报价应根据下列依据编制和复核：

（1）《建设工程工程量清单计价规范》。

（2）国家或省级、行业建设主管部门颁发的计价办法。

（3）企业定额，国家或省级、行业建设主管部门颁发的计价定额和计价办法。

（4）招标文件、招标工程量清单及其补充通知、答疑纪要。

（5）建设工程设计文件及相关资料。

（6）施工现场情况、工程特点及投标时拟定的施工组织设计或施工方案。

（7）与建设项目相关的标准、规范等技术资料。

（8）市场价格信息或工程造价管理机构发布的工程造价信息。

（9）其他的相关资料。

5.4.3.3 投标报价的编制方法和内容

投标报价的编制过程，应首先根据招标人提供的工程量清单编制分部分项工程和措施项目计价表、其他项目计价表、规费、税金项目计价表，计算完毕之后，汇总得到单位工程投标报价汇总表，再层层汇总，分别得出单项工程投标报价汇总表和工程项目投标总价汇总表，投标总价的组成如图5-2所示。在编制过程中，投标人应按招标人提供的工程量清单填报价格。填写的项目编码、项目名称、项目特征、计量单位、工程量必须与招标人提供的一致。

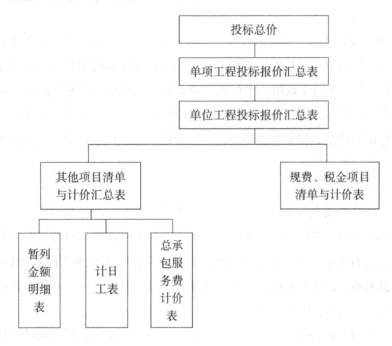

图5-2 建设项目施工投标总价组成

（一）分部分项工程和措施项目计价表的编制

1. 分部分项工程和单价措施项目清单与计价表的编制

承包人投标价中的分部分项工程费和以单价计算的措施项目费应按招标文件中分部分项工程和单价措施项目清单与计价表的特征描述确定综合单价计算。因此，确定综合单价是分部分项工程和单价措施项目清单与计价表编制过程中最主要的内容。综合单价包括完成一个规定清单项目所需的人工费、材料和工程设备费、施工机具使用费、企业管理费、利润，并考虑风险费用的分摊。

综合单价 = 人工费 + 材料和工程设备费 + 施工机具使用费 + 企业管理费 + 利润

（1）确定综合单价时的注意事项。

①以项目特征描述为依据。项目特征是确定综合单价的重要依据之一，投标人投标报价时应依据招标文件中清单项目的特征描述确定综合单价。在招标投标过程中，当出现招标工程量清单特征描述与设计图纸不符时，投标人应以招标工程量清单的项目特征描述为准，确定投标报价的综合单价。当施工中施工图纸或设计变更与招标工程量清单项目特征描述不一致时，发承包双方应按实际施工的项目特征，依据合同约定重新确定综合单价。

②材料、工程设备暂估价的处理。招标文件在其他项目清单中提供了暂估单价的材料和工程设备，应按其暂估的单价计入清单项目的综合单价中。

③考虑合理的风险。招标文件中要求投标人承担的风险费用，投标人应考虑进入综合单价。在施工过程中，当出现的风险内容及其范围（幅度）在招标文件规定的范围（幅度）内时，综合单价不得变动，合同价款不作调整。根据国际惯例并结合我国工程建设的特点，发承包双方对工程施工阶段的风险宜采用如下分摊原则：

a. 对于主要由市场价格波动导致的价格风险，如工程造价中的建筑材料、燃料等价格风险，发承包双方应当在招标文件中或在合同中对此类风险的范围和幅度予以明确约定，进行合理分摊。根据工程特点和工期要求，一般采取的方式是承包人承担5%以内的材料、工程设备价格风险，10%以内的施工机具使用费风险。

b. 对于法律、法规、规章或有关政策出台导致工程税金、规费、人工费发生变化，并由省级、行业建设行政主管部门或其授权的工程造价管理机构根据上述变化发布的政策性调整，以及由政府定价或政府指导价管理的原材料等价格进行了调整，承包人不应承担此类风险，应按照有关调整规定执行。

c. 对于承包人根据自身技术水平、管理、经营状况能够自主控制的风险，如承包人的管理费、利润的风险，承包人应结合市场情况，根据企业自身的实际合理确定、自主报价，该部分风险由承包人全部承担。

（2）综合单价确定的步骤和方法。

①确定计算基础。计算基础主要包括消耗量指标和生产要素单。报价应根据本企业的企业实际消耗量水平，并结合拟定的施工方案确定完成清单项目需要消耗的各种人工、材料、机械台班的数量。计算时应采用企业定额，在没有企业定额或企业定额缺项时，可参照与本企业实际水平相近的国家、地区、行业定额，并通过调整来确定清单项目的人、材、机单位用量。各种人工、材料、机械台班的单价，则应根据询价的结果和市场行情综合确定。

②分析每一清单项目的工程内容。在招标文件提供的工程量清单中，招标人已对项目特征进行了准确、详细的描述，投标人根据这一描述，再结合施工现场情况和拟定的施工方案确定完成各清单项目实际应发生的工程内容。必要时可参照《建设工程工程量清单计价规范》（GB50500-2013）中提供的工程内容，有些特殊的工程也可能出现规范列表之外的工程内容。

③计算工程内容的工程数量与清单单位的含量。每一项工程内容都应根据所选定额的工程量计算规则计算其工程数量，当定额的工程量计算规则与清单的工程量计算规则相一致时，可直接以工程量清单中的工程量作为工程内容的工程数量。

当采用清单单位含量计算人工费、材料费、施工机具使用费时，还需要计算每一计量单位的清单项目所分摊的工程内容的工程数量，即清单单位含量。

$$清单单位含量 = \frac{某工程内容的定额工程量}{清单工程量}$$

④分部分项工程人工、材料、机械费用的计算。以完成每一计量单位的清单项目所需的人工、材料、机械用量为基础计算，即：

每一计量单位清单项目 = 该种资源工程量×相应定额条目的资源使用量×定额单位用量×清单单位含量

再根据预先确定的各种生产要素的单位价格，计算出每一计量单位清单项目的分部分项工程的人工费、材料费与施工机具使用费。

人工费 = 完成单位清单项目×人工工日单价×所需人工的工日数量

材料费 = ∑完成单位清单项目所需×各种材料、半成品单价×各种材料、半成品的数量

施工机具使用费 = ∑完成单位清单项目所需×各种机械的台班单价 + 仪器仪表使用费各种机械的台班数量

当招标人提供的其他项目清单中列示了材料暂估价时，应根据招标人提供的价格计算材料费，并在分部分项工程量清单与计价表中表现出来。

⑤计算综合单价。企业管理费和利润的计算按人工费、材料费、施工机具使用费之和按照一定的费率取费计算。

企业管理费 = (人工费 + 材料费 + 施工机具使用费)×企业管理费费率（%）

利润 = (人工费 + 材料费 + 施工机具使用费 + 企业管理费)×利润率（%）

将上述五项费用汇总，并考虑合理的风险费用后，即可得到清单综合单价。根据计算出的综合单价，可编制分部分项工程量清单与计价表。

（3）工程量清单综合单价分析表的编制。为表明综合单价的合理性，投标人应对其进行单价分析，以作为评标时的判断依据。综合单价分析表的编制应反映上述综合单价的编制过程，并按照规定的格式进行。

2. 总价措施项目清单与计价表的编制

对于不能精确计量的措施项目，应编制总价措施项目清单与计价表。投标人对措施项目中的总价项目投标报价应遵循以下原则：

（1）措施项目的内容应依据招标人提供的措施项目清单和投标人投标时拟定的施工组织设计或施工方案。

（2）措施项目费由投标人自主确定，但其中安全文明施工费必须按照国家或省级、行业建设主管部门的规定计价，不得作为竞争性费用。招标人不得要求投标人对该项费用进行优惠，投标人也不得将该项费用参与市场竞争。

（二）其他项目清单与计价表的编制

其他项目费主要包括暂列金额、暂估价、计日工以及总承包服务费。

投标人对其他项目费投标报价时应遵循以下原则：

（1）暂列金额应按照招标人提供的其他项目清单中列出的金额填写，不得变动。

（2）暂估价不得变动和更改。暂估价中的材料、工程设备暂估价必须按照招标人提供的暂估单价计入清单项目的综合单价；专业工程暂估价必须按照招标人提供的其他项目清单中列出的金额填写。材

料、工程设备暂估单价和专业工程暂估价均由招标人提供，为暂估价格，在工程实施过程中，对于不同类型的材料与专业工程采用不同的计价方法。

（3）计日工应按照招标人提供的其他项目清单列出的项目和估算的数量，自主确定各项综合单价并计算费用。

（4）总承包服务费应根据招标人在招标文件中列出的分包专业工程内容和供应材料、设备情况，按照招标人提出的协调、配合与服务要求和施工现场管理需要自主确定。

（三）规费、税金项目清单与计价表的编制

规费和税金应按国家或省级、行业建设主管部门的规定计算，不得作为竞争性费用。这是由于规费和税金的计取标准是依据有关法律、法规和政策规定制定的，具有强制性。因此，投标人在投标报价时必须按照国家或省级、行业建设主管部门的有关规定计算规费和税金。

（四）投标价的汇总

投标人的投标总价应当与组成工程量清单的分部分项工程费、措施项目费、其他项目费和规费、税金的合计金额相一致，即投标人在进行工程量清单招标的投标报价时，不能进行投标总价优惠（或降价、让利），投标人对投标报价的任何优惠（或降价、让利）均应反映在相应清单项目的综合单价中。

5.4.4 中标价及合同价款的约定

在建设工程发承包过程中有两项重要工作，一是承包人的选择，对于招标承包而言，我国相关法规对于开标的时间和地点、出席开标会议的一系列规定、开标的顺序以及否决投标等，对于评标原则和评标委员会的组建、评标程序和方法，对于定标的条件与做法，均做出了明确而清晰的规定。二是通过优选确定承包人后，就必须通过一种法律行为即合同来明确双方当事人的权利义务，其中合同价款的约定是建设工程造价确定的重要内容。

5.4.4.1 评标程序及评审标准

（一）初步评审

评标活动应遵循公平、公正、科学、择优的原则，招标人应当采取必要的措施，保证评标在严格保密的情况下进行。评标是招标投标活动中一个十分重要的环节，如果对评标过程不进行保密，则影响公正评标的不正当行为有可能发生。

评标委员会成员名单一般应于开标前确定，而且该名单在中标结果确定前应当保密。评标委员会在评标过程中是独立的，任何单位和个人都不得非法干预、影响评标过程和结果。

根据《评标委员会和评标方法暂行规定》和《标准施工招标文件》的规定，我国目前评标中主要采用的方法包括经评审的最低投标价法和综合评估法，两种评标方法在初步评审阶段，其内容和标准基本是一致的。

初步评审的标准包括以下四方面：

（1）形式评审标准。

（2）资格评审标准。

（3）响应性评审标准。

（4）施工组织设计和项目管理机构评审标准。

（二）详细评审

经初步评审合格的投标文件，评标委员会应当根据招标文件确定的评标标准和方法对其技术部分和商务部分做进一步评审、比较。详细评审的方法包括经评审的最低投标价法和综合评估法两种。

1. 经评审的最低投标价法

经评审的最低投标价法是指评标委员会对满足招标文件实质要求的投标文件，根据详细评审标准规定的量化因素及量化标准进行价格折算，按照经评审的投标价由低到高的顺序推荐中标候选人，或根据招标人授权直接确定中标人，但投标报价低于其成本的除外。经评审的投标价相等时，投标报价低的优先；投标报价也相等的，由招标人自行确定。

2. 综合评估法

不宜采用经评审的最低投标价法的招标项目，一般应当采取综合评估法进行评审。综合评估法是指评标委员会对满足招标文件实质性要求的投标文件，按照规定的评分标准进行打分，并按得分由高到低顺序推荐中标候选人，或根据招标人授权直接确定中标人，但投标报价低于其成本的除外。综合评分相等时，以投标报价低的优先；投标报价也相等的，由招标人自行确定。

5.4.4.2 中标人的确定

除招标文件中特别规定了授权评标委员会直接确定中标人外，招标人应依据评标委员会推荐的中标候选人确定中标人，评标委员会提交中标候选人的人数应符合招标文件的要求，应当不超过3人，并标明排列顺序。中标人的投标应当符合下列条件之一：

（1）能够最大限度满足招标文件中规定的各项综合评价标准。

（2）能够满足招标文件的实质性要求，并且经评审的投标价格最低；但是投标价格低于成本的除外。

对使用国有资金投资或者国家融资的项目，招标人应当确定排名第一的中标候选人为中标人。排名第一的中标候选人放弃中标，因不可抗力提出不能履行合同，或者招标文件规定应当提交履约保证金而在规定的期限内未能提交的，招标人可以确定排名第二的中标候选人为中标人。排名第二的中标候选人因上述同样原因不能签订合同的，招标人可以确定排名第三的中标候选人为中标人。

招标人可以授权评标委员会直接确定中标人。

招标人不得向中标人提出压低报价、增加工作量、缩短工期或其他违背中标人意愿的要求，即不得以此作为发出中标通知书和签订合同的条件。

为维护公开、公平、公正的市场环境，鼓励各招投标当事人积极参与监督，按照《招标投标法实施条例》的规定，依法必须进行招标的项目，招标人应当自收到评标报告之日起3日内公示中标候选人，公示期不得少于3日。投标人或者其他利害关系人对依法必须进行招标的项目的评标结果有异议的，应当在中标候选人公示期间提出。招标人应当自收到异议之日起3日内作出答复；作出答复前，应当暂停招标投标活动。

中标人确定后，招标人应当向中标人发出中标通知书，并同时将中标结果通知所有未中标的投标人。中标通知书对招标人和中标人具有法律效力。中标通知书发出后，招标人改变中标结果，或者中标人放弃中标项目的，应当依法承担法律责任。依据《招标投标法》的规定，依法必须进行招标的项目，招标人应当自确定中标人之日起15日内，向有关行政监督部门提交招标投标情况的书面报告。

在签订合同前，中标人以及联合体的中标人应按招标文件有关规定的金额、担保形式和提交时间，向招标人提交履约担保。履约担保有现金、支票、汇票、履约担保书和银行保函等形式，可以选择其中的一种作为招标项目的履约保证金，履约保证金不得超过中标合同金额的10%。中标人不能按要求提交履约保证金的，视为放弃中标，其投标保证金不予退还，给招标人造成的损失超过投标保证金数额的，中标人还应当对超过部分予以赔偿。招标人要求中标人提供履约保证金或其他形式履约担保的，招标人应当同时向中标人提供工程款支付担保。中标后的承包人应保证其履约保证金在发包人颁发工程接收证书前一直有效。发包人应在工程接收证书颁发后28天内把履约保证金退还给承包人。

5.4.4.3 合同价款的约定

合同价款是合同文件的核心要素，建设项目不论是招标发包还是直接发包，合同价款的具体数额均在"合同协议书"中载明。

（一）签约合同价与中标价的关系

签约合同价是指合同双方签订合同时在协议书中列明的合同价格，对于以单价合同形式招标的项目，工程量清单中各种价格的总计即为合同价。合同价就是中标价，因为中标价是指评标时经过算术修正的，并在中标通知书中申明招标人接受的投标价格。法理上，经公示后招标人向投标人发出中标通知书（投标人向招标人回复确认中标通知书已收到），中标的中标价就受到法律保护，招标人不得以任何理由反悔。这是因为，合同价格属于招投标活动中的核心内容，根据《招标投标法》第四十六条有关"招标人和中标人应当……按照招标文件和中标人的投标文件订立书面合同，招标人和中标人不得再行订立背离合同实质性内容的其他协议"之规定，发包人应根据中标通知书确定的价格签订合同。

（二）合同价款约定的规定和内容

招标人和中标人应当在投标有效期内并在自中标通知书发出之日起30天内，按照招标文件和中标人的投标文件订立书面合同。中标人无正当理由拒签合同的，招标人取消其中标资格，其投标保证金不予退还；给招标人造成的损失超过投标保证金数额的，中标人还应当对超过部分予以赔偿。发出中标通知书后，招标人无正当理由拒签合同的，招标人向中标人退还投标保证金；给中标人造成损失的，还应当赔偿损失。招标人与中标人签订合同后5个工作日内，应当向中标人和未中标的投标人退还投标保证金及银行同期存款利息。

合同价款的有关事项由发承包双方约定，一般包括合同价款约定方式，预付工程款、工程进度款、工程竣工价款的支付和结算方式，以及合同价款的调整情形等。发承包双方应当在合同中约定，发生下列情形时合同价款的调整方法：

（1）法律、法规、规章或者国家有关政策变化影响合同价款的；

（2）工程造价管理机构发布价格调整信息的；

（3）经批准变更设计的；

（4）发包人更改经审定批准的施工组织设计造成费用增加的；

（5）双方约定的其他因素。

5.5 施工阶段造价编制

5.5.1 合同价款调整

发承包双方应当在施工合同中约定合同价款，实行招标工程的合同价款由合同双方依据中标通知书的中标价款在合同协议书中约定，不实行招标工程的合同价款由合同双方依据双方确定的施工图预算的总造价在合同协议书中约定。在工程施工阶段，由于项目实际情况的变化，发承包双方在施工合同中约定的合同价款可能会出现变动。为合理分配双方的合同价款变动风险，有效地控制工程造价，发承包双方应当在施工合同中明确约定合同价款的调整事件、调整方法及调整程序。

发承包双方按照合同约定调整合同价款的若干事项，大致包括五大类：

①法规变化类，主要包括法律法规变化事件；

②工程变更类，主要包括工程变更、项目特征不符、工程量清单缺项、工程量偏差、计日工等事件；

③物价变化类，主要包括物价波动、暂估价事件；

④工程索赔类，主要包括不可抗力、提前竣工（赶工补偿）、误期赔偿、索赔等事件；

⑤其他类，主要包括现场签证以及发承包双方约定的其他调整事项。

5.5.2 工程计量与合同价款结算

对承包人已经完成的合格工程进行计量并予以确认，是发包人支付工程价款的前提工作。因此，工程计量不仅是发包人控制施工阶段工程造价的关键环节，也是约束承包人履行合同义务的重要手段。

5.5.2.1 工程计量

（一）工程计量的原则与范围

1. 工程计量的概念

所谓工程计量，就是发承包双方根据合同约定，对承包人完成合同工程的数量进行的计算和确认。具体地说，就是双方根据设计图纸、技术规范以及施工合同约定的计量方式和计算方法，对承包人已经完成的质量合格的工程实体数量进行测量与计算，并以物理计量单位或自然计量单位进行表示、确认的过程。

招标工程量清单中所列的数量，通常是根据设计图纸计算的数量，是对合同工程的估计工程量。工程施工过程中，通常会由于一些原因导致承包人实际完成工程量与工程量清单中所列工程量的不一致，比如：招标工程量清单缺项、漏项或项目特征描述与实际不符；工程变更；现场施工条件的变化；现场签证；暂列金额中的专业工程发包等。因此，在工程合同价款结算前，必须对承包人履行合同义务所完成的实际工程进行准确的计量。

2. 工程计量的原则

工程计量的原则包括下列三个方面：

（1）不符合合同文件要求的工程不予计量。即工程必须满足设计图纸、技术规范等合同文件对其在工程质量上的要求，同时有关的工程质量验收资料齐全、手续完备，满足合同文件对其在工程管理上的要求。

（2）按合同文件所规定的方法、范围、内容和单位计量。工程计量的方法、范围、内容和单位受合同文件所约束，其中工程量清单（说明）、技术规范、合同条款均会从不同角度、不同侧面涉及这方面的内容。在计量中要严格遵循这些文件的规定，并且一定要结合起来使用。

（3）因承包人原因造成的超出合同工程范围施工或返工的工程量，发包人不予计量。

3. 工程计量的范围与依据

（1）工程计量的范围。工程计量的范围包括：工程量清单及工程变更所修订的工程量清单的内容；合同文件中规定的各种费用支付项目，如费用索赔、各种预付款、价格调整、违约金等。

（2）工程计量的依据。工程计量的依据包括：工程量清单及说明；合同图纸；工程变更令及其修订的工程量清单；合同条件；技术规范；有关计量的补充协议；质量合格证书等。

（二）工程计量的方法

工程量必须按照相关工程现行国家计量规范规定的工程量计算规则计算。工程计量可选择按月或按工程形象进度分段计量，具体计量周期在合同中约定。因承包人原因造成的超出合同工程范围施工或返工的工程量，发包人不予计量。通常区分单价合同和总价合同规定不同的计量方法，成本加酬金合同按照单价合同的计量规定进行计量。

1. 单价合同计量

单价合同工程量必须以承包人完成合同工程应予计量的按照现行国家计量规范规定的工程量计算规则计算得到的工程量确定。施工中工程计量时，若发现招标工程量清单中出现缺项、工程量偏差，或因工程变更引起工程量的增减，应按承包人在履行合同义务中完成的工程量计算。

2. 总价合同计量

采用经审定批准的施工图纸及其预算方式发包形成的总价合同，除按照工程变更规定引起的工程量增减外，总价合同各项目的工程量是承包人用于结算的最终工程量。总价合同约定的项目计量应以合同工程经审定批准的施工图纸为依据，发承包双方应在合同中约定工程计量的形象目标或时间节点进行计量。

5.5.3　预付款及期中支付

5.5.3.1　预付款

工程预付款是指建设工程施工合同订立后，由发包人按照合同约定，在正式开工前预先支付给承包人的工程款。它是施工准备和所需要材料、构件等流动资金的主要来源，国内习惯上又称为预付备料款。

1. 预付款的支付

（1）工程预付款的额度。各地区、各部门的规定不完全相同，主要是保证施工所需材料和构件的正常储备。工程预付款额度一般是根据施工工期、建安工作量、主要材料和构件费用占建安工程费的比例以及材料储备周期等因素经测算来确定。

①百分比法。发包人根据工程的特点、工期长短、市场行情、供求规律等因素，招标时在合同条件中约定工程预付款的百分比。根据《建设工程价款结算暂行办法》的规定，预付款的比例原则上不低于

合同金额的10%，不高于合同金额的30%。

②公式计算法。公式计算法是根据主要材料（含结构件等）占年度承包工程总价的比重，材料储备定额天数和年度施工天数等因素，通过公式计算预付款额度的一种方法。其计算公式为：

$$工程预付款数额 = \frac{年度工程总价 \times 材料比例（\%）}{年度施工天数} \times 材料储备定额天数$$

式中，年度施工天数按365天日历天计算；材料储备定额天数由当地材料供应的在途天数、加工天数、整理天数、供应间隔天数、保险天数等因素决定。

（2）预付款的支付时间。根据《建设工程价款结算暂行办法》的规定，在具备施工条件的前提下，发包人应在双方签订合同后的一个月内或不迟于约定的开工日期前的7天内预付工程款，发包人不按约定预付，承包人应在预付时间到期后10天内向发包人发出要求预付的通知，发包人收到通知后仍不按要求预付，承包人可在发出通知14天后停止施工，发包人应从约定应付之日起向承包人支付应付款的利息（利率按同期银行贷款利率计），并承担违约责任。

①承包人应在签订合同或向发包人提供与预付款等额的预付款保函（如有）后向发包人提交预付款支付申请。

②发包人应在收到支付申请的7天内进行核实后向承包人发出预付款支付证书，并在签发支付证书后的7天内向承包人支付预付款。

③发包人没有按合同约定按时支付预付款的，承包人可催告发包人支付；发包人在预付款期满后的7天内仍未支付的，承包人可在付款期满后的第8天起暂停施工。发包人应承担由此增加的费用和（或）延误的工期，并向承包人支付合理利润。

2. 预付款的扣回

发包人支付给承包人的工程预付款属于预支性质，随着工程的逐步实施后，原已支付的预付款应以充抵工程价款的方式陆续扣回，抵扣方式应当由双方当事人在合同中明确约定。扣款的方法主要有以下两种：

（1）按合同约定扣款。预付款的扣款方法由发包人和承包人通过洽商后在合同中予以确定，一般是在承包人完成金额累计达到合同总价的一定比例后，由承包人开始向发包人还款，发包方从每次应付给承包人的金额中扣回工程预付款，发包人至少在合同规定的完工期前将工程预付款的总金额逐次扣回。国际工程中的扣款方法一般为：当工程进度款累计金额超过合同价格的10%—20%时开始起扣，每月从进度款中按一定比例扣回。

（2）起扣点计算法。从未施工工程尚需的主要材料及构件的价值相当于工程预付款数额时起扣，此后每次结算工程价款时，按材料所占比重扣减工程价款，至工程竣工前全部扣清。起扣点的计算公式如下：

$$T = P - \frac{M}{N}$$

式中，T——起扣点（即工程预付款开始扣回时）的累计完成工程金额；

　　　M——工程预付款总额；

　　　N——主要材料及构件所占比重；

　　　P——承包工程合同总额。

3. 预付款担保

（1）预付款担保的概念及作用。预付款担保是指承包人与发包人签订合同后领取预付款前，承包人为正确、合理使用发包人支付的预付款而提供的担保。其主要作用是保证承包人能够按合同规定的目的使用并及时偿还发包人已支付的全部预付金额。如果承包人中途毁约，中止工程，使发包人不能在规定期限内从应付工程款中扣除全部预付款，则发包人有权从该项担保金额中获得补偿。

（2）预付款担保的形式。预付款担保的主要形式为银行保函。预付款担保的担保金额通常与发包人的预付款是等值的。预付款一般逐月从工程预付款中扣除，预付款担保的担保金额也相应逐月减少。承包人在施工期间，应当定期从发包人处取得同意此保函减值的文件，并送交银行确认。承包人还清全部预付款后，发包人应退还预付款担保，承包人将其退回银行注销，解除担保责任。

预付款担保也可以采用发承包双方约定的其他形式，如由担保公司提供担保，或采取抵押等担保形式。承包人的预付款保函的担保金额根据预付款扣回的数额相应递减，但在预付款全部扣回之前一直保持有效。发包人应在预付款扣完后的14天内将预付款保函退还给承包人。

4. 安全文明施工费

发包人应在工程开工后的28天内预付不低于当年施工进度计划的安全文明施工费总额的60%，其余部分按照提前安排的原则进行分解，与进度款同期支付。

发包人没有按时支付安全文明施工费的，承包人可催告发包人支付；发包人在付款期满后的7天内仍未支付的，若发生安全事故，发包人应承担连带责任。

5.5.3.2 期中支付

合同价款的期中支付，是指发包人在合同工程施工过程中，按照合同约定对付款周期内承包人完成的合同价款给予支付的款项，也就是工程进度款的结算支付。发承包双方应按照合同约定的时间、程序和方法，根据工程计量结果，办理期中价款结算，支付进度款。进度款支付周期，应与合同约定的工程计量周期一致。

1. 期中支付价款的计算

（1）已完工程的结算价款。已标价工程量清单中的单价项目，承包人应按工程计量确认的工程量与综合单价计算。如综合单价发生调整的，以发承包双方确认调整的综合单价计算进度款。

已标价工程量清单中的总价项目，承包人应按合同中约定的进度款支付分解，分别列入进度款支付申请中的安全文明施工费和本周期应支付的总价项目的金额中。

（2）结算价款的调整。承包人现场签证和得到发包人确认的索赔金额列入本周期应增加的金额中。由发包人提供的材料、工程设备金额，应按照发包人签约提供的单价和数量从进度款支付中扣出，列入本周期应扣减的金额中。

（3）进度款的支付比例。进度款的支付比例按照合同约定，按期中结算价款总额计，不低于60%，不高于90%。

2. 期中支付的程序

（1）进度款支付申请。承包人应在每个计量周期到期后向发包人提交已完工程进度款支付申请一式四份，详细说明此周期认为有权得到的款额，包括分包人已完工程的价款。支付申请的内容包括：

①累计已完成的合同价款。

②累计已实际支付的合同价款。

③本周期合计完成的合同价款，其中包括：

a. 本周期已完成单价项目的金额；

b. 本周期应支付的总价项目的金额；

c. 本周期已完成的计日工价款；

d. 本周期应支付的安全文明施工费；

e. 本周期应增加的金额。

④本周期合计应扣减的金额，其中包括：

a. 本周期应扣回的预付款；

b. 本周期应扣减的金额。

⑤本周期实际应支付的合同价款。

（2）进度款支付证书。发包人应在收到承包人进度款支付申请后，根据计量结果和合同约定对申请内容予以核实，确认后向承包人出具进度款支付证书。若发、承包双方对有的清单项目的计量结果出现争议，发包人应对有争议部分的工程计量结果向承包人出具进度款支付证书。

（3）支付证书的修正。发现已签发的任何支付证书有错、漏或重复的数额，发包人有权予以修正，承包人也有权提出修正申请。经发承包双方复核同意修正的，应在本次到期的进度款中支付或扣除。

5.6 竣工阶段造价编制 ▶

5.6.1 竣工结算

工程竣工结算是指工程项目完工并经竣工验收合格后，发承包双方按照施工合同的约定对所完成的工程项目进行的工程价款的计算、调整和确认。工程竣工结算分为单位工程竣工结算、单项工程竣工结算和建设项目竣工总结算，其中，单位工程竣工结算和单项工程竣工结算也可看作是分阶段结算。

5.6.1.1 工程竣工结算的编制和审核

单位工程竣工结算由承包人编制，发包人审查；实行总承包的工程，由具体承包人编制，在总包人审查的基础上，发包人审查。单项工程竣工结算或建设项目竣工总结算由总（承）包人编制，发包人可直接进行审查，也可以委托具有相应资质的工程造价咨询机构进行审查。政府投资项目，由同级财政部门审查。单项工程竣工结算或建设项目竣工总结算经发承包人签字盖章后有效。承包人应在合同约定期限内完成项目竣工结算编制工作，未在规定期限内完成的并且提不出正当理由延期的，责任自负。

1. 工程竣工结算的编制依据

工程竣工结算由承包人或受其委托具有相应资质的工程造价咨询人编制，由发包人或受其委托具有相应资质的工程造价咨询人核对。工程竣工结算编制的主要依据有：

（1）建设工程工程量清单计价规范。

（2）工程合同。

（3）发承包双方实施过程中已确认的工程量及其结算的合同价款。

（4）发承包双方实施过程中已确认调整后追加（减）的合同价款。

（5）建设工程设计文件及相关资料。

（6）投标文件。

（7）其他依据。

2. 工程竣工结算的计价原则

在采用工程量清单计价的方式下，工程竣工结算的编制应当规定的计价原则如下：

（1）分部分项工程和措施项目中的单价项目应依据双方确认的工程量与已标价工程量清单的综合单价计算；如发生调整的，以发承包双方确认调整的综合单价计算。

（2）措施项目中的总价项目应依据合同约定的项目和金额计算；如发生调整的，以发承包双方确认调整的金额计算，其中安全文明施工费必须按照国家或省级、行业建设主管部门的规定计算。

（3）其他项目应按下列规定计价：

①计日工应按发包人实际签证确认的事项计算；

②暂估价发承包双方按照《建设工程工程量清单计价规范》（GB50500－2013）的相关规定计算；

③总承包服务费应依据合同约定金额计算，如发生调整的，以发承包双方确认调整的金额计算；

④施工索赔费用应依据发承包双方确认的索赔事项和金额计算；

⑤现场签证费用应依据发承包双方签证资料确认的金额计算；

⑥暂列金额应减去工程价款调整（包括索赔、现场签证）金额计算，如有余额归发包人。

（4）规费和税金应按照国家或省级、行业建设主管部门的规定计算。规费中的工程排污费应按工程所在地环境保护部门规定标准缴纳后按实列入。

此外，发承包双方在合同工程实施过程中已经确认的工程计量结果和合同价款，在竣工结算办理中应直接进入结算。

3. 竣工结算的审核

（1）国有资金投资建设工程的发包人，应当委托具有相应资质的工程造价咨询企业对竣工结算文件进行审核，并在收到竣工结算文件后的约定期限内向承包人提出由工程造价咨询企业出具的竣工结算文件审核意见；逾期未答复的，按照合同约定处理，合同没有约定的，竣工结算文件视为已被认可。

（2）非国有资金投资的建筑工程发包人，应当在收到竣工结算文件后的约定期限内予以答复，逾期未答复的，按照合同约定处理，合同没有约定的，竣工结算文件视为已被认可；发包人对竣工结算文件有异议的，应当在答复期内向承包人提出，并可以在提出异议之日起的约定期限内与承包人协商；发包人在协商期内未与承包人协商或者经协商未能与承包人达成协议的，应当委托工程造价咨询企业进行竣工结算审核，并在协商期满后的约定期限内向承包人提出由工程造价咨询企业出具的竣工结算文件审核意见。

（3）发包人委托工程造价咨询机构核对竣工结算的，工程造价咨询机构应在规定期限内核对完毕，核对结论与承包人竣工结算文件不一致的，应提交给承包人复核，承包人应在规定期限内将同意核对结论或不同意见的说明提交工程造价咨询机构。工程造价咨询机构收到承包人提出的异议后，应再次复核，复核无异议的，发承包双方应在规定期限内在竣工结算文件上签字确认，竣工结算办理完毕；复核后仍有异议的，对于无异议部分办理不完全竣工结算；有异议部分由发承包双方协商解决，协商不成的，按照合同约定的争议解决方式处理。承包人逾期未提出书面异议的，视为工程造价咨询机构核对的竣工结算文件已经承包人认可。

（4）承包人对发包人提出的工程造价咨询企业竣工结算审核意见有异议的，在接到该审核意见后一个月内，可以向有关工程造价管理机构或者有关行业组织申请调解，调解不成的，可以依法申请仲裁或者向人民法院提起诉讼。

4. 质量争议工程的竣工结算

发包人以对工程质量有异议，拒绝办理工程竣工结算的：

（1）已经竣工验收或已竣工未验收但实际投入使用的工程，其质量争议按该工程保修合同执行，竣工结算按合同约定办理。

（2）已竣工未验收且未实际投入使用的工程以及停工、停建工程的质量争议，双方应就有争议的部分委托有资质的检测鉴定机构进行检测，根据检测结果确定解决方案，或按工程质量监督机构的处理决定执行后办理竣工结算，无争议部分的竣工结算按合同约定办理。

5.6.1.2 竣工结算款的支付

工程竣工结算文件经发承包双方签字确认的，应当作为工程结算的依据，未经对方同意，另一方不得就已生效的竣工结算文件委托工程造价咨询企业重复审核。发包方应当按照竣工结算文件及时支付竣工结算款。

1. 承包人提交竣工结算款支付申请

承包人应根据办理的竣工结算文件，向发包人提交竣工结算款支付申请。该申请应包括下列内容：

（1）竣工结算合同价款总额。

（2）累计已实际支付的合同价款。

（3）应扣留的质量保证金。

（4）实际应支付的竣工结算款金额。

2. 发包人签发竣工结算支付证书

发包人应在收到承包人提交竣工结算款支付申请7天内予以核实，向承包人签发竣工结算支付证书。

3. 支付竣工结算款

发包人签发竣工结算支付证书后的14天内，按照竣工结算支付证书列明的金额向承包人支付结算款。

发包人在收到承包人提交的竣工结算款支付申请后7天内不予核实，不向承包人签发竣工结算支付证书的，视为承包人的竣工结算款支付申请已被发包人认可；发包人应在收到承包人提交的竣工结算款支付申请7天后的14天内，按照承包人提交的竣工结算款支付申请列明的金额向承包人支付结算款。

发包人未按照规定的程序支付竣工结算款的，承包人可催告发包人支付，并有权获得延迟支付的利息。发包人在竣工结算支付证书签发后或者在收到承包人提交的竣工结算款支付申请7天后的56天内仍未支付的，除法律另有规定外，承包人可与发包人协商将该工程折价，也可直接向人民法院申请将该工程依法拍卖。承包人就该工程折价或拍卖的价款优先受偿。

5.6.1.3 合同解除的价款结算与支付

发承包双方协商一致解除合同的，按照达成的协议办理结算和支付合同价款。

1. 不可抗力解除合同

由于不可抗力解除合同的，发包人除应向承包人支付合同解除之日前已完成工程但尚未支付的合同价款，还应支付下列金额：

（1）合同中约定应由发包人承担的费用。

（2）已实施或部分实施的措施项目应付价款。

（3）承包人为合同工程合理订购且已交付的材料和工程设备货款。发包人一经支付此项货款，该材料和工程设备即成为发包人的财产。

（4）承包人撤离现场所需的合理费用，包括员工遣送费和临时工程拆除、施工设备运离现场的费用。

（5）承包人为完成合同工程而预期开支的任何合理费用，且该项费用未包括在本款其他各项支付之内。

发承包双方办理结算合同价款时，应扣除合同解除之日前发包人应向承包人收回的价款。当发包人应扣除的金额超过了应支付的金额，则承包人应在合同解除后的56天内将其差额退还给发包人。

2. 违约解除合同

（1）承包人违约。

因承包人违约解除合同的，发包人应暂停向承包人支付任何价款。发包人应在合同解除28天内核实合同解除时承包人已完成的全部合同价款以及按施工进度计划已运至现场的材料和工程设备货款，按合同约定核算承包人应支付的违约金以及造成损失的索赔金额，并将结果通知承包人。发承包双方应在28天内予以确认或提出意见，并办理结算合同价款。如果发包人应扣除的金额超过了应支付的金额，则承包人应在合同解除后的56天内将其差额退还给发包人。发承包双方不能就解除合同后的结算达成一致的，按照合同约定的争议解决方式处理。

（2）发包人违约。

因发包人违约解除合同的，发包人除应按照有关不可抗力解除合同的规定向承包人支付各项价款外，还需按合同约定核算发包人应支付的违约金以及给承包人造成损失或损害的索赔金额费用。该笔费用由承包人提出，发包人核实后与承包人协商确定后的7天内向承包人签发支付证书。协商不能达成一致的，按照合同约定的争议解决方式处理。

5.6.2 最终结清

所谓最终结清，是指合同约定的缺陷责任期终止后，承包人已按合同规定完成全部剩余工作且质量合格的，发包人与承包人结清全部剩余款项的活动。

1. 最终结清申请单

缺陷责任期终止后，承包人已按合同规定完成全部剩余工作且质量合格的，发包人签发缺陷责任期终止证书，承包人可按合同约定的份数和期限向发包人提交最终结清申请单，并提供相关证明材料，详细说明承包人根据合同规定已经完成的全部工程价款金额以及承包人认为根据合同规定应进一步支付给他的其他款项。发包人对最终结清申请单内容有异议的，有权要求承包人进行修正和提供补充资料，由承包人向发包人提交修正后的最终结清申请单。

2. 最终支付证书

发包人收到承包人提交的最终结清申请单后的14天内予以核实，向承包人签发最终支付证书。发包人未在约定时间内核实，又未提出具体意见的，视为承包人提交的最终结清申请单已被发包人认可。

发包人应在收到最终结清支付申请后的14天内予以核实，向承包人签发最终结清支付证书。若发包人未在约定的时间内核实，又未提出具体意见的，视为承包人提交的最终结清支付申请已被发包人认可。

3. 最终结清付款

发包人应在签发最终结清支付证书后的14天内，按照最终结清支付证书列明的金额向承包人支付最终结清款。最终结清付款后，承包人在合同内享有的索赔权利也自行终止。发包人未按期支付的，承包人可催告发包人在合理的期限内支付，并有权获得延迟支付的利息。

最终结清时，如果承包人被扣留的质量保证金不足以抵减发包人工程缺陷修复费用的，承包人应承担不足部分的补偿责任。

最终结清付款涉及政府投资资金的，按照国库集中支付等国家相关规定和专用合同条款的约定办理。

承包人对发包人支付的最终结清款有异议的，按照合同约定的争议解决方式处理。

5.6.3 竣工决算

5.6.3.1 建设项目竣工决算的概念

项目竣工决算是指所有项目竣工后，项目单位按照国家有关规定在项目竣工验收阶段编制的竣工决算报告。竣工决算是以实物数量和货币指标为计量单位，综合反映竣工项目从筹建开始到项目竣工交付使用为止的全部建设费用、建设成果和财务情况的总结性文件，是竣工验收报告的重要组成部分，竣工决算是正确核定新增固定资产价值，考核分析投资效果，建立健全经济责任制的依据，是反映建设项目实际造价和投资效果的文件。竣工决算是建设工程经济效益的全面反映，是项目法人核定各类新增资产价值、办理其交付使用的依据。竣工决算是工程造价管理的重要组成部分，做好竣工决算是全面完成工程造价管理目标的关键性因素之一。通过竣工决算，既能够正确反映建设工程的实际造价和投资结果；又可以通过竣工决算与概算、预算的对比分析，考核投资控制的工作成效，为工程建设提供重要的技术经济方面的基础资料，提高未来工程建设的投资效益。

项目竣工时，应编制建设项目竣工财务决算。建设周期长、建设内容多的项目，单项工程竣工，具备交付使用条件的，可编制单项工程竣工财务决算。建设项目全部竣工后应编制竣工财务总决算。

5.6.3.2 建设项目竣工决算的作用

（1）建设项目竣工决算是综合全面地反映竣工项目建设成果及财务情况的总结性文件，它采用货币指标、实物数量、建设工期和各种技术经济指标综合、全面地反映建设项目自开始建设到竣工为止全部建设成果和财务状况。

（2）建设项目竣工决算是办理交付使用资产的依据，也是竣工验收报告的重要组成部分。建设单位与使用单位在办理交付资产的验收交接手续时，通过竣工决算反映了交付使用资产的全部价值，包括固定资产、流动资产、无形资产和其他资产的价值。及时编制竣工决算可以正确核定固定资产价值并及时办理交付使用，可缩短工程建设周期，节约建设项目投资，准确考核和分析投资效果。

（3）为确定建设单位新增固定资产价值提供依据。在竣工决算中，详细地计算了建设项目所有的建安费、设备购置费、其他工程建设费等新增固定资产总额及流动资金，可作为建设主管部门向企业使用单位移交财产的依据。

（4）建设项目竣工决算是分析和检查设计概算的执行情况，考核建设项目管理水平和投资效果的依据。竣工决算反映了竣工项目计划、实际的建设规模、建设工期以及设计和实际的生产能力，反映了概算总投资和实际的建设成本，同时还反映了所达到的主要技术经济指标。通过对这些指标计划数、概算数与实际数进行对比分析，不仅可以全面掌握建设项目计划和概算执行情况，而且可以考核建设项目投资效果，为今后制订建设项目计划，降低建设成本，提高投资效果提供必要的参考资料。

· 复习思考题 ·

1．什么是招标控制价？

2．什么是综合单价？综合单价如何确定？

3．招标控制价和投标报价的编制依据有哪些？

4．什么是措施项目费？

5．工程合同价款约定的内容有哪些？

6．什么是其他项目费？其他项目费的确定有哪些规定？

7．规费和税金项目的确定依据有哪些？

8．工程价款结算编制依据有哪些？

9．什么是预付款？如何计算工程预付款的起扣点？

10．什么是竣工结算？什么是竣工决算？

· 综合实训练习 ·

某开发区国有资金投资办公楼建设项目，业主委托具有相应招标代理和造价咨询资质的机构编制了招标文件和招标控制价，并采用公开招标方式进行项目施工招标。

（1）招标人不接受联合体投标。

（2）投标人必须是国有企业或进入开发区合格承包商信息库的企业。

（3）投标人报价高于最高投标限价和低于最低投标限价的，均按废标处理。

（4）投标保证金的有效期应当超出投标有效期30天。

在项目投标及评标过程中发生了以下事件：

事件1：投标人A在对设计图纸和工程清单复核时发现分部分项工程量清单中某分项工程的特征描述与设计图纸不符。

事件2：投标人B采用不平衡报价的策略，对前期工程和工程量可能减少的工程适度提高了报价；对暂估价材料采用了与招标控制价中相同材料的单价计入了综合单价。

事件3：投标人C结合自身情况，并根据过去类似工程投标经验数据，认为该工程投高标的中标概率为0.3，投低标的中标概率为0.6；投高标中标后，经营效果可分为好、中、差三种可能，其概率分别为0.3、0.6、0.1；对应的损益值分别为500万元、400万元、250万元；投低标中标后，经营效果同样可分为好、中、差三种可能，其概率分别为0.2、0.6、0.2，对应的损益值分别为300万元、200万元、100万元。编制投标文件以及参加投标的相关费用为3万元。经过评估，投标人C最终选择了投低标。

事件4：评标中评标委员会成员普遍认为招标人规定的评标时间不够。

问题：

根据招标投标法及其实施条例，逐一分析项目招标公告和招标文件中（1）～（4）项规定是否妥当，并分别说明理由。

事件1中，投标人A应当如何处理？

事件2中，投标人B的做法是否妥当？并说明理由。

事件3中，投标人C选择投低标是否合理？并通过计算说明理由。

针对事件4，招标人应当如何处理？并说明理由。

6

— 建设工程施工合同 —

6.1 施工合同概述 ▶

建设工程施工合同是建设工程的主要合同，是工程建设质量控制、进度控制、投资控制的主要依据。在市场经济条件下，建设市场主体之间相互的权利义务主要是通过合同建立的，加强对施工合同的管理具有十分重要的意义。《中华人民共和国合同法》（以下简称《合同法》）、《中华人民共和国建筑法》、《中华人民共和国招标投标法》（以下简称《招标投标法》）等法律是我国建设工程施工合同管理的依据。

6.1.1 施工合同的概念

建设工程合同是建筑安装工程承包合同，是建设单位（发包人）和施工单位（承包人）为完成商定的建筑安装工程，明确相互权利、义务关系的合同。依照施工合同，承包人应完成一定的建筑、安装工程任务，发包人应提出必要的施工条件并支付工程价款。

6.1.2 施工合同的特点

施工合同是为工程建设而设置，建设工程的特点决定施工合同与其他性质合同有区别，主要有：

1. 合同标的的特殊性

建设工程合同标的是各类建筑产品，建筑产品是不动产，这就决定了每个建设工程合同的标的都是特殊的，相互间具有不可替代性，同时产品的特点决定了承包人工作的流动性。建筑物所在地就是勘察、设计、施工生产场地、施工队伍、施工机械必须围绕建筑产品不断移动。另外，建筑产品的类别庞杂，其外观、结构、使用目的、使用人都各不相同，这就要求每一个建筑产品都需要单独设计和施工（即使是可重复利用的标准设计和图纸，也应采取必要的修改设计才能施工），即建筑产品是单体性生产，这决定了建设工程合同标的的特殊性。

2. 合同履行期限的长期性

建设工程由于结构复杂、体积大、建筑材料类型多、工作量大，使得合同履行期限（与一般工业产品相比）都较长。而且，建设工程合同的订立和履行一般都需要较长的准备期，在合同的履行过程中，还可能因为不可抗力、工程变更、材料供应不及时等原因而导致合同期限顺延。所有这些，决定了建设工程合同的履行期限具有长期性。

3. 合同内容的多样性和复杂性

虽然施工合同的当事人只有两方，但其涉及的主体却有许多种，与大多数合同相比较，施工合同的履行期限长、标的额大、涉及的法律关系包括劳动关系、保险关系、运输关系等，具有多样性和复杂性。这就要求施工合同的内容尽量详细，施工合同除了应当具备合同的一般内容外，还应对安全施工、专利技术应用、发现地下障碍物和文物、工程分包、不可抗力、工程变更、材料设备供应、运输、验收等内容作出规定。在施工合同履行过程中，除施工企业与发包方的合同关系外，还涉及与劳务人员的劳动关系、与保险公司的保险关系、与材料设备供应商的买卖关系、与运输企业的运输关系等。所有这些，都决定了施工合同的内容具有多样性和复杂性的特点。

4. 合同监管的严格性

由于施工合同的履行对国家的经济发展、公民的工作和生活都有重大的影响，因此，国家对施工合同的监督是十分严格的。首先对合同主体监督的严格性，建设工程施工合同主体一般只能是法人。发包人一般只能是经过批准进行工程项目建设的法人，必须有国家批准、核准或者备案的建设项目、落实投资计划，并且应当具备相应的组织、协调、管理能力。承包人则必须具备法人资格，而且应当具备相应从事施工的资质，无营业执照和无承包资质的单位不能作为建设工程施工合同的主体，资质等级低的单位不能越级承包建设工程。其次对合同订立监督的严格性，建设工程施工合同的订立，还必须符合国家关于建设程序的规定，我国《合同法》对合同形式确立了以要约式为主的原则，即在一般情况下对合同形式采用书面形式还是口头形式没有限制。但是考虑到建设工程的重要性和复杂性，在施工过程中经常会发生影响合同履行的纠纷。因此，《合同法》要求建设工程施工合同应当采用书面形式。最后对合同履行监督的严格性，在施工合同的履行过程中，除了合同当事人应当对合同进行严格的管理外，合同的主管机关、金融机构、建设行政主管机关等，都要对合同的履行进行严格的监督。

6.1.3 施工合同订立条件及程序

订立施工合同应具备一定的条件，建设工程施工合同是工程建设中的主要合同，国家立法机关、国务院、建设行政主管机关都十分重视施工合同的规范性，专门制定了一系列的示范文本、法律、法规等，用以规范建设工程施工合同的签订、履行。订立施工合同一般应具备的条件：初步设计和总概算已经批准；国家投资的工程项目已经列入国家或地方年度建设计划；有能够满足施工需要的设计文件和有关技术资料；建设资金或者资金来源已经落实，"三通一平"已具备或在开工前完成；工程发包人和承包人具有签订合同的相应资格；工程发包人和承包人具有履行合同的能力；招标投标工程，中标通知书已经下达。

施工合同作为合同的一种，其订立也应经过要约和承诺两个阶段。其订立方式有两种：直接发包和招标发包。通过招标投标方式确定施工企业的，在中标通知书发出后，中标的施工企业应当与建设单位及时签订合同，依照《招标投标法》的规定，中标通知书发出30天内，中标单位应予建设单位依据招标文件、投标文件等签订工程承发包合同（施工合同）。签订合同的承包方必须是中标的施工企业，招标投标文件中已确定的合同条款在签订时不得更改，合同价应与中标价相一致。如果中标施工企业拒绝与建设方签订合同，则建设单位可以没收其投标保证金（如果是有银行等金融机构出具投标保函的，则投标保函出具者应当承担相应的保证责任），建设行政主管部门或其授权机构还可依法给予一定的行政处罚。

6.1.4 施工合同价的约定

施工合同价约定时，会考虑三种常见情况：招标投标工程合同价的确定，非招标投标工程合同价的确定，合同条款中应约定有工程价款有关的主要事项。

建设工程施工合同是承包人进行工程建设、发包人支付价款的合同。《合同法》规定：当事人订立合同，采取要约、承诺方式，要约是希望与他人订立合同的意思表达，该意思表达应当是有确定的具体内容，同时表明经受要约人承诺，要约人即受该意思表示约束。建设工程招标时要求投标人对其提出要约，属于要约邀请，而投标则是一种要约，它符合要约的所有条件，具有缔结合同的主观目的，一旦中标，投标人将受投标书的约束，投标书的内容具有足以使合同成立的主要条件。招标人向中标的投标人发出的中标通知书，则是招标人同意接受中标的投标人的投标条件，即同意接受投标人的要约的意思表达，属于承诺。

《招标投标法》规定：招标人和投标人应当自中标通知书发出之日30天内，按照招标文件和中标人的投标文件订立书面合同，招标人和中标人不得再行订立背离合同实质性内容的其他协议；招标人和中标人不按照招标文件和中标人的投标文件订立合同的，或者招标人、中标人订立背离合同实质性内容协议的，责令改正；可以处以中标项目金额5‰以上10‰以下的罚款；中标人不履行与招标人订立的合同的，履约保证金不予退还，给招标人造成的损失超过履约保证金数额的，还应当对超过部分予以赔偿，没有提交履约保证金的，应当对招标人的损失承担赔偿责任。我国《招标投标法》和《合同法》规定建设工程合同应当采用书面形式。

对于不涉及招标投标的工程合同价款确定，是在发、承包人双方认可的工程价款基础上，由发、承包人双方在合同中约定。

合同条款中与工程价款有关的主要事项必须约定清楚，《建设工程工程量清单计价规范》（GB 50500－2013）规定，发、承包人双方应在合同条款中对下列与工程价款有关事情进行约定：预付工程款的数额、支付时间及抵扣方式；安全文明施工措施费用的支付计划、使用要求等；工程计量与支付工程进度款的方式、数额及时间；工程价款的调整因素、方法、程序、支付及时间；施工索赔与现场签证的程序、金额确认与支付时间；承担计价风险的内容、范围以及超出约定内容、范围的调整方法；工程竣工价款结算编制与核对、支付及时间；工程质量保证金的数额、预留方式及时间；违约责任以及发生合同价款争议的解决方法和时间；与履行合同、支付价款有关的其他事项等。合同中没有按照要求约定或约定不明的，若发承包双方在合同履行中发生争议由双方协商确定，当协商不能达成一致时，应按本规范的规定执行。

施工合同价确定的表现形式一般有单价合同、总价合同和其他价格合同。

单价合同是指合同当事人约定以工程量清单及其综合单价进行合同价格计算、调整和确定的建设工程施工合同，在约定的范围内合同单价不作调整。合同当事人应在专用合同条款中约定综合单价包含的风险范围和风险费用的计算方法，并约定风险范围以外的合同价格的调整方法，其中因市场价格波动引起的调整按市场价格波动引起的调整约定执行；总价合同是指合同当事人约定以施工图、已标价工程量清单或预算书及有关条件进行合同价格计算、调整和确认的建设工程施工合同，在约定的范围内合同总价不作调整。合同当事人应在专用合同条款中约定总价包含的风险因素和风险费用的计算方法，并约定风险以外的合同价格的调整方法，其中因市场价格波动引起的调整按市场价格波动引起的调整约定执行、因法律变化引起的调整按法律变化引起的调整约定执行；其他价格形式如成本加酬金的，合同当事人可在合同条款中约定其他合同价格形式。

《建设工程工程量清单计价规范》（GB50500-2013）规定：实行工程量清单计价的工程，应采用单价合同；建设规模较小、技术难度较低、工期较短且施工图设计已审查批准的建设工程，可采用总价合同；紧急抢险、救灾以及施工技术特别复杂的建设工程，可采用成本加酬金合同。不同的合同计价形式会产生不同的技术经济效果，采用何种合同形式才能更好地降低投资风险，发挥投资效益，需要视工程项目及招标投标人和当时、当地建筑市场的具体情况而定。一般来说，在选择合同形式时，业主占有主动权，但业主不能单方面考虑自己利益，应综合考虑项目的各种因素，考虑承包商的承受能力，确定双方都能认可的合同形式和合同价格。

6.2 《建设工程施工合同（示范文本）》（GF-2017-0201）

6.2.1 《建设工程施工合同（示范文本）》概述

为规范建筑市场秩序，加强和完善对建设工程施工合同的管理，提高合同的履约率，维护建设工程施工合同当事人的合法权益，维护建筑市场正常的经营与管理秩序，住房和城乡建设部、国家工商行政管理总局于2017年10月1日发布了新的《建设工程施工合同（示范文本）》（GF-2017-0201）（以下简称《示范文本》）是对国家原建设部、国家工商行政管理局2013年版本的改进，为非强制性使用文本，适用于房屋建筑工程、土木工程、线路管道和设备安装工程、装修工程等建设工程的施工承发包活动。合同当事人可结合建设工程具体情况，根据《示范文本》订立合同，并按照法律法规规定和合同约定承担相应的法律责任和合同权利义务。

《示范文本》由合同协议书、通用合同条款和专用合同条款三部分组成，包括11个附件。

（1）合同协议书。合同协议书是合同纲领性文件，涵盖合同的基本条款，是合同生效的形式要件反映。合同协议书的生效一般在合同当事人加盖公章，并由法定代表人或法定代表人的授权代表签字后生效，但合同当事人对合同生效有特别要求的，可以通过设置一定的生效条件和生效期限满足具体项目的特殊情况。《示范文本》合同协议书共计13条，包括工程概况、合同工期、质量标准、签约合同价和合同价格形式、项目经理、合同文件构成、承诺以及合同生效条件等重要内容，集中约定了合同当事人基本的合同权利义务。

（2）通用合同条款。通用合同条款是合同当事人根据法律规范的规定，就工程项目施工的实施及相关事项，对合同当事人的权利义务做出的通用性约定。其作用是反复使用、避免漏项、便于管理和查阅。使用过程中，如果工程建设项目的技术要求、现场情况与市场环境等时间履行条件存在特别性，则可以在专业合同条款中进行相应的补充和完善。《示范文本》（GF-2017-0201）通用合同条款共计20条，具体条款分部为一般约定、发包人、承包人、监理人、工程质量、安全文明施工与环境保护、工期和进度、材料和设备、试验与检验、变更、价格调整、合同价格、计量与支付、验收和工程试车、竣工结算、缺陷责任与保修、违约、不可抗力、保险、索赔和争议解决。条款安排既考虑了现行法律法规对工程建设的有关要求，也考虑了建设工程施工管理的特殊需要。

（3）专用合同条款。专用合同条款是对通用合同条款原则性约定的细化、完善、补充、修改或另行约定的条款。合同当事人可以根据不同建设工程的特点及具体情况，通过双方的谈判、协商，对相应的专用合同条款进行修改补充。在使用专用合同条款时应注意：专用合同条款的编号应与相应的通用合同条款的编号一致；合同当事人可以通过对专用合同条款的修改，满足具体建设工程的特殊要求，避免直接修改通用合同条款；在专用合同条款中有横道线的地方，合同当事人可针对相应的通用合同条款进行细化、完善、补充、修改或另行约定，如无细化、完善、补充、修改或另行约定的，则填写"无"或画"/"。

在《示范文本》（GF-2017-0201）中包括了11个附件，属于协议书附件的：承包人承揽工程项目一览表、发包人供应材料设备一览表、工程质量保修书、主要建设工程文件目录、承包人用于本工程施工的机械设备表、承包人主要施工管理人员表、分包人主要施工管理人员表、履约担保格式、预付款担保格式、支付担保格式、暂估价一览表。

组成合同的各项文件应互相解释，互为说明。除合同另有约定外，解释合同文件的优先顺序为：

①施工合同协议书；

②中标通知书；

③投标函及其附录；

④专用合同条款及其附件；

⑤通用条款及其附件；

⑥技术标准和要求；

⑦图纸；

⑧已标价工程量清单或预算书；

⑨其他合同文件。

一般情况下，序号①解释权高于序号②，序号②解释权高于序号③，依次类推。

在合同订立及履行过程中形成的与合同有关的文件均构成合同文件组成部分，并根据其性质确定优先解释顺序。例如：当合同协议书中某项条款内容和预算书内容矛盾时，应以协议书中确定的条款说明为准，上述各项合同文件包括合同当事人就该项合同文件所作出的补充和修改，属于同一类内容的文件，应以最新签署的为准。当合同文件出现含糊不清或者当事人有不同理解时，按照合同争议的解决方式处理。

6.2.2 《示范文本》中各方主要责任与义务

签订合同的各方有各自的权利，也应遵守相应的义务，在施工合同示范文本中，对发包人、承包人及监理人的主要责任和义务做了基本规定。

1. 发包人的主要责任和义务

①图纸提供和交底。

发包人应按照专用合同条款约定的期限、数量和内容向承包人免费提供图纸，并组织承包人、监理人和设计人进行图纸会审和设计交底。

②工程量清单错误的修正。

除专用合同条款另有约定外，发包人提供的工程量清单，应被认为是准确的和完整的，如果工程量清单存在缺项、漏项的，偏差超出专用合同条款约定的工程量偏差范围的，或未按照国家现行计量规范强制性规定计量的，发包人应予以修正，并相应调整合同价格。

③许可或批准的办理。

发包人应遵守法律，并办理法律法规规定由其办理的许可、批准或备案，包括但不限于建设用地规划许可证、建设工程规划许可证，建设工程施工许可证、施工所需要临时用水、临时用电、中断道路交通、临时占用土地等许可和批准。发包人应协助承包人办理法律规定的有关施工证件和批件。

④施工现场、施工条件和基础资料的提供。

除专用合同条款另有约定外，发包人应最迟于开工日7天前向承包人移交施工现场。除专用合同条款另有约定外，发包人应负责提供施工所需的条件的基础资料，发包人应当在移交施工现场前向承包人提供施工现场及工程施工所必需的毗邻区内供水、排水、供电、供气、供热、通信、广播电视等地下管线资料，气象和水文观测资料，地址勘查资料，相邻建筑物、构筑物和地下工程等有关基础资料，并对所提供资料的真实性、准确性和完整性负责。

⑤资金来源证明及支付担保的提供。

除专用合同条款另有约定外，发包人应在收到承包人要求提供资金来源证明的书面通知后28天内，向承包人提供能够按照合同预定支付合同价款的相应资金来源证明。除专用合同条款另有约定外，发包人要求承包人提供履约担保的，发包人应当向承包人提供支付担保，支付担保可以采用银行保函或担保公司担保等形式，具体由合同当事人在专用合同条款中约定。

⑥支付合同价款。

发包人应按合同约定向承包人及时支付合同价款。

⑦组织竣工验收。

发包人应按合同约定及时组织竣工验收。

2. 承包人的主要责任和义务

承包人的在履行合同过程中应遵守法律和工程建设标准规范，并同时履行的义务有：

①办理法律规定应由承包人办理的许可和批准，并将办理结果书面报送发包人留存。

②按法律规定和合同约定完成工程，并在保修期内承担保修义务。

③按法律规定和合同约定，采取施工安全和环境保护措施，办理工伤保险，确保工程及人员、材料、设备和设施的安全。

④按合同约定的工作内容和施工进度要求，编制施工组织设计和施工措施计划，并对所有施工作业和施工方法的完备性和安全可靠性负责。

⑤在进行合同约定的各项工作时，不得侵害发包人与他人使用公共道路、水源、市政管网等公共设施的权利，避免对临近的公共设施产生干扰。承包人占用或使用他人的施工场地，影响他人作业或生活的，应承担相应责任。

⑥按照环境保护的约定负责施工场地及其周边环境与生态的保护工作。

⑦按照安全文明施工的约定采取施工安全措施，确保工程及其人员、材料、设备和设施的安全，防止因工程施工造成的人身伤害和财产损失。

⑧将发包人按合同约定支付的各项价款专用于合同工程，且应及时支付其雇佣人员工资，并及时向分包人支付合同价款。

⑨按照法律规定和合同约定编制竣工资料，完成竣工资料立卷及归档，并按专用合同条款约定的竣工资料套数、内容、时间等要求移交发包人，以及应履行的其他义务等。

3. 监理人的主要责任和义务

监理人也是工程施工重要的第三方，对实行监理的工程，发包人和承包人应在专用合同条款中明确监理人的监理内容及监理权限等事项。监理人应当根据发包人授权及法律规定，代表发包人对工程施工相关事项进行检查、查验、审核、验收，并在授权范围内下发相关指示，但监理人无权修改合同，且无权减轻或免除合同约定的承包人的任何责任与义务。除专用合同条款另有约定外，监理人在施工现场的办公场所、生活场所由承包人提供，但所发生的费用由发包人承担（发包人也可以不使用承包人提供的临建设施，自己另外给监理人提供办公、生活场地）。

6.2.3　施工合同价的调整

施工阶段是建筑物实体形成、工程项目价值和使用价值实现的主要阶段，也是人力、物力、财力消化的主要阶段。在工程项目实施的各环节中，施工阶段占整个工程建设周期的时间最长。对业主而言，施工阶段是其资金投入量最大的阶段，也是其实现工程造价控制目标的最后阶段。尽管从理论上来说，通过招标投标签订合同价，工程造价已基本确定，但由于建筑安装产品生产与管理有许多独特的技术经济特点，施工阶段由于各种主客观原因，会不断地出现一些与签订合同价时基本条件不一致的新情况，从而导致对签订合同价的调整。此外，在施工阶段，业主、承包商、监理、设备材料供应商等由于各自处于不同利益的主体，他们之间相互交叉、相互影响、相互制约，任何一方出现与合同约定不符的行为，都会导致工程造价的变化。因此，施工阶段的合同价款调整与结算是一个协商许多方面利益的复杂而敏感的工作，按照合同约定规范、合理办理合同价款的调整与结算，对工程建设有关各方都有重要的意义。

1. 变更

施工阶段变更的管理是合同管理的重要内容，对提高合同管理的质量与水平具有重要意义。工程变更常常伴随着合同价格的调整，合理处理工程变更更能促进合同管理的深化和细化，它是建设单位施工阶段投资控制的主要工作，也是承包商施工阶段"第二次经营"的重要内容，是监理单位维护建设单位和承包商合法权益、促进工程顺利进行的难点和重点。特别是在工程量清单计价模式下，工程变更的处理已不是定额计价模式下变更费用按计价时的概预算标准简单加减的算式问题，它常常引起合同双方对增减项目及费用合理性的争执（如实体项目工程量变更时，措施费用是否调整、如何调整等），影响合同的正常履行和工程顺利进行。因此，在工程量清单计价模式下，在施工阶段的工程造价计价过程中，合同双方及监理单位的造价管理人员都必须重视工程变更对造价计价与控制的影响，加强工程变更的研究与管理。设计变更是最常见的工程变更，设计变更应尽量提前，变更发生得越早，损失越小，所以必须加强设计变更管理，尽可能把设计变更控制在设计阶段初期，尤其对影响工程造价的重大设计变更，更要用先算账后变更的办法解决，使工程造价得到有效控制。在合同履行过程中变更的范围主要有：增加或减少合同中任何工作，或追加额外的工作；取消合同中任何工作，但转由他人实施的工作除外；改变合同中任何工作的质量标准或其他特性；改变工程的基线、标高、位置和尺寸；改变工程的时间安排或实施顺序。需要注意的是：将原本在承包人合同承包范围内的事项取消，交由他人或自己实施不属于变更，因为该行为一则违反合同约定，二则违反诚实信用原则，三则有可能涉及直接发包或肢解发包的问题。

变更就会牵涉到变更权，发包人和监理人均可以提出变更。变更指示均通过监理人发出，监理人发出变更指示前应征得发包人同意，承包人收到经发包人签认的变更指示后，方可实施变更。未经许可，承包人不得擅自对工程的任何部分进行变更。涉及设计变更的，应由设计人提出变更后的图纸和说明，如变更超过原设计标准或批准的建设规模时，发包人应及时办理规划、设计变更等审批手续。

变更要遵守一定的变更程序，发包人提出变更的，应通过监理人向承包人发出变更指示，变更指示应说明计划变更的工程范围和变更的内容；监理人提出变更建议的，需要向发包人以书面形式提出变更计划，说明计划变更工程范围和变更的内容、理由，以及实施该变更对合同价格和工期的影响。发包人同意变更的，由监理人向承包人发出变更指示，发包人不同意变更的，监理人无权擅自发出变更指示。变更下达后要有效执行，承包人收到监理人下达的变更指示后，认为不能执行，应立即提出不能执行该变更指示的理由。承包人认为可以执行变更的，应当书面说明实施该变更指示对合同价格和工期的影响，且合同当事人应当按照变更文件约定确定变更价格。

工程变更也要遵循一定的变更估价原则和程序，变更估价的原则主要有：已标价工程量清单或预算书有相同项目的，按照相同项目单价认定；已标价工程量清单或预算书中无相同项目，但有类似项目的，参照类似项目的单价认定；变更导致实际完成的变更工程量与已标价工程量清单或预算书汇总列明的该项目工程量的变化幅度超过15%的，或已标价工程量清单或预算书中无相同项目及类似项目单价的，应按照合理的成本与利润构成的原则，由合同当事人商定或确定。变更估价程序的要求：承包人应在收到变更指示后14天内，向监理人提出变更估价申请，监理人应在收到承包人提交的变更估价申请后7天内审查完毕并报送发包人，监理人对变更估价申请有异议，通知承包人修改后重新提交。发包人应在承包人提交变更估价申请后14天内审批完毕，发包人逾期未完成审批或未提出异议的，视为认可承包人提交的变更估价申请。因变更引起的价格调整应计入最近一期的进度款中支付。

承包人提出合理化建议的，应向监理人提交合理化建议说明，说明建议的内容和理由，以及实施该建议对合同价格和工期的影响。监理人应在收到承包人提交的合理化建议后7天内审查完毕并报送发包人，发现其中存在技术上的缺陷，应通知承包人修改，发包人应在收到监理人报送的合理化建议后7天内审批完毕。合理化建议经发包人批注的，监理人应及时发出变更指示，由此引出的合同价格调整按照变更估价的约定执行。发包人不同意变更的，监理人应书面通知承包人。合理化建议降低了合同价格或提高了工程经济效益的，发包人可以对承包人给予奖励，奖励的方法和金额在专用合同条款中约定。如因变更引起工期变化的，合同当事人均可要求调整合同工期，由合同当事人按商定或确定的约定并参考工程所在地的工期定额标准确定增加工期天数。

2. 价格调整

为有利于解决工程施工合同履行过程中市场价格波动引起的合同价款纠纷，《示范文本》建立了合理调价制度，明确了市场价格波动超过合同当事人约定的范围，合同价格应当调整，此外，《示范文本》还明确了因法律变化引起价格调整的调价方法。

对于因市场价格波动引起的调整，除专用合同条款另有约定外，市场价格波动超过合同当事人约定的范围，合同价格应当调整，合同当事人可以在专用合同条款中约定三种方式对合同价格进行调整：采用价格指数进行价格调整、采用造价信息进行价格调整、采用专用合同条款约定的方式调整。

采用价格指数进行价格调整时，对因人工、材料和设备等价格波动影响合同价，根据专用合同条款中约定的数据，按照一项公式计算差额并调整合同价格：

$$\Delta P = P_0 \left[A + \left(B_1 \times \frac{F_{t1}}{F_{01}} + \times B_2 \times \frac{F_{t2}}{F_{02}} + B_3 \times \frac{F_{t3}}{F_{03}} + ...B_n \times \frac{F_{tn}}{F_{0n}} \right) - 1 \right]$$

式中，ΔP——需调整的价格差额；

P_0——约定的付款证书中承包人应得到的已完成工程量的金额，此项金额应不包括价格调整、不计质量保证金的扣留和支付、预付款的支付和扣回，约定的变更及其他金额已按现行价格计价的也不计在内；

A——定值权重（即不调部分的权重）；

B_1，B_2，B_3，...，B_n——各可调因子的变值权重（即可调部分的权重），为各可调因子在签约合同价中所占的比例；

F_{t1}，F_{t2}，F_{t3}，...，F_{tn}——各可调因子的现行价格指数，指约定的付款证书相关周期最后一天的前42天的各可调因子的价格指数；

F_{01}，F_{02}，F_{03}，...，F_{0n}——各可调因子的基本价格指数，指基准日期的各可调因子的价格指数。

以上价格调整公式中的各可调因子、定值和变值权重，以及基本价格指数及其来源，在投标函附录价格指数和权重表中约定；非招标订立的合同，由合同当事人在专用合同条例中约定，价格指数应首先采用工程造价管理机构发布的价格指数，无前述价格指数时，可采用工程造价管理机构发布的价格替代。在计算调整差额时，若无现行价格指数，经合同当事人同意，可暂用前次价格指数计算，若实际价格指数有调整，合同当事人则进行相应调整。因变更导致合同约定的权重不合理时，按照商定或确定的约定执行，因承包人原因未按期竣工的，对合同约定的竣工日期后继续施工的工程，在使用价格调整公式时，应采用计划竣工日期与实际竣工日期的两个价格指数中较低的一个作为现行价格指数。

对于采用造价信息进行价格调整的：在合同履行期间，因人工、材料、工程设备和机械台班价格波动影响合同价格时，人工、机械使用费按照国家或省、自治区、直辖市建设行政管理部门、行业建设管理部门或其授权的工程造价管理机构发布的人工、机械使用费系数进行调整，需要进行价格调整的材料，其单价和采购数量应由发包人审批，发包人确认需调整的材料单价及数量，作为调整合同价格的依据。

最后，合同当事人也可采用第三种价格调整方法，即在专用合同条款中约定其他方式。这种方法对合同双方都是比较有经验的当事人时非常适用，避免施工阶段因临时协商出现的矛盾而可能耽误正常工作的情况。

除市场价格波动引起合同价格调整外，法律变化也会引起合同价格的调整。基准日期后，法律变化导致承包人在合同履行过程中所需要的费用发生，除市场价格波动引起的调整约定以外的增加时，由发包人承担由此增加的费用；减少时，应从合同价格中予以扣除。基准日期后，因法律变化造成工期延误的，工期应予以顺延。因法律变化引起的合同价格和工期调整，合同当事人无法达成一致的，由总监理工程师按商定或确定的约定处理。因承包人原因造成工期延误，在工期延误期间出现法律变化的，由此增加的费用和（或）延误的工期由承包人承担。

合理确定合同价格的调整机制，对发承包双方都有重要的影响。对发包人而言，需要确定是否采用价格调整机制，以及如果采用该种机制，选择何种调价方式，如何确定市场价格波动幅度等影响调整机制的重要因素；对承包人而言，需要研究拟建工程招标中最高投标限价的合理性、分析中标签约价与合同价格形式的关系、市场近期价格波动状况、工程技术难易程度等响应发包人拟定调价机制的重要因素，以合理确定报价策略。

6.3 施工合同索赔

在工程管理中，索赔是中性词，与日常生活民事纠纷中的"索赔"一词意思上是有所不同的。

6.3.1 索赔概述

索赔是合同管理的重要环节，是指在合同履行过程中，对于并非自己的过错，而是应有对方承担责任的情况造成的实际损失，向对方提出经济补偿和时间补偿要求的工作。工程索赔是双向的，包括施工索赔和业主索赔两个方面，一般习惯上将承包商向业主的施工索赔简称"索赔"，将业主向承包商的索赔称为"反索赔"。（本书中也采用此惯例约定，后面内容中将承包商向业主提出的补偿申请称为"索赔"，将业主向承包商提出的补偿申请称为"反索赔"）。工程索赔是工程承包中经常发生的正常现象，对建设项目施工合同双方而言，工程索赔是维护双方合法利益的权利，它同条件中的合同责任一样，构成严密的合同制约关系。

长期以来，我国工程建设有关各方风险与索赔意识薄弱，对索赔管理的重要性没有足够的重视，索赔的理论研究不够成熟，尚未形成较为合理、完整的理论体系，导致索赔一直是我国工程建设项目管理中相对薄弱的环节。近年来，随着我国改革开放的不断深入以及建筑市场竞争激烈程度的增加，有关各方才开始逐步重视此项工作，在实务操作中，索赔无论是在数量上还是在金额上都呈现逐渐递增的趋势。从理论上说，索赔是一种风险费用的转移或再分配，如果施工单位利用索赔的方法能使其可能受到的损失得到补偿，就会降低投标报价中的风险费用，从而使建设单位得到相对较低的报价；同时，当工程施工中发生这种费用时可以按实际支出给予补偿，也会使工程造价构成更趋于合理。当然，作为施工单位，要通过索赔保证自己的应得的利益，就必须做到自己不违约，全力保证工程质量和进度，实现合同目标。

工程建设是索赔多发区，索赔是保证合同实施、落实和调整合同双方经济责任关系、维护合同当事人正当权益、促使工程造价构成更合理的重要手段。为此，发包人与承包人都应重视索赔问题，随时关注可能出现的索赔因素，认真研究并运用好明示和隐含的索赔条款，将索赔管理贯穿于工程项目全过程、工程实施的各个环节和各个阶段，以此带动企业管理和工程项目管理整体水平的提高。

6.3.2 索赔条件及依据

索赔的成立需要一定条件的，主要有三个方面：

①与合同对照，事件已经造成了承包人工程项目成本的额外费用增加或工期损失；

②造成费用增加或工期损失的原因，按合同约定不属于承包人的行为责任或风险责任；

③承包人在合同规定的期限内提交了书面的索赔意向通知和索赔报告。

生活中任何赔偿都要有依据，建设项目施工索赔也同样要有依据，这些依据主要有：

①招标文件、工程合同及附件、发包方认可的施工组织设计、工程图纸、各种变更、签证、技术规

范等；

②工程各项会议纪要、来往信件、指令、信函、通知、答复等；

③施工计划、现场实施记录情况、施工日报、工作日志、备忘录，图纸变更、交底记录的送达份数及日期记录，工程有关施工部位的照片及录像等，工程验收报告及各项技术鉴定报告等；

④工程材料采购、订货、运输、进场、验收、使用等方面的凭据，工程停送电、停送水、道路开通封闭等干扰事件影响的日期及恢复施工的日期，工程现场气候记录、有关天气温度、风力、雨雪等；

⑤国家、省、市有关影响工程造价、工期的文件、规定等；

⑥工程材料采购、订货、运输、进场、验收、使用等方面的凭据，工程预付款、进度款拨付的数额及日期记录，工程会计核算资料等；

⑦其他与工程有关的资料。

6.3.3 索赔的期限及程序

工程施工中如果想提出索赔，应注意索赔提出的期限：承包人按竣工结算审核的约定接收竣工付款证书后，应被视为已无权再提出在工程接收证书颁发前所发生的任何索赔；承包人按最终结清的约定提交的最终结算申请单中，只限于提出工程接收证书颁发后发生的索赔，提出索赔的期限自接受最终结清证书时为止。

索赔也要遵守一定的程序，一般可分为承包人的索赔、对承包人索赔的处理、发包人的索赔、对发包人索赔的处理。

（1）承包人的索赔。

承包人认为有权得到追加付款和（或）延长工期的，应按以下程序向发包人提出索赔：承包人应在知道或应当知道索赔事情发生后28天内，向监理人递交索赔意向通知书，并说明发生索赔事件的事由，承包人未在前述28天内发出索赔意向通知书的，丧失要求追加付款和（或）延长工期的权利；承包人应在发出索赔意向通知书后28天内，向监理人正式递交索赔报告，索赔报告应详细说明索赔理由以及要求追加的付款金额和（或）延长的工期，并附必要的记录和证明材料；索赔事情具有持续影响的，承包人应按合理时间间隔继续递交延续索赔通知，说明持续影响的实际情况和记录，列出累计的追加付款金额和（或）工期延长天数；在索赔事件影响结束后28天内，承包人应向监理人提交最终索赔报告，说明最终要求索赔的追加付款金额和（或）延长的工期，并附必要的记录和证明材料。

（2）对承包人索赔的处理。

对承包人的索赔处理如下：监理人应在收到索赔报告后14天内完成审查并报送发包人，监理人对索赔报告存在异议的，有权要求承包人提交全部原始记录副本；发包人应在监理人收到索赔报告或有关索赔的进一步证明材料后的28天内，由监理人向承包人出具经发包人签认的索赔处理结果，发包人逾期答复的，则视为认可承包人的索赔要求；承包人接收索赔处理结果的，索赔款项在当期进度款中进行支付，承包人不接受索赔处理结果的，按照争议解决的约定处理。

（3）发包人的索赔。

发包人也有权利进行索赔（就是习惯称为的"反索赔"），发包人根据合同约定，认为有权得到赔付金额和（或）延长缺陷责任期的，监理人应向承包人发出通知并附有详细的证明。发包人应在知道或应当知道索赔事件发生后28天内通过监理人向承包人提出索赔意向通知书，发包人未在前述28天内发出索赔意向通知书的，丧失要求赔付金额（或）延长缺陷责任期的权利，发包人应在发出索赔意向通知书后28天内，通过监理人向承包人正式递交索赔报告。

（4）发包人的索赔处理。

当发包人要求索赔时，对发包人的索赔处理如下：承包人收到发包人提交的索赔报告后，应及时审查索赔报告的内容、查验发包人证明材料；承包人应在收到索赔报告或有关索赔的进一步证明材料后28天内，将索赔处理结果答复发包人，如果承包人未在上述期限内做出答复，则视为对发包人索赔要求的认可；承包人接收索赔处理结果的，发包人可从应支付给承包人的合同价款中扣除赔付的金额或延长缺陷责任期，发包人不接受索赔处理结果的，按争议解决约定处理。

6.3.4 费用及工期索赔的确定

施工期间提出的索赔归纳起来就是两大方面：工期索赔和费用索赔。

（1）工期索赔。

在工程施工中，常会发生一些未能预见的干扰事件，使施工不能按预定的施工计划顺利进行，造成工期延长。承包商提出工期索赔的目的通常有两个：一是免去或推卸自己对已产生的工期延长承担合同责任，使自己不支付或尽可能不支付工期延长的罚款；二是要求业主对自己因工期延长而遭受的费用损失进行补偿。在进行工期索赔时应有两个先决的问题需要注意：即划清施工进度拖延的责任和被延误的工作影响了总工期。

划清进度拖延的责任时，因承包人的原因造成施工进度滞后，属于不可原谅的延期，只有承包人不应承担任何责任的延误，才是可原谅的延期。有时工期延期的原因中可能包含双方责任，此时监理工程师应进行详细分析，分清责任比例，只有可原谅延期部分才能批准顺延工期。可原谅顺延，又可细分为可原谅并给予费用补偿的延期和可原谅不给予补充费用的延期。后者是指非承包人责任的影响并未导致施工成本的额外支出，大多数属于发包人应承担风险责任事件的影响，如异常恶劣的气候条件影响的停工等。在确认延误的工作影响了总工期方面，只有位于关键线路上工作内容的滞后，才会影响到竣工日期，但有时应注意，既要看被延误的工作是否在批准进度计划的关键线路上，又要详细分析这一延误对后续工作的可能影响。因为若非关键线路工作的影响时间较长，超过了该工作可用于自由支配的时间，也会导致进度计划中非关键线路转化为关键线路，其滞后将影响总工期的拖延。此时，应充分考虑该工作的自由时间，给予相应的工期顺延，并要求承包人修改施工进度计划。

工期索赔需要合理科学的计算，计算方法主要有网络图分析法和比例计算法两种。

网络分析法是利用进度计划的网络图，分析其关键线路，如果延误的工作为关键工作，则总延误的时间为批准顺延的工期。如果延误的工作为非关键工作，当该工作由于延误超过时差限制而成为关键工作时，可以批准延误时间与时差的差值，若该工作延误后仍为非关键工作，则不存在工期索赔问题。

比例计算方法用公式进行分析计算，对于已知部分工程的延期时间：

$$工期索赔值 = \frac{受干扰部分工程的合同价}{原合同总价} \times 该受干扰部分工期拖延时间$$

对于已知额外增加工程量的价格：

$$工期索赔值 = \frac{额外增加的工程量的价格}{原合同总价} \times 原合同总工期$$

比例计算法简单方便，但有时不尽符合实际情况，比例计算法不适用于变更施工顺利、加速施工、删减工程量等事件的索赔。

（2）费用索赔。

费用索赔的组成包括（但不限于）：人工费、材料费、施工机械使用费、分包费用、工地管理费、利息、企业管理费和利润。

可索赔的人工费主要是完成合同之外的额外工作所花费的人工费用，由于非施工单位责任导致的工效降低所增加的人工费用，法定的人工费增长以及非施工单位责任工程延误导致的人员窝工工资和工资上涨费等；可索赔的材料费是由于索赔事项的材料实际用量超过计划或定额用量而增加的材料费，由于客观原因材料价格大幅度上涨，由于非施工单位责任工程延误导致的材料价格上涨和材料超期存储费用；可索赔的施工机械使用费是由于完成额外工作增加的机械使用费，非施工单位责任的工效降低增加的机械使用费，由于建设单位或监理工程师原因导致机械停工的窝工费；分包费索赔指的是在有合法分包的项目中分包人提出的索赔费，分包人的索赔应如数列入总承包人的索赔款总额中；工地管理费的索赔是指施工单位完成额外工程、索赔事项工作以及工期延长期间的工地管理费，对部分工人窝工损失索赔时，因其他工程仍然进行，可能不予计算工地管理费索赔；可索赔的利息指的是拖期付款的利息、由于工程变更的工程延误增加投资的利息、索赔款的利息、错误扣款的利息，利率可执行当时的银行贷款利率、银行透支利率或合同双方协议利率；企业管理费索赔主要指工期延误期间所增加的企业管理费；利润是在《示范文本》（GF－2017－0201）通用合同条款中标明的因业主原因工期延误可索赔合理利润的条款，这个利润由承包人根据自己企业、按项目具体情况结合合同内容在合理的基础上提出。

索赔费用的多少是需要合理计算的，费用计算的方法主要有总费用法、修正的总费用法和实际费用法三种。

总费用法又称总成本法，是指当发生多次索赔事件以后，重新计算出该工程的实际总费用，再从这个实际总费用中减去投标报价时的估算总费用，计算出索赔值的方法，简单公式是：

索赔值＝实际总费用－投标报价估算总费用

总费用法简单，但不尽合理，因为实际完成工程的总费用中可能包括由于施工单位的原因（如管理不善、材料浪费、效率低下等）所增加的费用，而这些费用是不该索赔的。同时，投标报价估算总费用也可能因工程变更或单价合同中的工程量变化等原因而不能代表真正的工程成本。因此，索赔采用总费用法往往会引起争议，但是在某些特定条件下，当需要具体计算索赔金额很困难甚至不可能时，也可以采用此种方法。

修正总费用法，是对总费用法的改进，即在总费用计算的基础上去掉一些不合理的因素，使其更符合实际情况，修正的内容主要有：一是计算索赔金额的时期仅限于受时间影响的时段，而不是整个工期；二是只计算在该时期内受影响项目的费用，而不是全部工作项目的费用；三是与该工作无关的费用不列入总费用中；四是对投标报价费用重新进行核算，得出调整后报价费用。通过上述修正，即可比较合理地计算出受索赔事件影响而实际增加的费用。

实际费用法又称为分项法，是按每个索赔事件所引起损失的费用项目分别分析计算索赔值的一种方法。这种方法能客观地反映索赔事件所引起的实际损失，易于被当事人接受，但分析计算工作量大。实际费用法在操作中通常分三步：第一步是分析每个或每类索赔事件所影响的费用项目，这些费用项目通常应于合同报价中的费用项目一致；第二步是计算每个费用项目受索赔事件影响的数值，一般通过与合同价中的费用价值进行比较即可得到该项费用的索赔值；第三步是将各费用项目的索赔值汇总，得到总费用索赔值。

6.3.5　索赔文件的编制

编制一份清晰明了又合乎法律法规的索赔文件是索赔的重要呈现，索赔文件编制包括索赔意向通知和索赔报告。

索赔意向通知标志着一项索赔的开始，通常包括四个方面的内容：事件发生的时间和情况的简单描述；合同依据的条款和理由；有关后续资料的提供，如及时记录和提供事件发展的动态；对工程成本和工期产生不利影响的严重程度以期引起监理工程师或业主的注意。

索赔报告是承包商向监理工程师或业主提交的一份要求业主给予一定经济费用补偿或（和）延长工期的正式报告，承包商应该在索赔事情对工程产生的影响结束后，在规定时限内向监理工程师或业主提交正式的索赔报告，索赔报告通常包括四个方面内容：总述部分、论证部分、索赔款项（或工期）计算部分和证据部分。

总述部分是概要论述索赔事件发生的日期和过程，承包人为该索赔事项付出的努力和附加开支，承包人的具体索赔要求；论证部分是说明索赔的合同依据，即基于何种理由提出索赔要求，责任分析应清楚准确，要证明索赔事件与损失之间的因果关系，说明索赔前因后果的关联性、业主违约或合同变更与引起索赔的必然性联系，论证部分是否合理，是索赔能否成立的关键；索赔款项（或工期）的计算部分是索赔报告中详细准确的损失金额及时间的计算，索赔事件发生后，如何正确计算索赔给承包商造成的损失，直接牵涉到承包商的利益，工程索赔费用包含了施工承包合同中规定的所有可索赔费用，具体哪些费用可以得到补偿，必须通过具体分析来决定。对于不同原因引起的索赔，其费用的具体内容有所不同，有的可以列入索赔费用，有的则不能列入，这是专业从事造价与合同管理者必须熟悉的工作范围，必须针对具体问题具体分析，灵活对待；证据部分是索赔的证明材料，索赔的成功很大程度取决于承包商对索赔做出的解释和强有力的材料证明，因此，承包商在正式提出索赔报告前的资料准备工作极为重要，这就要求承包商注重记录和积累保存各方面的资料，这些资料证据必须真实、全面、及时、与干扰事件关联，具有法律证明效力。

6.4　施工合同纠纷处理 ▶▶

建设工程合同履行过程中会产生大量的纠纷，尤其是施工合同履行时间长，参与履行的主体复杂且行为不够规范，履行过程中变更较多，很多纠纷并不容易直接适用现有的法律条款予以解决。针对这些特殊纠纷，最高人民法院审判委员会第1327次会议通过的《最高人民法院关于审理建设工程施工合同纠纷案件适用法律问题的解释》（以下简称司法解释），为我们解决一些典型的工程施工合同纠纷提供了可遵循的原则性规定。

6.4.1　建设工程施工合同效力与合同解除条件

（1）建设工程施工合同效力。建筑工程施工合同是建设单位为发包方，施工企业为承包方，依据基本建设程序，为完成特定建筑安装工程，协商订立的明确双方权利义务关系的协议。建设工程施工合同的订立，要求合同双方均具备相应的主体资格，并按照法律规定的方式进行订立，当前绝大多数工程都需要通过招标投标方式订立合同。从事建筑活动的建筑施工单位、勘察单位、设计单位和工程监理单位，按照其拥有的注册资本、专业技术人员、技术装备和已完成的建筑工程业绩等资质条件，划分为不同的资质等级，经资质审查合格，取得相应等级的资质证书后，方可在其资质等级许可的范围内从事建筑活动。一般来说，发包方应具备的主体资格是具有独立财产，能够对外独立承担民事责任的民事主体，包括法人单位、其他组织、公民、个体工商户、个人合伙、联营体等。承包方应具备的主体资格，一是必须具备企业法人资格，二是必须具有履行合同的能力，即必须具有营业执照和由建设行政主管部门核准的资质等级证书，由此就排除了没有资质的施工队和个人包工头作为施工合同承包人的资格，以上为合同有效的基本要求。

（2）无效施工合同。有时会出现无效合同，在建设工程中，施工合同无效在司法解释第一条规定，出现以下这些三种情况之一的：承包人未取得建筑施工企业资质或者超越资质等级的；没有资质的实际施工人借用有资质的建筑施工企业名义的；建设工程必须进行招标而未招标或者中标无效，应当根据合同法第五十二条第五项的规定认定无效。但很多施工合同被认定为无效时已经履行甚至履行完毕，因此，还涉及如何结算工程价款的问题，司法解释第二条和第三条对此做了规定，建设工程施工合同无效，但建设工程竣工验收合格，承包人请求参照合同约定支付工程价款的，应给予支持。建设工程施工合同无效，且建设工程经竣工验收不合格的，按照以下情形分别处理：修复后的建设工程经竣工验收合格，发包人请求承包人承担修复费用的，应予以支持；修复后的建设工程经竣工不合格，承包人请求支付工程价款的，不予支持。因建设工程不合格造成的损失，发包人有过错的，也应承担相应的民事责任。承包人非法转包、违反分包建设工程或者没有资质的实际施工人借用有资质的建筑施工企业名义与他人签订建设工程施工合同的行为无效。人民法院可以根据民法通则第一百三十四条规定，收缴当事人已经取得的非法所得。承包人超越资质等级许可的业务范围签订建设工程施工合同，在建设工程竣工前取得相应资质等级，当事人请求按照无效合同处理的，不予支持。合同法第五十八条规定，合同无效或者被撤销后，因该合同取得的财产，应当予以返还，不能返还或者没有必要返还的，应当折价补偿。有过错的一方应当赔偿对方因此受到的损失，双方都有过错的应当各自承担相应的责任。

（3）建设工程施工合同的解除。在合同履行过程中，由于一些条件的出现会导致合同当事人解除合同，司法解释对于解除合同的条件及法律后果在合同法的基础上做出了进一步的规定。

发包人请求解除合同的条件要求，当承包人具有下列情形之一的：明确表示或者以行为表明不履行合同主要义务；合同约定的期限内没有完工，且在发包人催告的合理期限内仍未完工的；已经完成的建设工程质量不合格并拒绝修复的；将承包的建设工程非法转包、违法分包的，发包人请求解除建设工程的施工合同应予支持。

承包人请求解除合同的条件要求，发包人具有下列情形之一：未按约定支付工程价款的；提供的主要建筑材料、建筑构配件和设备不符合强制性标准的；不履行合同约定的协助义务的。致使承包人无法施工，且在催告的合理期限内仍未履行相应义务，承包人请求解除建设工程合同的，应予支持。上述情况均属于发包人违约，因此合同解除后，发包人还是要承担违约责任。

合同解除的法律后果是什么呢？根据司法解释第十条规定，建设工程施工合同解除后，已经完成的建设工程质量合格的，发包人应当按照约定支付相应的工程价款；已经完成的建设工程质量不合格的，参照司法解释第三条规定处理（即修复后的建设工程经竣工验收合格，发包人请求承包人承担修复费用的，应予支持；修复后的建设工程经竣工验收不合格，承包人请求支付工程价款的，不予支持）。因一方违约导致合同解除的，违约方应当赔偿因此而给对方造成的损失。

6.4.2 建设工程质量纠纷的处理

建设工程质量纠纷常见有三种典型情况：承包人过错导致质量不符合约定、发包人过错导致质量不符合约定和发包人擅自使用后出现质量问题。

对于承包人过错导致质量不符合约定的处理，《合同法》第二百八十一条规定，因施工人的原因致使建设工程质量不符合约定的，发包人有权要求施工人在合理期限内无偿修理或者返工、改建。经过修理或者返工、改建后造成逾期交付的，施工人应当承担违约责任。司法解释第十一条规定：因承包人的过错造成建设工程质量不符合约定，承包人拒绝修复、返工或者改建，发包人请求减少支付工程价款的，应予支持。有时，承包人造成工程质量不合格的原因可能会触犯法律，例如偷工减料、擅自修改图纸等，如果其行为触犯了相关的法律，还将会接受法律的制裁。《建筑法》第七十四条规定，建筑施工企业在施工中偷工减料的，使用不合格的建筑材料，建筑构配件和设备的，或者有其他不按照工程设计图纸或施工技术标准施工的行为的，责令改正，处以罚款；情节严重的，责令停业整顿，降低资质等级或者吊销资质证书；造成建筑工程质量不符合规定的质量标准的，负责返工、修理，并赔偿因此造成的损失，构成犯罪的，依法追究刑事责任。

对发包人过错导致质量不符合规定的处理，根据《建设工程质量管理条例》的规定，建设单位必须向有关的勘察、设计、施工、工程监理等单位提供与建设工程有关的原始资料，并保证真实、准确、齐全。建设单位采购建筑材料、建筑构配件和设备的，建设单位应当保证建筑材料、建筑构配件和设备符合设计文件和合同要求。建设单位不得明示或暗示施工单位使用不合格的建筑材料、建筑构配件和设备。但在实际工作中，却经常出现建设单位违反上述规定的情形，因此司法解释第十二条规定，发包人具有下列情形之一：提供的设计有缺陷；提供或者指定购买的建筑材料、建筑构配件、设备不符合强制性标准；直接指定分包人分包专业工程，造成建设工程质量缺陷，应当承担过错责任，承包人有过错的，也应承担相应的过错责任。

对于发包人擅自使用后出现质量问题的处理，司法解释第十三条规定：建设工程未经竣工验收，发包人擅自使用后，又以使用部分质量不符合约定为由主张权利的，不予支持；但是承包人应当在建设工程的合理使用寿命内对地基基础工程和主体结构质量承担民事责任。竣工验收是发包人的权利，也是法定义务，建设工程必须经竣工验收合格方可交付使用。但是，有时建设单位为了能够提前投入生产，在没有经过竣工验收的前提下就擅自使用了工程，由于工程质量问题大多需要经过一段时间才能显现出来，所以这种未经竣工验收就使用工程行为往往就导致了其后的工程质量纠纷。司法解释的规定体现了对于建设单位擅自使用工程行为的惩罚，认为建设单位使用工程即是对工程质量的认可，但是，这并不完全免除承包人的责任，要求承包人对地基基础和主体结构的质量承担相应的责任，因为这两部分的最低保修期限是工程的合理使用年限，相当于终身保修，承包人需要对其质量承担责任。

6.4.3 建设工程竣工日期争议的处理

我国2017版《建设工程施工合同》（示范文本）规定，工程竣工验收合格的，以承包人提交竣工验收申请报告之日为实际竣工日期，工程按发包人要求修改后通过竣工验收的，实际竣工日期为承包人修改后提请发包人验收的日期。但是在实际操作中容易出现一些特殊情形导致关于竣工日期的争议，最常见的日期争议有两个：即发包人拖延验收竣工日期的争议和由于质量争议产生的竣工日期争议。司法解释对两种典型的竣工日期争议的处理方式进行了规定。

对于发包人拖延验收竣工日期的争议，我国2017版《建设工程施工合同》（示范文本）规定，工程具备竣工验收条件，承包人向监理人报送仅供验收申请报告，监理人应当在收到竣工验收申请报告后14天内完成审查并报送发包人。监理人审查后认为尚不具备验收条件的，应通知承包人在竣工验收前承包人还需完成的工作内容，承包人应在完成监理人通知的全部工作内容后，再次提交竣工验收申请报告。监理人审查后认为具备竣工验收条件的，应将竣工验收申请报告提交发包人，发包人应在收到监理人审核的竣工验收申请报告后28天内审批完毕并组织监理人、承包人、设计人等相关单位完成竣工验收。但有时由于主客观原因，发包人没有按照约定的时间组织竣工验收，导致承包人和发包人对实际竣工日期产生争议，因此司法解释第十四条规定，当事人对建设工程时间竣工日期有争议的，按照以下情形分别处理：建设工程竣工验收合格的，以竣工验收合格之日为竣工日期；承包人已经提交竣工验收报告，发包人拖延验收的，以承包人提交验收报告之日为竣工日期；建设工程未经竣工验收，发包人擅自使用的，以转移占有建设工程之日为竣工日期。

同样因质量争议也会产生的竣工日期争议，工程质量是否合格涉及多方面因素，合同双方和容易就其影响因素产生争议，而一旦产生争议又难以调解，就需要权威部门鉴定。工程质量鉴定部门应当具有相应资质和技术力量，如果鉴定结果不合格就不涉及竣工日期争议了，而如果鉴定结果合格，就涉及以哪一天作为竣工日期的问题。对此，司法解释第十五条规定，建设工程竣工前，当事人对工程质量发生争议，工程质量经鉴定合格的，鉴定期间为顺延工期时间。从这个规定可以看出，应该以提交竣工验收报告之日为实际竣工日期。

6.4.4　建设工程价款纠纷的处理

工程价款纠纷引起的原因可归纳为四种常见情况：因设计变更引起的纠纷、因欠付工程款利息引起的纠纷、因竣工结算引起的纠纷和因垫资承包引起的纠纷。

（1）设计变更引起的变更纠纷。

设计变更不可避免，所以在工程建设过程中，变更是普遍存在的，尽管变更的表现形式众多，但对工程价款的影响主要表现在工程量变化和工程质量标准变化引起的价款纠纷。因此司法解释第十六条规定，当事人对建设工程的计价标准或者计价方法有约定额，按照约定结算工程价款，因设计变更导致建设工程的工程量或者质量标准发生变化，当事人对该部分工程价款不能协商一致的，可以参照签订建设工程施工合同时当地建设行政主管部门发布的计价方法或者计价标准结算工程价款。实践中，当事人对工程量的确认也容易产生争议，工程量的确认应以工程师签证为准，但有时监理工程师口头同意但没有及时提供签证，对这部分工程量的确认就很容易引起纠纷。司法解释第十九条规定，当事人对工程量有争议的，按照施工过程中形成的签证等当时记录文件确认。承包人能够证明发包人同意其施工，但未能提供签证文件证明工程量发生的，可以按照当事人提供的其他证据确认实际发生的工程量。

（2）欠付工程款利息引起的纠纷。

承包人按合同约定完成相应的工作内容，并获得工程价款是承包人的基本义务和权利，如果发包人不及时向承包人支付工程款，也就损害了承包人的利益。承包人在要求发包人继续履行的基础上，还可以要求发包人为此支付利息。在实践中，对利息的纠纷主要集中在两个方面：一是利息的计付标准，二是何时开始计付利息。司法解释第十七条对计付标准做出了规定：当事人对欠付工程款利息计付标准有约定的，按照约定处理；没有约定的，按照中国人民银行发布的同期同类贷款利率计息。同时司法解释第十八条对何时开始计付利息做出了规定：利息从应付工程价款之日计付，当事人对付款时间没有约定或者约定不明的，下列时间视为应付款时间：建设工程已实际交付的，为交付之日；建设工程没有交付的，为提交竣工结算文件之日；建设工程未交付，工程价款也未结算的，为当事人起诉之日。2017版《建设工程施工合同》（示范文本）规定，发包人应在签发竣工付款证书后的14天内，完成对承包人的竣工付款，发包人逾期支付的，按照中国人民银行发布的同期贷款同类贷款基准利率支付违约金。逾期支付超过56天的，按照中国人民银行发布的同期同类贷款基准利率的两倍支付违约金。

（3）竣工结算引起的纠纷。

同样在工程结算时更会引起纠纷，对于因工程质量验收不合格引起的结算纠纷，司法解释第十六条规定，建设工程施工合同有效，但建设工程竣工验收不合格的，工程价款结算参照司法解释第三条规定处理，即修复后的建设工程经竣工验收合格，发包人请求承包人承担修复费用的，应予支持；修复后的建设工程经竣工验收不合格，承包人请求支付工程款的，不予支持。因建设工程不合格造成的损失，发包人有过错的，也应承担相应的民事责任。因发包人不及时答复结算文件也会引起的纠纷，工程竣工验收合格后，承包人应当在约定期限内提交竣工结算文件，发包方应当在收到竣工结算文件后的约定期限内予以答复，工程竣工结算文件经发包方与承包方确认即应当作为工程结算的依据。但在实践中发包方往往不能及时答复和确认，就会导致承包人不能及时得到工程款而利益受损。为了保护合同当事人的合法权益，司法解释第二十条规定，当事人约定，发包人收到竣工结算文件后，在约定期限内不予答复，视为认可竣工结算文件的，按照约定处理；承包人请求按照竣工结算文件结算工程价款的，应予支持。这与《建筑工程施工发包与承包计价管理办法》第十六条的规定也是一致的。

（4）垫资承包引起的纠纷。

垫资施工在我国很常见，因垫资承包引起的纠纷普遍发生。所谓垫资承包是指承包人预先垫付建设资金而承包工程的行为，尽管我国国家计委、建设部和财政部就联合发布了《关于严格禁止在工程建设中带资承包的通知》，《工程建设项目施工招标投标办法》也明确规定，招标人不得强制要求中标人垫付中标项目建设资金。但在实际工作中垫资承包工程的现象依然存在，发包人与承包人经常就垫资和垫资利息产生纠纷。司法解释第六条规定，当事人对垫资和垫资利息有约定，承包人请求按照约定返还垫资及其利息的，应予支持，但是约定的利息计算标准高于中国人民银行发布的同期同类贷款率的部分除外。当事人对垫资没有约定的，按照工程欠款处理，当事人对垫资利息没有约定，承包人请求支付利息，不予支持。

欠款纠纷发生后就会引出优先受偿问题，关于承包人工程价款优先受偿权问题国家也做出了相关规定。在工程建设中，建设单位可以将在建工程（主要是商品房）为抵押向银行贷款，如果建设单位在应该偿还贷款的期限届满而没有清偿贷款的话，银行就可以将建成的工程项目（主要指商品房）折价、拍卖或者变卖，并优先受偿。合同法第二百八十六条规定：发包人未按照约定支付价款的，承包人可以催告发包人在合理期限内支付价款，发包人逾期不支付的，除按照建设工程的性质不宜折价、拍卖以外，承包人可以与发包人协议将该工程折价，也可以申请人民法院将该工程依法拍卖。建设工程的价款就该工程折价或者拍卖的价款优选受偿。这意味着，如果建设单位不及时支付工程款，则施工单位可以将建成的建设项目折价、拍卖并将所得占有。这样一来就出现了一个问题，在上面两条件都存在的情况下，银行和施工单位哪一个享有更为优先的受偿权呢？《最高人民法院关于建设工程价款优先受偿权问题的批复》做出了如下规定：人民法院在审理房地产纠纷案件和办理执行案件时，应当依照《中华人民共和国合同法》第二百八十六条的规定，认定建筑工程的承包人的优先受偿权优于抵押权和其他方权；消费者交付购买商品房的全部或者大部分款项后，承包人就该商品房享有的工程价款优先受偿权不得对抗买受人；建筑工程价款包括承包人为建设工程应当支付的工作人员报酬、材料价款等实际支出的费用，不包括承包人因发包人违约所造成的损失；建设工程承包人行使优先权的期限为6个月，自建设工程竣工之日或者建设工程合同约定的竣工之日起计算。

6.4.5　建设工程"黑白合同"纠纷的处理

所谓"黑白合同"，也叫"阴阳合同"，即一个工程中有两份实质性内容不一致的合同，一份是公开备案的，称为"白合同"，另一份是不公开的"黑合同"。"黑白合同"经常伴随着虚假招标投标行为，其目的是规避政府部门的监管，经常造成在结算时双方当事人按不同合同作为结算依据的纠纷。司法解释第二十一条规定：当事人就同一建设工程另行订立的建设工程施工合同与经过备案的中标合同实质性内容不一致的，应当以备案的中标合同作为结算工程价款的根据。由此可以看出，司法解释规定是以"白合同"作为结算工程价款的依据。

6.4.6　施工合同纠纷处理方式

只要建设工程施工在继续，各参与方的利益追求就会有不同，纠纷矛盾就难以避免，有理有节、合理顺畅地解决纠纷是所有参与人沟通能力的基本体现，为保证工程顺利进行，根据项目环境情况选择合适纠纷的解决方式很重要。解决纠纷的常见方式有：和解、调解、争议评审、申请仲裁或诉讼。

（1）和解与调解。

和解是最美好的解决方式，当事人可以就争议自行沟通后和解，自行和解达成协议的经双方签字并盖章后作为合同补充文件，双方均应遵守执行。调解是合同当事人就争议请求建设行政主管部门、行业协会或其他第三方进行调解的行为，调解达成协议的，经双方签字并盖章后作为合同补充文件，双方均应遵照执行。

（2）争议评审。

合同当事人在专用合同条款中约定采用争议评审方式解决争议的，除专用合同条款另有约定外，合同当事人应当自合同签订后28天内，也可以在争议发生后14天内，共同选择一名或三名争议评审员。选择一名争议评审员的，由合同当事人共同确定；选择三名争议评审员的，各自选定一名，第三名成员为首席争议评审员，由合同当事人共同确定或由合同当事人委托已选定的争议评审员共同确定，或由专用合同条款约定的评审机构指定第三名首席争议评审员。除专用合同条款另有约定外，评审员报酬由发包人和承包人各自承担一半。合同当事人可在任何时间将与合同有关的任何争议共同提请争议评审小组进行评审，争议评审小组应秉持客观、公正原则，充分听取合同当事人的意见，依据有关法律、规范、标准、案例经验及商业惯例等，自收到争议评审申请报告后14天内做出书面决定，并说明理由，合同当事人可以在专用合同条款汇总对本项事项另行约定。争议评审小组做出的书面决定经合同当事人签字确认后，对双方具有约束力，双方应遵照执行，任何一方当事人不接受争议评审小组决定或不履行争议评审小组决定的，双方可选择其他争议解决方式。

（3）仲裁与诉讼。

申请仲裁或诉讼是合同订立时解决纠纷最常用的条款，经过谈判和调解，索赔要求仍得不到解决，争议一方有权要求将此争议根据合同提交仲裁机构进行仲裁。如合同中未规定仲裁协议，争议一方可以向人民法院提起诉讼，也可双方一致同意选择机构仲裁，仲裁的裁决结果对双方具有约束力。仲裁制度和诉讼制度是解决建设工程合同纠纷两种截然不同的制度，选择了诉讼就不能选择仲裁，反之，选择了仲裁就排斥了诉讼。

· 复习思考题 ·

1. 施工合同的概念是什么？概念中包含几个要点？

2. 施工合同示范文本包含几大方面内容？各内容的要素内容是什么？

3. 合同索赔的条件有哪些？合同索赔时要有哪些依据？

4. 索赔的费用有哪些？索赔费用的计算方法有几种？

5. 什么情况下的合同是无效的施工合同？

6. 出现工程质量问题纠纷如何处理？

7. 哪些方面常常会引起价款纠纷？这些纠纷可以采用何种方法处理？

· 综合实训练习 ·

1. 建设大学要修建学校大门及传达室，属于小型工程中可以直接指定发包工程，今学校将项目直接发包给大方建筑公司承建，请你根据《建设工程施工合同》（示范文本）（GF-2017-0201）的要求，替学校起草一份简略的合同底稿。

2. 稳固房地产开发公司与和气建筑公司签订大吉小区06、08幢商品房施工合同，合同中明确钢筋和金属门窗由发包人（即稳固房地产开发公司）提供。在施工过程中，钢筋和金属门窗屡屡不能按双方协议好的时间进场，承包人和气建筑公司认为这种行为影响工程施工的进度，并引起费用损失，欲进行索赔。如果你是承包人项目部的商务经理，此事可以进行索赔吗？如可以，索赔要准备哪些资料？应该走什么样的程序？请你依据本章学习的内容，就此事编制一份索赔工作流程表，并编制一份简略的书面索赔意向书和索赔报告书。

7

— 造价软件及应用概述 —

学习目标
1. 了解土建算量软件及其应用；
2. 了解钢筋算量软件及其应用；
3. 了解计价软件及其应用。

7.1 土建算量软件

7.1.1 软件算量的思路

广联达GCL2013产品通过绘图建模的方式，快速建立建筑物计算模型。软件通过建立工程确定其计算规则；建立楼层确定构件的竖向高度尺寸以及标高；建立轴网确定平面定位尺寸；对于每个构件，先定义构件属性，如确定其截面、厚度、材质等，再套取清单或定额做法；定义完构件后，对照图纸将构件绘制在轴网上。这样，建筑物计算模型就建立好了，软件自动考虑构件与构件之间的扣减关系，按照内置的计算规则自动扣减。

7.1.2 软件中构件绘制顺序

使用广联达GCL2013做工程时，一般按照先主体、装修，再零星的原则，即计算主体结构、装修，再计算零星构件的顺序。

针对不同的结构类型，采用不同的绘图顺序，能够更方便、更快速地计算，从而提高工作效率。具体的流程如下：

剪力墙结构：剪力墙→门窗洞→暗柱/端柱→暗梁/连梁；

框架结构：柱→梁→板；

框剪结构：柱→梁→剪力墙→门窗洞→暗柱/端柱→暗梁/连梁→板；

砖混结构：砖墙→门窗洞→构造柱→圈梁；

根据建筑物的不同部位，一般绘制流程为：首层→地上→地下→基础。

7.1.3 软件操作流程

在进行工程的绘制和计算时，一般采用以下顺序进行算量：建立工程→建立楼层→建立轴网→绘图输入（定义构件→套做法→画图）→汇总查量→报表，如图7-1所示。

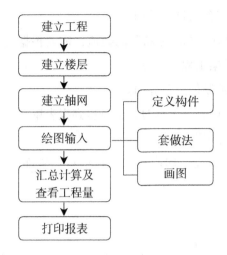

图7-1　软件操作流程

7.1.4　建立工程

（1）启动软件，进入"欢迎使用GCL2013"界面，如图7-2所示。

图7-2　欢迎使用GCL2013

（2）鼠标左键点击欢迎界面上的"新建向导"，进入新建工程界面，如图7-3所示。

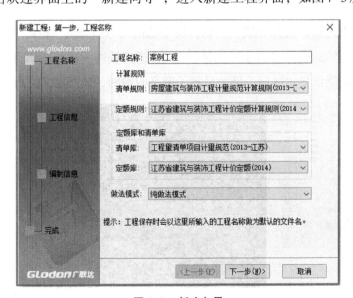

图7-3　新建向导

（3）点击"下一步"，进入"工程信息"界面。

在工程信息中，"室外地坪相对±0.000标高"的数值，需要根据实际工程的情况进行输入。其值会影响到室外装修、土方、外墙脚手架工程量计算。

（4）点击"下一步"，进入"编制信息"界面。

根据实际工程情况添加相应的内容，汇总时，会链接到报表里。

（5）点击"下一步"，进入"完成"界面。

（6）点击"完成"，完成新建工程，切换到"工程信息"界面。该界面显示了新建工程的工程信息，供用户查看和修改。

7.1.5　建立楼层

根据图纸建立楼层，从下到上的顺序，软件默认给出首层和基础层，根据图纸信息插入楼层，界面如图7-4所示。

	编码	名称	层高(m)	首层	底标高(m)	相同层数	现浇板厚(mm)	建筑面积(m2)	备注
1	5	机房层	4.000	☐	15.500	1	120		
2	4	第4层	3.900	☐	11.600	1	120		
3	3	第3层	3.900	☐	7.700	1	100		
4	2	第2层	3.900	☐	3.800	1	100		
5	1	首层	3.900	☑	-0.100	1	100		
6	-1	第-1层	3.550	☐	-3.650	1	180		
7	0	基础层	1.000	☐	-4.650	1	1000		

图7-4　新建楼层

7.1.6　建立轴网

楼层建立完毕后，切换到"绘图输入"界面。首先，建立轴网。

施工时是用放线来定位建筑物的位置，使用软件做工程时是用轴网来定位构件的位置。

（1）定义轴网。

切换到绘图输入界面之后，选择导航栏"构件树中轴网"，点右键，选择"定义"；软件切换到轴网的定义界面；点击"新建"，选择"新建正交轴网"，新建"轴网－1"，输入开间和进深，如图7-5所示。可以看到，右侧的轴网图显示区域，已经显示了定义的轴网，轴网定义完成。

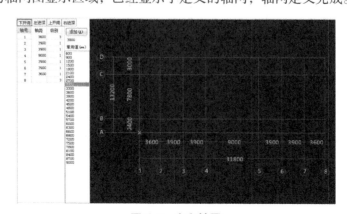

图7-5　定义轴网

（2）绘制轴网。

轴网定义完毕后，点击"绘图"按钮，切换到绘图界面。弹出"请输入角度"对话框，如图7-6所示，提示用户输入定义轴网需要旋转的角度。点击"确定"，绘图区显示轴网，绘制完成。

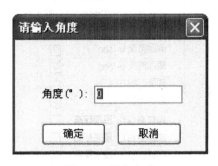

图7-6　输入角度

7.1.7　绘图输入

轴网绘制完成后，就进入"绘图输入"部分，绘图输入部分的流程为：定义构件→套做法→画图→查量。

以框剪结构为例一般先绘制框架柱，按结构部位不同，一般先绘制首层。

（1）定义柱。

在绘图输入的导航栏中选择"柱"，点击"定义"按钮；进入"柱"的定义界面，点击构件列表中的"新建"，根据图纸信息，选择新建柱的类型，如图7-7所示。以矩形柱为例，定义柱的属性，如图7-8所示。

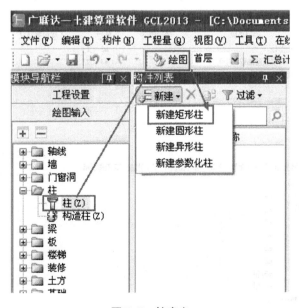

图7-7　柱定义

图7-8　柱属性定义

（2）套做法。

柱构件定义好后，需要进行套做法操作。套做法是指构件按照计算规则计算汇总出做法工程量，方便进行同类项汇总，同时与计价软件数据接口。

构件套做法，可以通过手动添加清单定额、查询清单定额库、查询匹配清单定额。

以查询匹配清单定额库为例：

①在构件定义界面，在【构件列表】中选择套做法的构件；

②在左侧的做法查询区，选择查询匹配清单、查询匹配定额；可以按构件类型或属性过滤；选择确定的做法双击，就可添加好做法，如图7-9所示。

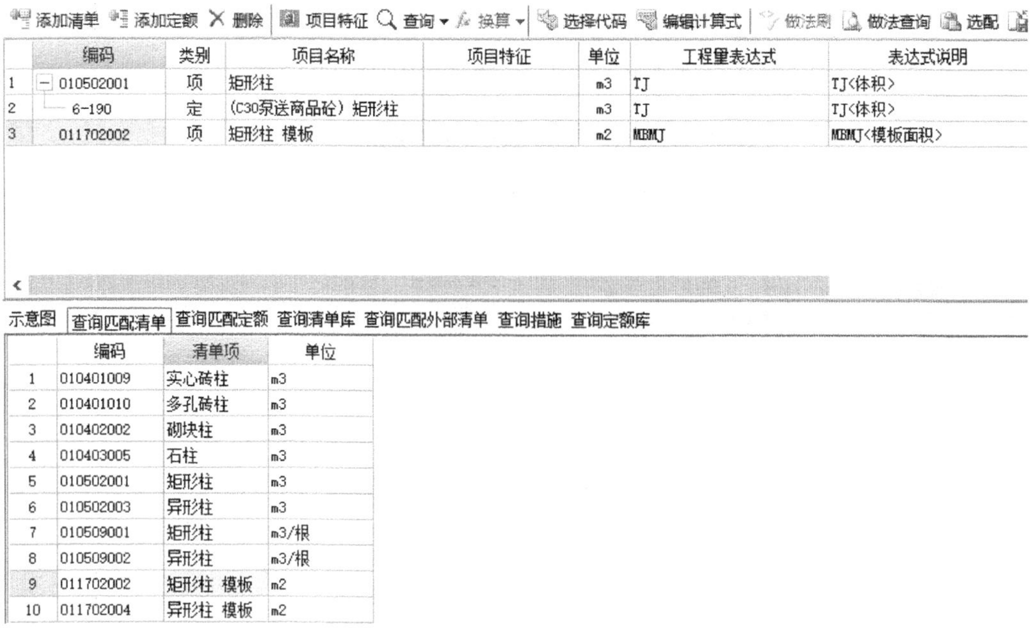

图7-9　套做法

（3）绘制柱。

柱定义完毕后，点击"绘图"按钮，切换到绘图界面。在绘制柱时，常用到以下操作：

①"点"绘制，是柱默认的绘制方式，也是点式构件最常用的绘制方法。

②"Shift＋左键"常用于绘制不在轴线交点处的柱。

③"查改标注"主要用于修改和查看已绘制好的点式构件图元偏心设置。

④"Shift＋F3"主要用于异形点式构件的左右翻转、上下翻转。

⑤当构件绘制好后，可以通过"Shift＋快捷键"在图上显示图元的名称，方便查看和修改；如柱，在英文状态下按"shift＋Z"键，图上的柱图元就可以显示出自己的名称，如图7-10所示。

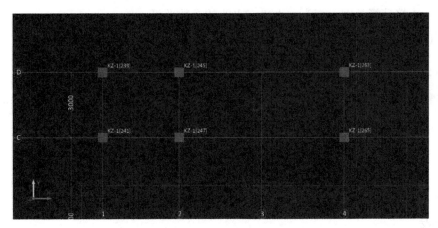

图7-10　显示柱图元名称

（4）汇总查量。

柱绘图完成后，可以汇总计算检查一下首层柱的工程量。

①汇总计算。点击工具栏"汇总计算"按钮，或者选择"工程量"菜单下"汇总计算"，或者F9 快捷键，只汇总首层。

②查看工程量。点击工具栏"查看工程量"按钮，或者选择"工程量"菜单下"查看构件图元工程量"，或者F10快捷键。可以查看当前层柱的体积、模板、数量，如图7-11所示。

图7-11　查看工程量

③或者可以通过"批量选择"核对柱数量。点击工具栏"批量选择"按钮，或者在选择状态下，按F3快捷键，在弹出的对话框中选择构件，确定。就可以通过状态栏查看已选择构件的数量。

以上为柱构件绘图输入的简要过程，其他构件的做法基本相似，即定义构件→套做法→画图→查量，在此不一一赘述。

7.1.8 表格输入

表格输入部分是前面绘图输入的补充，一般用于不方便建模处理或不需要建模计算的工程量；如图7-12所示为落水管计算：

落水管计算：直接计算长度，弯头、水口、水斗的个数即可。

计算公式：（檐高－离地高度＋室外地坪高差）×个数

图7-12 表格输入

7.1.9 报表

绘图输入建模部分、表格输入补充部分完成后，通过汇总计算即可得到最后的结果，如图7-13所示。软件提供了三类报表，如图7-14所示。最终，可以将做法汇总表结果导出到excel，或导入到计价软件进行套价。

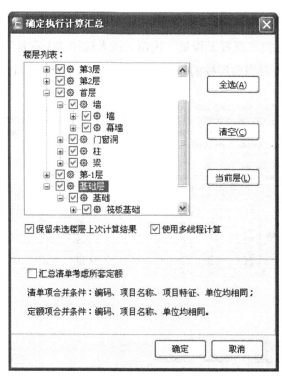

图7-13 汇总计算

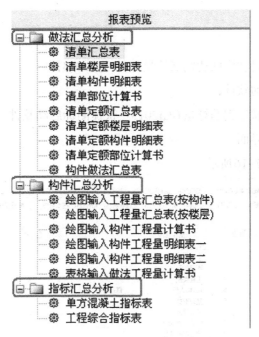

图7-14　报表类型

7.2 钢筋算量软件 ▶▶

7.2.1 软件操作流程

广联达钢筋算量软件GCJ2013操作流程，如图7-15所示。

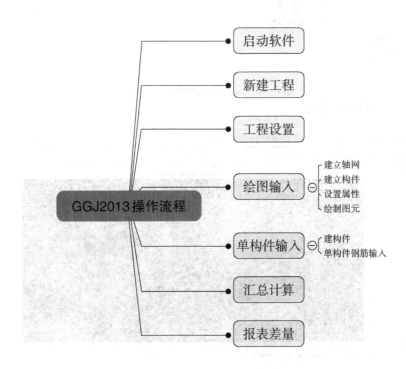

图7-15　软件操作流程

7.2.2 启动软件

可以通过以下两种方法来启动广联达钢筋算量软件GCJ2013：

方法一：通过开始菜单启动软件；

方法二：双击桌面上"广联达钢筋算量GCJ2013"快捷图标启动软件。

下面，先来熟悉一下软件界面：

（1）工程设置界面，如图7-16所示。

图7-16　工程设置界面

（2）绘图输入界面，如图7-17所示。

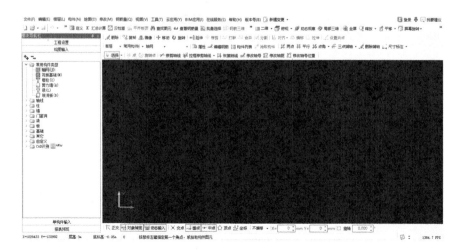

图7-17　绘图输入界面

（3）单构件输入界面，如图7-18所示。

图7-18　单构件输入界面

（4）报表预览界面，如图7-19所示。

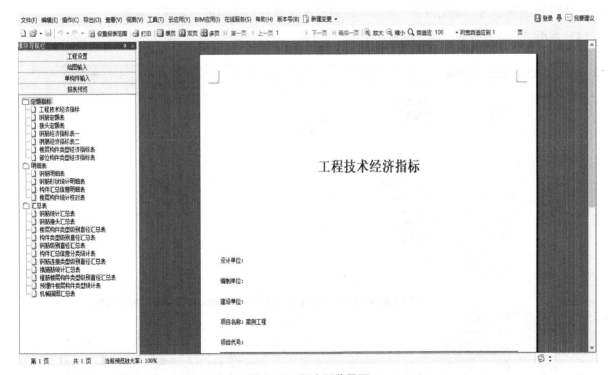

图7-19　报表预览界面

7.2.3　新建工程

（1）点击"新建向导"按钮。

（2）输入工程名称，选择计算规则、损耗模板、报表类别、汇总方式，如图7-20所示，点击"下一步"按钮。

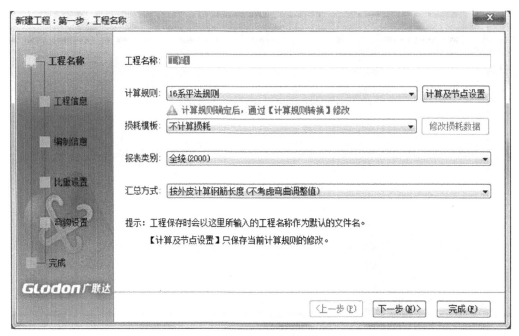

图7-20 工程名称界面

（3）连续点击下一步，在每个界面上根据提示信息输入相应的信息，如图7-21所示为"工程信息"界面，如图7-22所示为"编制信息"界面，最后出现如图7-23所示的"完成"界面。

（4）点击"完成"按钮，即完成新建工程。

图7-21 工程信息界面

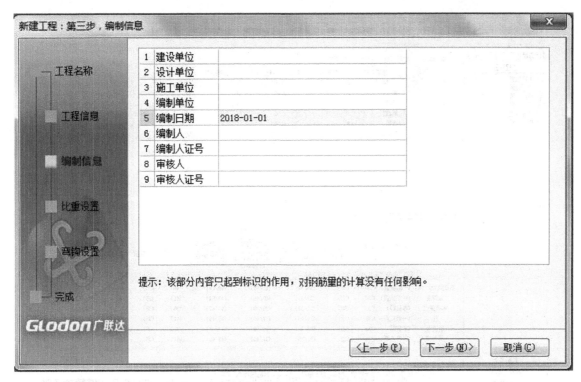

图7-22　编制信息界面

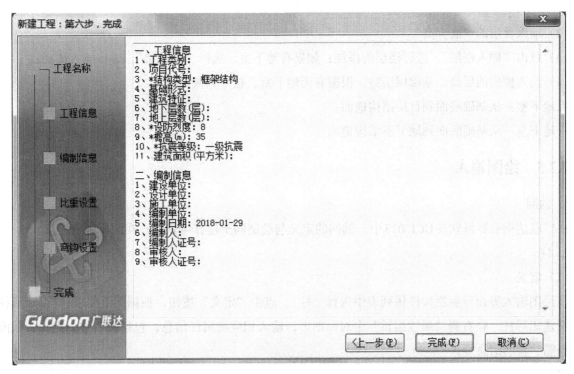

图7-23　完成界面

7.2.4　楼层设置

（1）在模块导航栏中选择工程设置下的"楼层设置"，如图7-24所示。

图7-24 楼层设置

（2）输入首层的"底标高"。

（3）点击"插入楼层"，进行楼层的添加；如果有地下室，选择"基础层"，进行插入楼层。

（4）输入楼层的层高。基础层层高，根据有无地下室，按下列规定确定：

无地下室：从基础底面到首层结构地面。

有地下室：从基础底面到地下室结构地面。

7.2.5　绘图输入

1. 轴网

在广联达钢筋算量软件GCJ2013中，轴网的定义与绘制同土建算量软件，在此不再赘述。

2. 柱

（1）定义。

在绘图输入界面导航栏构件树列表中选择"柱"，点击"定义"按钮，根据图纸要求，（以矩形柱为例）新建矩形柱，在右侧"属性编辑"中对照图形，输入相应的属性信息，包括柱名称、类别、截面尺寸、纵筋、箍筋信息等。

（2）绘制。

点击"绘图"按钮或在构件列表区域双击鼠标左键，切换到绘图界面，默认为"点"绘制，左键指定要布置柱的点，柱绘制成功。柱、桩等点式图元均采用"点"绘制。

（3）查改标注。

用来处理图纸上的偏心柱。点击"查改标注"在图形上绿色数字处输入偏心数值，回车即可，如图7-25所示。

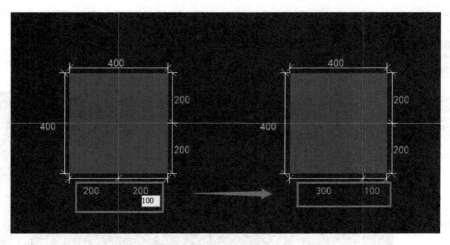

图7-25 查改标注

3. 梁

（1）定义。

定义梁构件（操作方法同定义柱），根据图纸的集中标注，输入属性编辑器中各属性值，如图7-26所示。

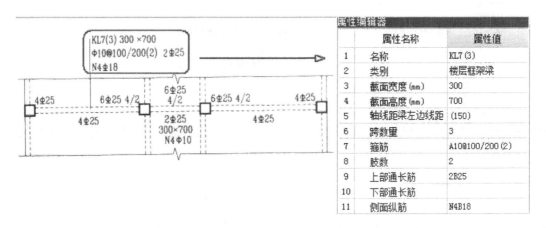

图7-26 定义梁属性

（2）绘制。

切换到绘图界面，选择工具栏上"直线"绘制，鼠标左键依次指定起点、终点，梁绘制成功。墙、梁等线式图元的均采用"线"绘制。

（3）原位标注。

在梁图层，点击工具栏上的"原位标注"，左键选择梁图元，对照图纸上原位标注信息，在对应的位置输入相应的信息。也可以使用"梁平法表格"功能，按跨在对应的表格中输入相应的信息，如图7-27所示。

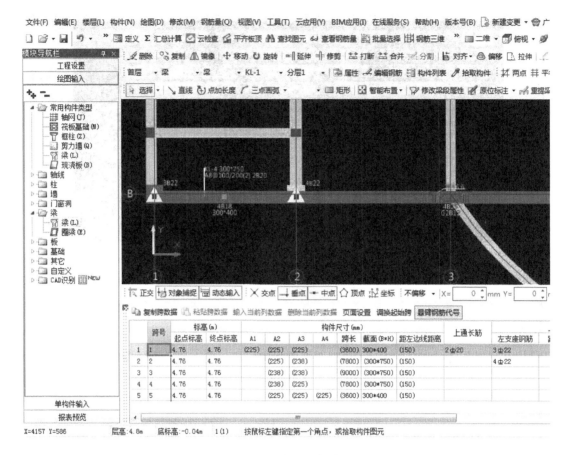

图7-27 梁原位标注

（4）应用到同名梁。

选中某根已经识别的梁或输入完某道梁的原位标注时，使用该功能，可将当前选中的梁应用到其他与当前梁同名称的梁中。

4. 现浇板

（1）定义。

定义板构件（操作方法同定义柱），按照图纸信息输入板厚等相应属性。

（2）绘制。

切换到绘图界面，选择工具栏上"矩形"绘制，鼠标左键依次指定第一个角点、对角点，矩形板绘制成功。若采用弧线绘制板，注意要输入半径。也可以用"点"绘制功能，在封闭区域布置板。

（3）定义斜板。

对于图纸上的斜板、坡屋面，可以用"定义斜板"功能来处理。以"三点定义斜板"为例，先绘制平板，点击工具栏上"三点定义斜板"功能，对照图纸按提示信息输入板顶标高，Enter键确认。筏板的定义、绘制、斜板处理同现浇板。

（4）布置板筋。

在板受力筋图层，先定义板筋，然后在工具栏上选择布置范围"单板"和布置方式"XY方向"，指定要布筋的板，如果图纸上该板XY向底筋和面筋的钢筋信息一致，就可选用"双网双向布置"，输入钢筋信息后，点击"确定"，即可布筋，布筋效果如图7-28所示。

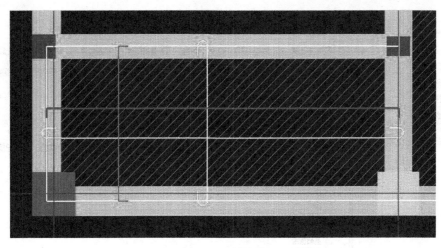

图7-28　板布筋

（5）应用同名称板。

在图纸上，同名的板仅选择某一块进行标注，其余板只需标注板的名称，配筋相同不再重复标注，如下图，此情况可以用"应用同名称板"来处理。

5. 剪力墙

（1）定义。

定义剪力墙构件（操作方法同定义柱），按照图纸信息输入相应的属性值。

（2）绘制。

直线绘制：通长剪力墙，可采用"直线绘制"。

点加长度绘制：短肢剪力墙，可采用"点加长度"绘制，点击工具栏上"点加长度"，指定绘制起点，再指定第二点确定角度，在弹出的对话框中输入长度即可。

6. 独立基础

（1）定义。

先新建"独立基础"，再根据图纸新建矩形或异形或参数化"独立基础单元"，在单元上输入对应的截面尺寸、标高、配筋。如果是自定义独基，直接"新建自定义独基"就会自带一个单元。

（2）绘制。

普通独立基础也是"点式图元"，绘制方式同"柱"，自定义独基为"面式图元"，绘制方式同"板"。

7.2.6　单构件输入

工程中除了柱、梁、墙、板等主体构件以外，还存在其他一些零星的构件如楼梯、阳台等。这类构件可以在"单构件输入"中处理。

1. 定义构件

在左侧的导航栏中切换到"单构件输入"，点击"构件管理"，在"单构件输入构件管理"界面选择"楼梯"构件类型（以楼梯为例），点击"添加构件"，添加LT-1，确定，如图7-29所示。

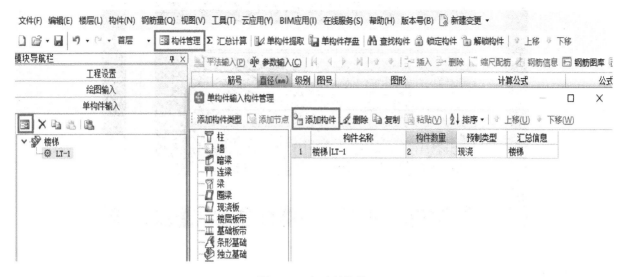

图7-29 新建单构件

2. 参数输入

通过选择软件内置的构件参数图，输入钢筋信息，进行计算。

新建构件后，选择工具条上的"参数输入"，进入"参数输入法"界面，点击"选择图集"，选择相应的楼梯类型。

在楼梯的参数图中，按照图纸标注输入各个位置的钢筋信息和截面信息，输入完毕后，点击"计算退出"。

3. 平法输入

对于梁和柱，还可以采用平法输入。（以柱为例）新建构件后，选择工具条上的"平法输入"，进入"柱平法输入"界面，点击"插入层"，在表格中按提示信息输入对应截面和钢筋信息，输入完毕后。点击"计算退出"，就能直接显示计算结果了。

4. 直接输入法

对于不能采用平法输入，也没有内置参数图的零星钢筋，如阳角放射筋，可以采用直接输入法来处理。新建构件后，点击工具栏上"钢筋图库"，选择钢筋图形，如选择"两个弯折"，弯钩选择"90度弯折，不带弯钩"，双击所选用的图形，自动添加到直接输入法表格，再根据要求修改直径、级别，在图形上输入对应尺寸，软件自动给出计算公式和长度，在"根数"中输入这种钢筋的根数。

7.2.7 汇总计算

按照图纸绘制好构件图元，先"汇总计算"，才能查看钢筋量。

点击工具栏上的"汇总计算"按钮或"钢筋量"菜单下的"汇总计算"。

7.2.8 报表预览

工程绘制完成，汇总计算后，切换到"报表预览"，进行工程相关钢筋量的查看。

7.3 计价软件 ▶

7.3.1 软件操作流程

广联达GBQ4.0这一计价软件包含三大模块，即招标管理模块、清单计价模块、投标管理模块。招标管理和投标管理模块是站在整个项目的角度进行招标投标工程造价管理。清单计价模块用于编辑单位工程的工程量清单或投标报价。在招标管理和投标管理模块中可以直接进入清单计价模块，计价软件使用流程如图7-30所示。

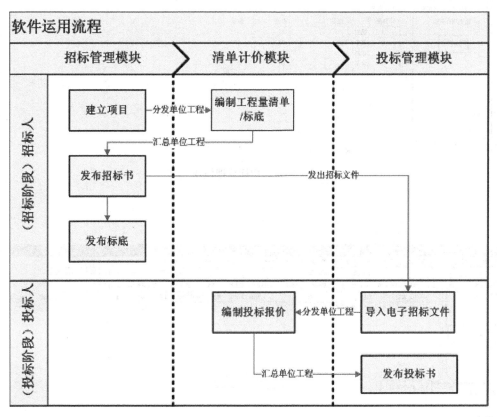

图7-30　软件操作流程

7.3.2 软件主界面

（1）招标管理模块和投标管理模块主界面基本相同：主要由菜单、工具条、内容显示区、功能区、导航栏几部分组成，如图7-31所示。

（2）清单计价模块界面：主要由菜单栏、通用工具条、界面工具条、导航栏、分栏显示区、功能区、属性窗口、属性窗口辅助工具栏、数据编辑区等，如图7-32所示。

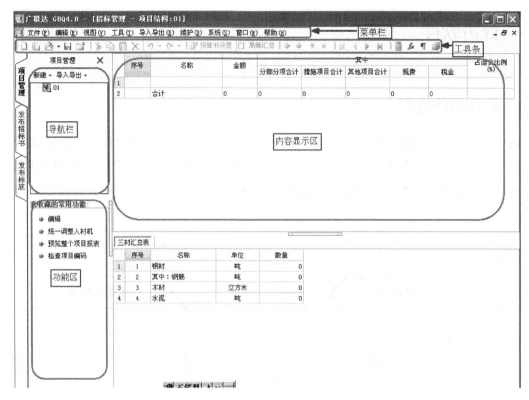

图7-31 招标管理模块

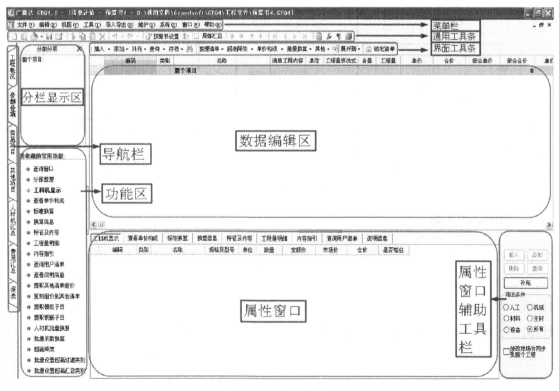

图7-32 清单计价模块

7.3.3 清单计价

1. 启动

双击桌面上的GBQ4.0图标，在弹出的界面中选择工程类型为"清单计价"，再点击"新建项目"，如图7-33所示。

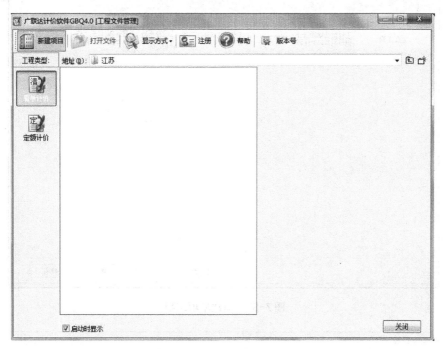

图7-33 新建项目

2. 新建标段

软件进入"新建标段"界面，选择"招标"，输入项目名称和项目编号，点击下一步，如图7-34所示。

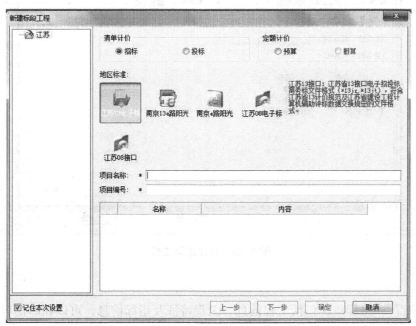

图7-34 新建标段

3. 新建单项工程/单位工程

软件进入"新建单项工程/单位工程"界面，在弹出的对话框中输入相应信息，如图7-35和7-36所示。

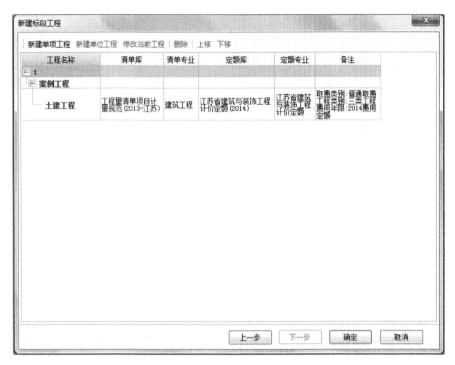

图7-35 新建单项工程

图7-36 新建单位工程

4. 工程概况

点击"工程概况"，工程概况包括工程信息、工程特征及指标信息，可以在右侧界面相应的信息内容中输入信息，如图7-37所示。

图7-37 工程概况

5. 编制清单及投标报价

（1）输入清单：点击"分部分项"→"查询窗口"，在弹出的查询界面，选择清单，选择您所需要的清单项，如平整场地，然后双击或点击"插入"输入到数据编辑区，然后在工程量列输入清单项的工程量，如图7-38所示。

图7-38 输入清单

（2）设置项目特征及其显示规则：

点击属性窗口中的"特征及内容"，在"特征及内容"窗口中设置要输出的工作内容，并在"特征值"列通过下拉选项选择项目特征值或手工输入项目特征值，如图7-39所示。

然后在"清单名称显示规则"窗口中设置名称显示规则，点击"应用规则到所选清单项"或"应用规则到全部清单"，软件则会按照规则设置清单项的名称。

图7-39　设置项目特征

（3）组价：点击"内容指引"，在"内容指引"界面中根据工作内容选择相应的定额子目，然后双击输入，并输入子目的工程量，如图7-40所示。

图7-40　组价

6. 措施项目

（1）计算公式组价项：软件已按专业分别给出，如无特殊规定，可以按软件的计算。

（2）定额组价项：选择"脚手架"项，在界面工具条中点击"查询"，在弹出的界面里找到相应措施定额脚手架子目，然后双击或点击"插入"，并输入工程量。

7. 其他项目

（1）招标人：在计算基数列分别输入"预留金"和"暂估价"。

（2）投标人：根据工程实际，输入"总承包服务费"等，如图7-41所示。

	序号	名称	计算基数	单位
1	□	**其他项目**		
2	—1	暂列金额	暂列金额	项
3	—2	暂估价	专业工程暂估价	
4	—2.1	材料(工程设备)暂估价	ZGJCLHJ	
5	—2.2	专业工程暂估价	专业工程暂估价	项
6	—3	计日工	计日工	
7	—4	总承包服务费	总承包服务费	
8	—5	索赔与现场签证	索赔与现场签证	

图7-41　其他项目

8. 人材机汇总

（1）直接修改市场价：点击"人材机汇总"，选择需要修改市场价的人材机项，鼠标点击其市场价，输入实际市场价，软件将以不同底色标注出修改过市场价的项。

（2）载入市场价：点击"人材机汇总"→"载入市场价"，在"载入市场价"窗口选择所需市场价文件，点击"确定"，软件将根据选择的市场价文件修改人材机汇总的人材机市场价。

9. 费用汇总

点击"费用汇总"进入工程取费窗口。

10. 报表

点击"报表"，选择需要浏览或打印的报表。

7.3.4　生成招标书

（1）预算文件编制好之后，切换至"发布招标书"界面，点击"生成招标书"功能按钮，软件会提示如下，如图7-42所示。

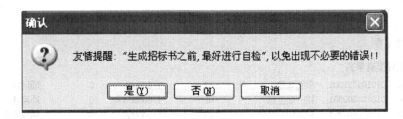

图7-42　发布招标书

（2）点击上图所示的"否"，则软件会直接进入生成招标书界面，点击"是"，软件会进行招标书自检，如图7-43所示。

图7-43 招标书自检

（3）点击"确定"，软件会自动生成标书检查报告，如图7-44所示。

行号	编码/序号	名称	单位/费率	数量/计算基数	金额	错误信息
		错误项目位置				
1	－ 案例工程土建工程					
2	－ 分部分项工程量清单表					
3	第1条清单 010101001001	平整场地	m2	1.000000	0	项目特征为空
4	第2条清单 010101002001	挖一般土方	m3	1.000000	0	项目特征为空
5	第3条清单 010502001001	矩形柱	m3	1.000000	0	项目特征为空
6	第4条清单 010503002001	矩形梁	m3	1.000000	0	项目特征为空
7	－ 措施项目清单表					
8	第3条措施 1.2	增加费	项	1	0.00	费率为0
9	第14条措施项		项	1	0.00	序号为空；名称为空；项目特征为空

图7-44 招标书自检报告

（4）如果没有相关错误项，软件会弹出如图7-45界面。

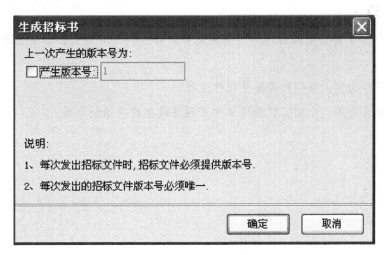

图7-45 生成招标书

（5）软件会记录每次生成的版本号信息，以便多次调整信息后导致文件混淆。

7.3.5 生成投标书

（1）预算文件编制好之后，切换至"发布投标书"界面，点击"生成投标书"功能按钮，软件会提示如下，如图7-46所示。

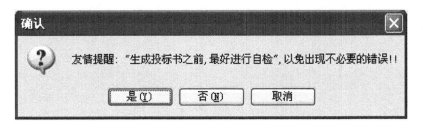

图7-46 发布投标书

（2）点击上图所示的"否"，则软件会直接进入生成投标书界面，点击"是"，软件会进行投标书自检。

（3）在投标书自检界面，点击"确定"，软件会根据上图所列的检查选项自动检查项目信息，并弹出检查结果页面。

（4）检查设置项之后，点击确定，软件弹出如图7-47所示界面，可以对投标文件设置密码。

（5）设置密码完毕后，点击"确定"，软件弹出成功生成投标书提示信息，并且能看到投标总报价。

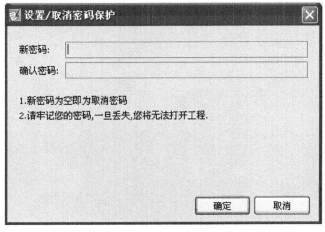

图7-47 设置密码

·综合实训练习·

1．通过市场调研，了解目前国内常用的算量软件和计价软件有哪些，并对各款软件的使用广泛程度作分析说明。

2．以一款算量软件为例，介绍软件算量操作流程。

3．以一款计价软件为例，介绍工程量清单和工程量清单计价编制流程。

8

— 工程造价管理相关法律法规 —

学习目标

1. 了解建筑工程发包与承包的内容；
2. 掌握建筑工程招标方式；
3. 了解招标程序；
4. 掌握合同法的基本原则；
5. 熟悉违约责任；
6. 熟悉担保方式及其概念。

8.1 建筑法 ▶

《建筑法》是调整建筑活动的法律规范。建筑活动是指各类房屋及其附属设施的建造和与其配套的线路、管道、设备的安装活动。

《建筑法》于1997年11月1日由第八届全国人民代表大会常务委员会第二十八次会议通过，自1998年3月1日起施行。2011年4月22日第十一届全国人大常委会第20次会议又做出了《关于修改〈中华人民共和国建筑法〉的决定》。该法从加强对建筑活动的监督管理、维护建筑市场秩序、保证建筑工程的质量和安全、促进建筑业健康发展为出发点，对以下方面做出了规定。

8.1.1 建筑许可

建筑许可包括工程施工许可和从业资格两个方面。《建筑法》第七条规定："建筑工程开工前，建设单位应当按照国家有关规定向工程所在地县级以上人民政府建设行政主管部门申请领取施工许可证；但是，国务院建设行政主管部门确定的限额以下的小型工程除外。"从业资格制度包含企业的资质许可制度和专业人员执业资格制度。《建筑法》规定：建筑工程企业必须经资质审查合格，取得相应等级的资质证书后，方可在其资质等级许可范围内从事建筑活动；从事建筑活动的专业技术人员，应当依法取得相应的执业资格证书，并在执业资格证书许可的范围内从事建筑活动。

8.1.2 建筑工程发包与承包

建筑工程招标发包，发包单位应当将建筑工程发包给依法中标的承包单位。对不适于招标发包的可以直接发包，发包单位应当将建筑工程发包给具有相应资质条件的承包单位。承包建筑工程的单位应当在其资质范围内承揽工程，对于大型建筑工程或结构复杂的建筑工程，可以由两个以上的承包单位联合共同承包，承担连带责任。两个以上不同资质等级的单位实行联合共同承包的，应当按照资质等级低的单位的业务许可范围承揽工程。建筑工程总承包单位可以将承包工程中的部分工程发包给具有相应资质条件的分包单位。但是，除总承包合同中已约定的分包外，必须经建设单位认可。施工总承包的，建设工程主体结构的施工必须由总承包单位自行完成。建筑工程的发包单位与承包单位应当依法订立工程合同，明确双方的权利义务。建设工程造价应当按照国家有关规定，由发包单位和承包单位在合同中约定。

8.1.3　建筑工程监理

国家推行建筑工程监理制度。所谓建筑工程监理，是指具有相应资质条件的工程监理单位受建设单位委托，依照法律、行政法规及有关的技术标准、设计文件和建筑工程承包合同，对承包单位在施工质量、建设工期和建设资金使用等方面，代表建设单位实施的监督管理活动。

实行监理的建筑工程，建设单位与其委托的工程监理单位应当订立书面委托合同。实施建筑工程监理前，建设单位应当将委托的工程监理单位、监理的内容及监理权限，书面通知被监理的建筑施工企业。工程监理单位应当根据建设单位的委托，客观、公正地执行监理任务。工程监理人员发现工程设计不符合建筑工程质量标准或者合同约定的质量要求的，应当报建设单位要求设计单位改正；认为工程施工不符合工程设计要求、施工技术标准和合同约定的，有权要求建筑施工企业改正。

8.1.4　建筑安全生产管理

建筑工程安全生产管理必须坚持安全第一，预防为主的方针，建立健全安全生产的责任制度和群防群治制度。施工现场安全由建筑施工企业负责。实行总承包的，由总承包单位负责。分包单位向总承包单位负责，服从总承包单位对施工现场的安全生产管理。建设单位、施工单位和设计单位三方应当以工程安全为目标加强安全管理与控制。另外，《建筑法》规定建筑施工企业必须为从事危险作业的职工办理意外伤害保险，支付保险费。

8.1.5　建筑工程质量管理

建筑工程法律关系主体要为工程质量管理承担的法律义务范围，包括建设单位不得违法要求指挥设计单位和施工单位在工程设计或者施工作业中，违反法律、行政法规和建筑工程质量、安全标准，降低工程质量；勘察、设计单位必须对其勘察、设计的质量负责；建筑施工企业必须承担工程施工质量、竣工验收合格及质量保修等义务。

因建设工程质量缺陷造成人身、缺陷工程以外的其他财产损害的，侵害人应按有关规定，给予受害人赔偿。

8.2　招投标法 ►►

为了规范招标投标活动，保护国家利益、社会公共利益和招标投标活动当事人的合法权益，提高经济效益，保证项目质量，全国人大于1999年8月30日颁布了《招标投标法》，将招标与投标活动纳入法制管理的轨道。《招标投标法》的基本宗旨是：招标和投标活动属于当事人在法律规定范围内自主进行的市场行为，但必须接受政府行政主管部门的监督。该法主要内容包括招标投标程序；招标人和投标人应遵循的基本规则；违反法律规定应承担的后果责任等。

8.2.1 招标范围

《招标投标法》规定，在中华人民共和国境内进行下列工程建设项目（包括项目的勘察、设计、施工、监理以及工程建设有关的重要设备、材料等的采购），必须进行招标：

①关系社会公共利益、公共安全的大型基础设施、公用事业等项目。

②全部或部分使用国有资金投资或者国家融资的项目。

③使用国际组织或外国政府贷款、援助资金的项目。

任何单位和个人不得将依法必须进行招标的项目化整为零或者以其他任何方式规避招标。依法必须进行招标的项目，其招标投标活动不受地区或者部门的限制。任何单位和个人不得违法限制或者排斥本地区、本系统以外的法人或者其他组织参加投标，不得以任何方式非法干涉招标投标活动。有关行政监督部门依法对招标投标活动实施监督，依法查处招标投标活动中的违法行为。

8.2.2 招标

8.2.2.1 招标方式

招标分为公开招标和邀请招标两种方式。招标人采用公开招标方式的，应当发布招标公告。依法必须进行招标的项目，应当通过国家指定的报刊、信息网络或者媒体发布招标公告。招标人采用邀请招标方式的，应当向3个以上具备承担招标项目的能力、资信良好的特定法人或者其他组织发出投标邀请书。

8.2.2.2 招标文件

招标人应当根据招标项目的特点和需要编制招标文件。招标文件不得要求或者标明特定的生产供应者以及含有倾向或者排斥潜在投标人的其他内容。招标人不得向他人透漏已获取招标文件的潜在投标人的名称、数量及可能影响公平竞争的有关招标投标的其他情况。招标人对发出的招标文件进行必要的澄清和修改的，应当在招标文件要求提交投标文件截止时间至少15日前，以书面形式通知所有招标文件收受人。该澄清或者修改的内容为招标文件的组成部分。

招标人设有标底的，标底必须保密。招标人应当确定投标人编制投标文件所需要的合理时间。依法必须进行招标的项目，自招标文件开始发出之日起至投标人提交投标文件截止之日止，最短不得少于20日。

8.2.2.3 投标

投标人应当具备承担招标项目的能力。国家有关规定对投标人资格条件或者招标文件对投标人资格条件有规定的，投标人应当具备规定的资格条件。

投标文件的内容：投标人应当按照招标文件的要求编制投标文件。投标文件应当对招标文件提出的实质性要求和条件做出响应。根据招标文件载明的项目实际情况，投标人如果准备在中标后将中标项目的部分非主体非关键工程进行分包的，应当在投标文件中载明。在招标文件要求提交投标文件的截止时间前，投标人可以补充、修改或者撤回已提交的投标文件，并书面通知招标人。补充、修改的内容为招标文件的组成部分。

投标文件的送达：投标人应当在招标文件要求提交投标文件的截止日期前，将投标文件送达投标地点。招标人收到投标文件后，应当签收保存，不得开启。投标人少于3个的，招标人应当根据《招标投标法》重新招标。在招标文件要求提交投标文件的截止时间后送达的投标文件，招标人应当拒收。

联合投标：两个以上法人或者其他组织可以组成一个联合体，以一个投标人的身份共同投标。联合体各方均应当具备规定的相应资格条件，由同一专业的单位组成的联合体，按照资质等级低的单位确定资质等级。联合体各方应当签订共同投标协议，明确约定各方拟承担的工作和责任，联合体各方应当共同与招标人签订合同，就中标项目向招标人承担连带责任。

投标人不得相互串通投标报价，不得排挤其他投标人的公平竞争，损害招标人或者其他投标人的合法权益。投标人不得与招标人串通投标，损害国家利益、社会公共利益或者他人的合法权益。投标人不得以低于成本的报价竞标，也不得以他人名义投标或者以其他方式弄虚作假，骗取中标。禁止投标人以向招标人或投标委员会成员行贿的手段谋取中标。

8.2.2.4 开标、评标和中标

1. 开标

开标应当在招标人的主持下，在招标文件确定的提交投标文件截止时间的同一时间、招标文件中预先确定的地点公开进行。应邀请所有投标人参加开标。开标时，由投标人或者其推选的代表检查投标文件的密封情况，也可以由招标人委托的公证机构检查并公证。经确认无误后，由工作人员当众拆封，宣读投标人名称、投标价格和投标文件的其他主要内容。开标过程应当记录，并存档备查。

2. 评标

评标由招标人依法组建的评标委员会负责。评标委员会成员人数为5人以上的单数，由技术、经济（不得少于成员总数的2/3）等方面的专家组成。评标委员会可以要求投标人对投标文件中含义不明确的内容做出必要的澄清或者说明。招标人应当采取必要的措施，保证评标在严格保密的情况下进行。评标委员会应当按照招标文件确定的评标标准和方法，对投标文件进行评审和比较。设有标底的应当参考标底。

《招标投标法》规定，中标人的投标应当符合下列条件之一：

①能够最大限度地满足招标文件中规定的各项综合评价标准。

②能够满足招标文件的实质性要求，并且经评审的投标价格最低；但是投标价格低于成本的除外。

3. 中标

中标人确定后，招标人应当向中标人发出中标通知书，并同时将中标结果通知所有未中标的投标人。中标通知书对招标人和中标人具有法律效力。

招标人和中标人应当自中标通知书发出之日起30日内，按照招标文件和中标人的投标文件订立书面合同。招标人和中标人不得再订立背离合同实质性内容的其他协议。招标文件要求中标人提交履行保证金的，中标人应当提交。依法必须进行招标的项目，招标人应当自确定中标人之日起15日内，向有关行政监督部门提交招标投标情况的书面报告。

8.3 合同法 ▶▶

8.3.1 合同法的基本概念

合同法是调整平等主体的自然人、法人、其他组织之间设立、变更、终止民事权利义务关系的法律规范的总称。全国九届人大三次全体会议于1999年3月15日通过了《合同法》，并于1999年10月1日起施行。《合同法》分为总则和分则两部分，共二十三章四百二十八条，其中总则部分有八章，主要涉及合同的订立、履行、变更和转让、违约责任等内容，是对合同行为的原则性和一般性的规定，对于所有种类的合同具有普遍意义；而《合同法》分则部分是针对十五种不同种类的合同所做的具体的规定。

8.3.2 合同法的基本原则

8.3.2.1 平等、自愿原则

《合同法》规定："合同当事人的法律地位平等。"当事人无论什么身份，其在合同关系中相互之间的法律地位是平等的，都是独立的、享有平等主体资格的合同当事人。法律地位平等是自愿原则的前提。

自愿原则是《合同法》的重要基本原则，合同当事人通过协商，自愿确立和调整相互之间的权利义务关系。签订合同是民事法律行为，除法律强制性的规定外，均由当事人自愿约定。

8.3.2.2 公平、诚实信用原则

《合同法》规定："当事人应当遵循公平原则确定各方的权利和义务"；"当事人行使权利、履行义务应当遵循诚实信用原则。"公平、诚实信用原则，要求当事人在订立和履行合同，以及合同终止后的全过程中，都要讲诚实，重信用，相互协作，不得滥用权力。在订立合同时，应当遵循公平原则确定双方的权利和义务，不得欺诈，不得假借订立合同恶意进行磋商或其他违背诚实信用的行为；在履行合同过程中，当事人应当遵循诚实信用的原则，根据合同的性质、目的和交易习惯履行法定和约定的各项义务；在合同法律关系终止后，当事人也应当遵循诚实信用原则，根据交易习惯履行通知、协助和保密等后契约义务。

8.3.2.3 遵守法律、维护社会公共利益的原则

《合同法》规定："当事人订立、履行合同，应当遵守法律、行政法规，尊重社会公德，不得扰乱社会经济秩序，损害社会公共利益。"在社会活动中，合同的订立和履行，属于合同当事人之间的民事权利义务关系，主要涉及当事人的利益，依据平等、自愿原则，由当事人自主约定，国家一般不予干预。但是，合同有时会涉及社会公共利益。当事人不应把自愿原则绝对化，应当看到，遵守法律和自愿原则是不矛盾的，自愿是以遵守法律、不损害社会公共利益为前提；同时，只有遵守合同法，依法办事，才能更好地体现和保护当事人的自愿原则。

8.3.2.4 依法成立的合同对当事人具有约束力的原则

《合同法》规定："依法成立的合同，对当事人具有法律约束力。当事人应当按照约定履行自己的义务，不得擅自变更或者解除合同。"订立合同实行自愿原则，但依法成立的合同，对当事人具有法律约

束力，受法律保护。当事人应按照合同的约定履行各自的义务，如果不履行合同义务或者履行合同义务不符合约定，必须承担违约责任或者受到法律制裁。

8.3.3 合同的订立

8.3.3.1 合同当事人的主体资格

《合同法》第九条规定："当事人订立合同，应当具有相应的民事权利能力和民事行为能力。当事人依法可以委托代理人订立合同。"

1. 法人或其他组织必须依法订立合同

法人和其他组织一般都具有订立合同的行为能力，但由于对法人和其他组织，在法律上都规定有其特定的经营、业务活动范围，也即法人和其他组织的权利能力，依法具有单体的特定性。因此，法人和其他组织在订立合同时，必须按照依法具有的权利能力行事，方能产生有效的合同。如果法人和其他组织超越经营范围或者业务范围而订立合同，就有可能导致合同无效。

2. 委托代理人订立合同

法律规定，当事人在订立合同时，由于主观或客观原因，不能由法人的法定代表人、其他组织的负责人亲自签订时，可以依法委托代理人订立合同。代理人代理授权人、委托人签订合同时，应向第三人出示授权人签发的授权委托书，并在授权委托书写明的授权范围内订立合同。

8.3.3.2 合同的形式

合同的形式，指合同当事人双方对合同的内容、条款经过协商，做出共同的意思表示的具体方式。《合同法》规定："当事人订立合同，有书面形式、口头形式和其他形式。""书面形式是指合同书、信件和数据电文（包括电报、电传、传真、电子数据交换和电子邮件）等有形地表现所载内容的形式。"

8.3.3.3 合同的内容

合同的内容是指由合同当事人约定的合同条款。《合同法》规定，合同的内容由当事人约定，一般包括以下条款：

（1）当事人的名称或者姓名和住所。

（2）标的，是指合同当事人双方权利和义务共同指向的事物，即合同法律关系的客体。标的可以是货物、劳务、工程项目或者货币等。例如，建筑工程合同的标的是工程建设项目，委托合同的标的是委托人委托受托人处理委托事务等。

（3）数量，是指计算标的的尺度，是把标的定量化，以便确立合同当事人之间的权利和义务的量化指标，从而计算价款或报酬。

（4）质量，是指标的物内在特殊物质属性和一定的社会属性，是标的物性质差异的具体特征。它是标的物价值和使用价值的集中表现，直接关系到生产的安全和人身的健康等。当事人签订合同时，必须对标的物的质量做出明确的规定。

（5）价款或者报酬。价款指当事人一方为取得对方出让的标的物，而支付给对方一定数额的货币；报酬指当事人一方为对方提供劳务、服务等，从而向对方收取一定数额的货币和报酬。

（6）履行期限、地点和方式。履行期限是指当事人交付标的和支付价款或报酬的日期，即依据合同的约定，权利人要求义务人履行义务的请求权发生的时间。履行地点是指当事人交付标的和支付价款或报酬的地点，包括标的交付、提取地点；服务、劳务或工程项目建设的地点；价款或报酬结算的地点等。履行方式是指合同当事人双方约定以哪种方式转移标的物和结算价款。

（7）违约责任，是指合同当事人约定一方或双方不履行或不完全履行合同义务时，必须承担的法律责任。违约责任包括支付违约金、偿付赔偿金以及发生意外事故的处理等其他责任。

（8）解决争议的方法，是指合同当事人选择解决合同纠纷的方式、地点等。根据我国法律的有关规定，当事人解决合同争议时，实行"或裁或审制"，即当事人可以在合同中约定选择仲裁机构或人民法院解决争议；当事人可以就仲裁机构或诉讼的管辖机关的地点进行议定选择。

8.3.3.4　合同示范文本与格式条款合同

1. 合同示范文本

合同示范文本指由一定机关事先拟定的对当事人订立相关合同起示范作用的合同文本。此类合同文本中的合同条款有些内容是拟定好的，有些内容需要当事人双方协商一致填写的。合同的示范文本只对当事人订立合同时参考使用，因此，它与格式合同不同。《合同法》规定："当事人可以参照各类合同的示范文本订立合同。"

2. 格式条款合同

格式条款合同指合同当事人一方（如某些垄断性企业）为了重复使用而事先拟定出一定格式的文本。文本中的合同条款在未与另一方协商一致的前提下已经确定且不可更改。

《合同法》为了维护公平原则，确保格式条款合同文本中相对人的合法权益，对格式条款合同做了专门的限制性规定：

（1）采用格式条款订立合同的，提供格式条款的一方应当遵循公平原则确定当事人之间的权利和义务，并采取合理的方式提请对方注意免除或者限制其责任的条款，按照对方的要求，对该条款予以说明。

（2）格式条款合同中具有提供格式条款一方免除其责任、加重对方责任、排除对方主要权利等情形的，该条款无效。

（3）对格式条款的理解发生争议的，应当按照通常理解予以解释。对格式条款有两种以上解释的，应当做出不利于提供格式条款一方的解释。格式条款和非格式条款不一致的，应当采用非格式条款。

8.3.3.5　合同成立

《合同法》规定，当事人采用合同书形式订立合同的，自双方当事人签字或者盖章时合同成立。当事人采用信件、数据电文等形式订立合同的，可以在合同成立之前要求签订确认书。签订确认书时合同成立。

法律、行政法规规定或者当事人约定采用书面形式订立合同，当事人未采用书面形式但一方已经履行主要义务，对方接受的，该合同成立。采用合同书形式订立合同，在签字或盖章之前，当事人一方已履行主要义务，对方接受的，该合同成立。

8.3.3.6　缔约过失

缔约过失是指合同订立过程中，当事人一方因未履行依据诚实信用原则应承担的义务，而导致当事人另一方受到损失，应承担相应民事责任，即缔约过失责任。《合同法》规定当事人在订立合同过程中有下列情形之一，给予对方造成损失的，应当承担损害赔偿责任：

（1）假借订立合同，恶意进行磋商。

（2）故意隐瞒与订立合同有关的重要事实或者提供虚假情况。

（3）有其他违背诚实信用原则的行为。

8.3.4　合同的效力

8.3.4.1　合同生效的概念及法律规定

合同生效，是指合同当事人依据法律法规经协商一致，取得同意，双方订立的合同即发生法律效力。《合同法》规定："依法订立的合同，自成立时生效。法律、行政法规规定应当办理批准、登记等手续生效的，依照其规定。"有些合同在成立之后，并非立即产生法律效力，而是需要其他条件成就之后，才开始生效。

8.3.4.2　合同无效的概念及法律规定

合同无效是指虽经合同当事人协商订立，但因其不具备或违反了法定条件，国家法律规定不承认其效力的合同。《合同法》规定有下列情形之一的，合同无效：

（1）一方以欺诈、胁迫的手段订立合同，损害国家利益。

（2）恶意串通，损害国家、集体或者第三人利益。

（3）以合法形式掩盖非法目的。

（4）损害社会公共利益。

（5）违反法律、行政法规的强制性规定。

当事人订立的合同，凡不符合或者违反了法定条件，即使合同成立，均不产生合同的法律效力，而属于无效合同或者可撤销的合同、效力待定的合同。

8.3.4.3　合同中免责条款无效的法律规定

合同中免责条款，指当事人在合同中约定免除或者限制其未来责任的合同条款。免责条款无效是指没有法律约束力的免责条款。《合同法》规定合同中的下列免责条款无效：

（1）造成对方人身伤害的。

（2）因故意或者重大过失造成对方财产损失的。

上述两种情况的免责无效原因：一是这两种行为具有一定的社会危害性和法律的谴责性；二是这两种行为都可能构成侵权行为责任。如果当事人约定这种侵权行为可以免责，等于以合同的方式剥夺了当事人的合同以外的合法权利。

8.3.4.4　当事人请求人民法院或仲裁机构变更或撤销的合同

《合同法》规定下列合同当事人一方有权请求人民法院或者仲裁机构变更或者撤销：

（1）因重大误解订立的。

（2）在订立合同时显失公平的。

一方以欺诈、胁迫的手段或者乘人之危，使对方在违背真实意思的情况下订立的合同，受损害方有权请求人民法院或者仲裁机构变更或者撤销。当事人请求变更的，人民法院或者仲裁机构不得撤销。

可变更、可撤销合同是指当事人所订立的合同欠缺一定的生效条件，但当事人一方可以依照自己的意思使合同的内容变更或者使合同的效力归于消灭的合同。在实践中，使合同的内容变更就是使违背当事人一方真实意思表示的那部分内容的效力消灭，也就是对合同部分内容的撤销。

可撤销合同的特征：一是是否使可撤销合同的效力消灭，取决于撤销权人的意思，撤销权人以外的人无权撤销合同；二是可撤销合同在未被撤销以前属于有效合同；三是撤销权一旦行使，可撤销的合同原则上溯及其成立之时的效力消灭。

8.3.4.5 无效的合同或被撤销的合同法律效力

无效的合同或被撤销的合同的法律效力问题，是合同的效力的重要内容，当事人订立的权利和义务的全部结束。

1. 合同自始无效和部分无效

（1）自始无效。指合同一旦被确认为无效或者被撤销，即将产生溯及力，使合同从订立时起即不具有法律约束力。

（2）合同部分无效。指合同的部分内容无效，即无效或者被撤销而宣告无效的只涉及合同的部分内容，那么，合同的其他部分仍然有效。

2. 合同无效、被撤销或终止时，有关解决争议的条款的效力

《合同法》规定："合同无效、被撤销或者终止时，不影响合同中独立存在的有关解决争议方法的条款的效力。"依照规定，合同中关于解决争议的方法条款的效力具有相对的独立性，不受合同无效、变更或者终止的影响。

8.3.5　合同的履行

合同履行是指合同当事人双方依据合同条款的规定，实现各自享有的权利，并承担各自负有的义务。合同的履行是合同当事人在合同生效后，按全面履行、适当履行原则完成合同义务的行为。

（1）合同履行中条款空缺的法律适用。

合同条款空缺指合同生效后，当事人对合同条款约定的缺陷，依法采取完善或妥善处理的法律行为。《合同法》规定："合同生效后，当事人就质量、价款或者报酬、履行地点等内容没有约定或者约定不明确的，可以协议补充；不能达成补充协议的，按照合同有关条款或者交易习惯确定。"

（2）合同内容不明确，又不能达成补充协议时的法律适用对合同内容条款约定不明但并不影响其效力的合同，基于公平的原则，《合同法》直接做出了规定用以弥补当事人不明确做出意思表示的不足，使合同合理、确定并便于履行。

（3）合同中规定执行政府定价或政府指导价的法律适用。

《合同法》规定："执行政府定价或者政府指导价的，在合同约定的交付期限内政府价格调整时，按照交付时的价格计价。逾期交付标的物的，遇价格上涨时，按照原价格执行；价格下降时，按照新价格执行。逾期提取标的物或者逾期付款的，遇价格上涨时，按照新价格执行；价格下降时，按照原价格执行。"

（4）合同生效后当事人姓名、名称变更或法定代表人、负责人、承办人变动的法律适用。

《合同法》规定："合同生效后，当事人不得因姓名、名称的变更或者法定代表人、负责人、承办人的变动而不履行合同义务。"此项法律规定明确了合同履行中当事人的姓名、名称的变更或者法定代表人、负责人、承办人的变动，不属于合同主体的变动，因此，合同的效力不受影响。

8.3.6 合同的变更

8.3.6.1 合同变更

合同变更指合同依法成立后，在尚未履行或尚未完全履行时，当事人依法通过协商，对合同的内容进行修订或调整所达成的协议。合同变更时，当事人应对通过协商，对原合同的部分内容条款做出修改、补充或增加新的条款。当事人对合同内容变更取得一致意见时方为有效。法律、行政法规规定变更合同应当办理批准、登记等手续的，依照其规定。当事人对合同变更的内容约定不明确的，推定为未变更。

8.3.6.2 合同当事人合并、分立后的债权债务关系

《合同法》规定："当事人订立合同后合并的，由合并后的法人或者其他组织行使合同权利，履行合同义务。当事人订立合同后分立的，除债权人和债务人另有约定的以外，由分立的法人或者其他组织对合同的权利和义务享有连带债权，承担连带债务。"

8.3.7 合同的权利义务终止

8.3.7.1 合同终止的概念及法律规定

合同终止是指合同当事人双方依法使相互间的权利义务关系终止，即合同关系消灭。在现实的交易活动中，合同终止的原因绝大多数是属于"债务已经按照约定履行"。其次，发生合同解除、债务相互抵销；债务人依法将标的物提存、债权人免除债务、债权债务同归于一人等规定情况的，合同的权利义务终止。

8.3.7.2 合同解除的概念及法律规定

合同解除，指合同当事人依法行使解除权或者双方协商一致，提前解除合同效力的行为。合同解除包括约定解除和法定解除。

1. 约定解除合同

《合同法》规定：当事人协商一致，可以解除合同。当事人可以约定一方解除合同的条件，解除合同的条件成立时，解除权人可以解除合同。

2. 法定解除合同

《合同法》规定：有下列情况之一的，当事人可以解除合同：

（1）因不可抗力致使不能实现合同目的。

（2）在履行期限届满之前，当事人一方明确表示或者以自己的行为表明不履行主要债务。

（3）当事人一方迟延履行主要债务，经催告后在合理期限内仍未履行。

（4）当事人一方迟延履行债务或者有其他违约行为致使不能实现合同目的。

（5）法律规定的其他情形。

3. 合同解除的法律后果

《合同法》规定："合同解除后，尚未履行的，终止履行；已经履行的，根据履行情况和合同性质，当事人可以要求恢复原状、采取其他补救措施，并有权要求赔偿损失。"

4. 合同终止后的结算和清理

《合同法》规定："合同的权利义务终止，不影响合同中结算和清理条款的效力。"合同终止，并不

是合同责任的终止，如果因当事人一方严重违约而引起另一方要求解除合同，合同因解除而终止时，违约方并不能因合同终止而不承担违约责任，例如当事人一方享有要求违约方承担损害赔偿的权利。

8.3.8 违约责任

违约责任指合同当事人因违反合同的规定及约定所应承担的继续履行、采取补救措施或者赔偿损失等民事责任。违约责任制度是保障债权实现及债务履行的重要措施，它与合同债务有密切关系。合同债务是违约责任的前提，违约责任制度的设立又能督促债务人履行债务。没有违约责任制度，合同的法律约束力就会落空。

8.3.8.1 当事人违约及违约责任的形式

1. 当事人违约及违约责任的法律规定

《合同法》规定："当事人不履行合同义务或履行合同义务不符合约定的，应当承担继续履行、采取补救措施或者赔偿损失等违约责任。"不履行合同义务是指合同当事人不能履行或者拒绝履行合同义务；履行合同义务不符合约定，既不适当履行，包括不履行以外的一切违反合同义务的情形。当事人不履行合同义务或履行合同义务不符合约定时，要承担违约责任。只有不可抗力的原因方可免责。

2. 当事人承担违约责任的方式

（1）继续履行合同。指违反合同的当事人不论是否已经承担赔偿金或者违约金责任，都必须根据对方的要求，在自己能够履行的条件下，对原合同未履行的部分继续履行。

（2）采取补救措施。指在违约责任的事实发生后，为防止损失发生或者扩大，而由违反合同行为人采取修理、重作、更换等措施。

（3）赔偿损失。旨当事人一方违反合同造成对方损失时，应以其相应价值的财产予以赔偿。赔偿损失应以实际损失为依据。

8.3.8.2 当事人以明示或行为表明不履行合同义务的法律责任

当事人明确表示不履行合同的义务，即当事人拒绝履行的意思表示。当事人以自己的行为表明不履行合同义务的，指当事人一方通过自己的行为使对方有确切的证据预见到其在履行期届满时将不履行或者不能履行合同的主要义务。《合同法》规定："当事人一方明确表示或者以自己的行为表明不履行合同义务的，对方可以在履行期限届满之前要求其承担违约责任。"

8.3.8.3 当事人未支付价款或者报酬的违约责任

《合同法》规定："当事人一方未支付价款或者报酬的，对方可以要求其支付价款或者报酬。"支付价款或报酬是以给付货币形式履行的债务，民法上称之金钱债务。对于金钱债务的违约责任，一是债权人有权请求债务人履行债务，即继续履行；二是债权人可以要求债务人支付违约或逾期利息。

8.3.8.4 当事人履行非金钱债务的违约责任

非金钱债务是指除了以金钱作为标的的债务以外的债务，此类债务的标的包括金钱以外的物、行为和智力成果。《合同法》规定当事人一方不履行非金钱债务或者履行非金钱债务不符合约定的，对方可以要求履行，但有下列情况之一的除外：

（1）法律上或者事实上不能履行。

（2）债务的标的不适于强制履行或者履行费用过高。

（3）债权人在合理期限内未要求履行。债权人要求履行指债权人要求未履行债务的债务人继续履行其债务。如果债务人仍不履行时，债权人可以请求强制履行。

8.3.8.5 当事人违反质量约定的违约责任

《合同法》规定："质量不符合约定的，应当按照当事人的约定承担违约责任。对违约责任没有约定或约定不明确，依照本法第六十一条规定仍不能确定的，受损害方根据标的的性质以及损失的大小，可以和选择要求对方承担修理、更换、退货、减少价格或者报酬等违约责任。"

8.3.8.6 当事人一方违约给对方造成其他损失的法律责任

《合同法》规定："当事人一方不履行合同义务或者履行合同义务不符合约定的，在履行义务或者采取补救措施后，对方还有其他损失的，应当赔偿损失。"

8.3.8.7 当事人违约承担责任的赔偿额

《合同法》规定："当事人一方不履行合同义务或者履行合同义务不符合约定，给对方造成损失的，损失赔偿额应当相当于因违约所造成的损失，包括合同履行后可以获得的利益，但不得超过违反合同一方订立合同时预见到的因违反合同可能造成的损失。经营者对消费者提供商品或者服务有欺诈行为的，依照《中华人民共和国消费者权益保护法》的规定承担损害赔偿责任。"

8.3.8.8 违约金及赔偿金

《合同法》规定：当事人可以约定一方违约时应当根据违约情况向对方支付一定数额的违约金，也可以约定因违约产生的损失赔偿额的计算方法。约定的违约金低于造成的损失的，当事人可以请求人民法院或者仲裁机构予以适当减少。法律规定，违约人支付违约金后并不当然免除继续履行的义务，权利人要求继续履行时，而违约人有继续履行能力的，必须继续履行其义务。

违约金，是指当事人在合同中或合同订立后约定因一方违约而应当向另一方支付一定数额的金钱。违约金可分为约定违约金和法定违约金。违约金的根本属性是其制裁性，此外还具有补偿性。

赔偿金，即约定赔偿额，是指当事人在订立合同时，预先约定一方因违约给对方造成损失时，向对方支付一定数额的金钱或者约定损失赔偿的计算方法。赔偿金的根本属性是以实际损失为前提的补偿性。

8.3.8.9 定金担保和既约定违约金又约定定金的法律规定

定金，是合同当事人一方预先支付给对方的款项，其目的在于担保合同债权的实现。定金是债权担保的一种形式。合同当事人对定金的约定是一种从属于被担保债权所依附的合同的从合同。

《合同法》规定："当事人可以依照《中华人民共和国担保法》约定一方向对方给付定金作为债权的担保。债务人履行债务后，定金应当抵作价款或者回收。给付定金的一方不履行约定的债务的，无权要求返还定金，收受定金的一方不履行约定的债务的，应当双倍返还定金。"

《合同法》规定："当事人既约定违约金，又约定定金的，一方违约时，对方可以选择适用违约金或者定金条款。"法律规定如果合同中既有约定违约金，又有约定定金的情形下，当事人只能在违约金与定金条款中选择一种方式，保护其合法权益。

8.3.8.10 不可抗力事件发生的免责规定

不可抗力是指不能预见、不能避免并不能克服的客观情况。"不可抗力事件"，指当事人在订立合同时不能预见、对其发生和后果不能避免并不能克服的事件。不可抗力事件具体表现为自然灾害事件、政府特定行为和社会异常事件等。

《合同法》规定：因不可抗力不能履行合同的，根据不可抗力的影响，部分或者全部免除责任，但法律另有规定的除外。当事人迟延履行后发生不可抗力的，不能免除责任。

8.3.8.11　合同当事人一方违约后相对人的减损义务

《合同法》规定：当事人一方违约后，对方应采取适当措施防止损失的扩大；没有采取适当措施致使损失扩大的，不得就扩大的损失要求赔偿。当事人因防止损失扩大而支出的合理费用，由违约方承担。

8.3.8.12　当事人双方相互违约的责任承担

《合同法》规定："当事人双方都违反合同的，应当各自承担相应的责任。"

8.3.8.13　当事人因第三人原因而违约的责任承担

《合同法》规定："当事人一方因第三人的原因造成违约的，应当向对方承担违约责任。当事人一方和第三人之间的纠纷，依照法律规定或者按照约定解决。"

依照上述规定，因第三人的原因造成的违约事实，仍由合同当事人一方承担违约责任。这是由合同的相对性原则决定的。依据合同相对性，只有合同当事人才有权向相对人提出履行的请求，或者向相对人承担义务，其他任何第三人不承担任何合同中的义务，所以，第三人的行为不构成合同违约行为。

债务人与第三人之间的纠纷依照法律规定或者依据约定解决。债务人与第三人之间的关系属于另一独立的法律关系，应当依照有关法律规定另行解决。

8.3.9　合同争议的解决

合同争议是指合同当事人之间对合同履行状况和合同违约责任承担等问题所产生的意见分歧。合同争议的解决方式有和解、调解、仲裁或者诉讼。《合同法》规定，当事人可以通过和解或调解解决合同争议。当事人不愿和解、调解或和解、调解不成的，可以根据仲裁协议向仲裁机构申请仲裁。当事人没有订立仲裁协议或者仲裁协议无效的，可以向人民法院起诉。

8.4　建筑工程发包与承包计价管理办法 ▶

随着我国建筑业的快速发展，建筑工程领域发承包交易量不断增加，市场竞争加剧的同时，也出现了许多不规范的计价行为。尤其是实行工程量清单计价改革后，原建设部2001年12月1日颁布的第107号令《建筑工程施工发包与承包计价管理办法》已显得严重滞后。为进一步规范建筑工程施工计价行为，维护建筑工程发包与承包双方的合法权益，促进建筑市场的健康发展，住房和城乡建设部2013年12月11日颁布了新的第16号令《建筑工程施工发包与承包计价管理办法》（以下简称"《发包与承包计价管理办法》"），自2014年2月1日起施行，原107号令同时废止。《发包与承包计价管理办法》对工程造价的计价范围、计价原则、计价依据、计价方法、价款约定、价款调整、价款支付、价款结算、竣工决算等一系列计价行为做出了详细的规定，对规范工程建设各方主体工程造价计价行为，推行工程量清单计价制度，巩固建筑工程计价模式改革成果，控制工程成本和提高投资效益，强化国有投资工程的造价管理，预防和化解发、承包计价纠纷，加强政府监督检查，具有重要的现实意义。

8.4.1 建筑工程施工发包与承包计价内容

建筑工程施工发包与承包计价是指工程建设单位（或总承包单位）将建筑工程施工的全部或一部分通过招标或其他方式，交付给具有从事建筑施工活动相应资质的单位完成，并按约定的计价原则、计价依据、计算方法等确定工程造价的活动。《发包与承包计价管理办法》规定，工程发承包计价内容包括编制工程量清单、最高投标限价、招标标底、投标报价，进行工程结算，以及签订和调整合同价款等活动。

8.4.2 确立市场决定工程造价的机制

在计划经济体制下，建筑工程造价形成是基于政府定价的。改革开放后，随着我国社会主义市场经济体制逐步形成，工程造价管理体制改革的深入，投资体制走向多元化格局，工程造价形成机制也发生了质的变革。尤其是《建筑法》和《招标投标法》的颁布为工程造价形成的市场化机制铺平了道路。《发包与承包计价管理办法》规定，"建筑工程施工发包与承包价在政府宏观调控下，由市场竞争形成"。所谓市场决定工程造价的机制，即在政府宏观调控下，建设单位依法进行施工项目招标，施工单位自主报价；经过充分竞争，招标单位与中标单位根据中标价订立合同；同时，工程发承包计价应当遵循公平、合法和诚实信用的原则。不实行招标投标的工程由发承包双方协商订立合同。

但是，企业自主报价和市场竞争定价并不意味着自由报价和自由定价，报价和定价要在政府宏观调控下进行。政府宏观调控主要体现在：报价和定价行为受法律、法规、规章、制度的约束；报价和定价必须遵循政府制定的技术经济标准；对与关系民生、影响安全和质量、侵害当事人合法权益等有关的计价行为进行干预。

8.4.3 对国有和非国有资金投资的工程项目的计价实行差异性管理

《合同法》规定："当事人依法享有自愿订立合同的权利，任何单位和个人不得非法干预。"《中华人民共和国企业国有资产法》规定："国家出资企业与他人交易应当公平、有偿，取得合理计价。"《招标投标法》规定："全部使用或者部分使用国有资金投资的项目必须进行招标。"基于上述法律原则，《发包与承包计价管理办法》规定对国有和非国有资金投资的工程项目的计价实行差异性管理：

（1）全部使用国有资金投资或者以国有资金投资为主的建筑工程应当采用工程量清单计价；非国有资金投资的建筑工程，鼓励采用工程量清单计价。

（2）国有资金投资的建筑工程招标的，应当设有最高投标限价；非国有资金投资的建筑工程招标的，可以设有最高投标限价或者招标标底。

（3）国有资金投资建筑工程的发包方，应当委托具有相应资质的工程造价咨询企业对竣工结算文件进行审核，并在收到竣工结算文件后的约定期限内向承包方提出由工程造价咨询企业出具的竣工结算文件审核意见；逾期未答复的，按照合同约定处理，合同没有约定的，竣工结算文件视为已被认可。

非国有资金投资的建筑工程发包方，应当在收到竣工结算文件后的约定期限内予以答复，逾期未答复的，按照合同约定处理，合同没有约定的，竣工结算文件视为已被认可；发包方对竣工结算文件有异议的，应当在答复期内向承包方提出，并可以在提出异议之日起的约定期限内与承包方协商；发包方在协商期内未与承包方协商或者经协商未能与承包方达成协议的，应当委托工程造价咨询企业进行竣工结算审核，并在协商期满后的约定期限内向承包方提出由工程造价咨询企业出具的竣工结算文件审核意见。

8.4.4　落实最高投标限价制度

为了提高招标公开透明度，防止暗箱操作，有效控制投资总额，防止高价围标，2012年2月实施的国务院《招标投标法实施条例》设定了最高投标限价制度，规定投标人的投标报价高于最高投标限价的，应否决其投标。最高投标限价即招标控制价，是根据国家或省级住房城乡建设主管部门颁发的有关计价依据和办法，依据拟订的招标文件和招标工程量清单，结合工程具体情况编制、发布的招标工程的最高投标限价。标底是指招标人对招标项目所计算的一个期望交易的价格。招标控制价与标底的实质区别在于，标底是招标工程期望获得的中标价，所以要求其高度保密，而招标控制价是一个对投标价格限定的最高价，投标报价在其以下即可，可以公开发布，供投标人参考。《发包与承包计价管理办法》除将最高投标限价纳入调整范围外，对最高投标限价还做了如下规定：

（1）最高投标限价及其成果文件，应当由招标人报工程所在地县级以上地方人民政府住房城乡建设主管部门备案。

（2）最高投标限价应当依据工程量清单、工程计价有关规定和市场价格信息等编制。

（3）招标人设有最高投标限价的，应当在招标时公布最高投标限价的总价，以及各单位工程的分部分项工程费、措施项目费、其他项目费、规费和税金。

（4）投标报价不得低于工程成本，不得高于最高投标限价。投标报价低于工程成本或者高于最高投标限价总价的，评标委员会应当否决投标人的投标。

8.4.5　推广工程造价咨询制度，对建筑工程项目实行全过程造价管理

根据住房和城乡建设部《2013年工程造价咨询统计公报》，我国拥有的工程造价咨询企业近6 800家，工程造价咨询企业从业人员近335 000人，工程造价咨询营业总收入419.6亿元。工程造价咨询制度已成为我国建设项目投资管理、工程审计以及司法鉴定的有效手段。通过委托专业的造价咨询企业协助投资决策和工程造价控制，符合国际惯例和我国投资管理体制改革方向，对提高投资效益有着重要作用。因此，《发包与承包计价管理办法》提出要在我国工程建设领域推广工程造价咨询制度。

与此同时，《发包与承包计价管理办法》还要求工程造价咨询企业提升咨询服务水平，推行建筑工程项目全过程造价管理咨询方式。所谓全过程造价管理咨询是指工程造价咨询企业受委托方的委托，运用工程造价管理的知识和技术，为寻求解决建设项目的决策、设计、交易、施工、结算等各个阶段工程造价管理的最佳途径而提供的智力服务。近几年，建设项目全过程造价管理咨询方面取得了良好的效果，它与建设工程整体化管理理论有着异曲同工的作用。2008年江苏省建设工程造价管理总站将设计、交易、施工、决算阶段组合在一起，制定了《江苏省建设项目实施阶段造价咨询指导规程（试行）》。中国建设工程造价管理协会于2009年发布了《建设项目全过程造价咨询规程》（CECA/GC4－2009），将全过程咨询分为决策、设计、交易、施工、决算五个阶段，对各阶段咨询内容、依据、程序、方法、质量、成果进行了规范。咨询方可以根据委托方的要求，将各阶段的内容进行组合或分割，提供全过程或分阶段的咨询服务。

8.4.6 强化政府对发包与承包计价活动的监督

市场决定工程造价的机制并不排斥政府对发包与承包计价的监督管理，在充分发挥市场机制作用的同时，政府对工程计价活动必须进行适度、有效的监督管理，培育依法、公平、合理、诚信的市场环境。《发包与承包计价管理办法》规定：

（1）县级以上地方人民政府住房城乡建设主管部门负责本行政区域内工程发承包计价工作的管理。其具体工作可以委托工程造价管理机构负责。

（2）县级以上地方人民政府住房城乡建设主管部门应当依照有关法律、法规和本办法规定，加强对建筑工程发承包计价活动的监督检查和投诉举报的核查，并有权采取下列措施：

①要求被检查单位提供有关文件和资料；

②就有关问题询问签署文件的人员；

③要求改正违反有关法律、法规、本办法或者工程建设强制性标准的行为。

（3）建立最高投标限价和竣工结算价的备案制度。为规范合同订立、督促合同履行，减少合同纠纷，掌握造价争议调解依据，收集建筑工程价格信息，《发包与承包计价管理办法》规定，最高投标限价及其成果文件，应当由招标人报工程所在地县级以上地方人民政府住房城乡建设主管部门备案；竣工结算文件应当由发包方报工程所在地县级以上地方人民政府住房城乡建设主管部门备案。但该两项备案制度不属于行政许可事项，实施时应避免把该备案制度变相当成行政许可。

（4）依法处理发包与承包计价活动中的违法违规行为：

①造价工程师在最高投标限价、招标标底或者投标报价编制、工程结算审核和工程造价鉴定中，签署有虚假记载、误导性陈述的工程造价成果文件的，记入造价工程师信用档案，依照《注册造价工程师管理办法》进行查处；构成犯罪的，依法追究刑事责任。

②工程造价咨询企业在建筑工程计价活动中，出具有虚假记载、误导性陈述的工程造价成果文件的，记入工程造价咨询企业信用档案，由县级以上地方人民政府住房城乡建设主管部门责令改正，处1万元以上3万元以下的罚款，并予以通报。

③国家机关工作人员在建筑工程计价监督管理工作中玩忽职守、徇私舞弊、滥用职权的，由有关机关给予行政处分；构成犯罪的，依法追究刑事责任。

8.5 其他相关法律法规 ▶

8.5.1 担保制度

8.5.1.1 担保与担保法

1. 担保的概念

担保，是合同的当事人双方为了使合同能够得到全面按约履行，根据法律、行政法规的规定，经双方协商一致而采取的一种具有法律效力的保护措施。

2. 担保法

担保法，指调整债务人、担保人与债权人之间所发生的民商事关系的法律规范的总称。1995年6月30日第八届全国人大常委会第十四次会议通过，并于1995年10月1日起施行的《中华人民共和国担保法》（以下简称《担保法》，是规范担保活动的专门法律。该法共七章九十六条，明确了担保的基本方法。

《担保法》规定的担保方式有五种，即保证、抵押、质押、留置和定金。

8.5.1.2　保证

1. 保证

指保证人和债权人约定，当债务人不履行债务时，保证人按照约定履行债务或承担责任的行为。

2. 保证人

保证人须具有代为清偿债务能力的人，既可以是法人也可以是其他组织或公民。下列人不可以做保证人。

（1）国家机关不得做保证人，但经国务院批准为使用外国政府或国际经济组织贷款而进行的转贷除外。

（2）学校、幼儿园、医院等以公益为目的的事业单位、社会团体不得做保证人。

（3）企业法人的分支机构、职能部门不得做保证人，但由法人书面授权的，可在授权范围内提供保证。

3. 保证合同

保证人与债权人应当以书面形式订立保证合同。

4. 保证方式

一是一般保证，二是连带保证。保证方式没有约定或者约定不明确的，按连带保证承担保证责任。

（1）一般保证。指当事人在保证合同中约定，当债务人不履行债务时，由保证人承担保证责任的保证方式。一般保证的保证人在主合同纠纷未经审判或仲裁，并就债务人财产依法强制执行仍不能履行债务前，对债务人可以拒绝承担保证责任。

（2）连带保证。指当事人在保证合同中约定保证人与债务人对债务承担连带责任的保证方式。连带责任保证的债务人在主合同规定的债务履行期届满没有履行债务的，债权人可以要求债务人履行债务，也可以要求保证人在其保证范围内承担保证责任。

5. 保证范围

包括主债权及利息、违约金、损害赔偿金和实现债权的费用。保证合同另有约定的，按照约定。当事人对保证范围无约定或约定不明确，保证人应对全部债务承担责任。

6. 保证期间

一般保证的债权人和担保人未约定保证期间的，保证期间为主债务履行期间届满之日起六个月。债权人未在合同约定的和法律规定的保证期内主张权利（仲裁或诉讼），保证人免除保证责任；如债权人已主张权利的，保证期间适用于诉讼时效中断的规定。连带责任保证人与债权人未约定保证期间的，债权人有权自主债务履行期满之日起六个月内要求保证人承担保证责任。在合同约定或法律规定的保证期间内，债权人未要求保证人承担保证责任的，保证人免除保证责任。

8.5.1.3 抵押

1. 抵押

指债务人或第三人不转移对抵押财产的占有，将该财产作为债权的担保。当债务人不履行债务时，债权人有权依法以该财产折价或以拍卖、变卖该财产的价款优先受偿。

2. 可以抵押的财产

《担保法》规定，下列财产可以抵押：①抵押人所有的房屋和其他地上定着物；②抵押人所有的机器、交通运输工具和其他财产；③抵押人依法有权处分的国有土地使用权、房屋和其他地上定着物；④抵押人依法有权处分的机器、交通运输工具和其他财产；⑤抵押人依法承包并经发包方同意抵押的荒山、荒沟、荒滩等荒地土地所有权；⑥依法可以抵押的其他财产。

3. 禁止抵押的财产

《担保法》规定下列财产不得抵押：①土地所有权；②耕地、宅基地、自留地、自留山等集体所有的土地使用权；但乡村企业厂房等建筑物抵押的除外；③学校、幼儿园、医院等以公益为目的的事业单位、社会团体的教育设施、医疗设施和其他社会公益设施；④所有权、使用权不明确或有争议的财产；⑤依法被查封、扣押、监管的财产；⑥依法不得抵押的其他财产。

4. 以抵押作为履行合同的担保

应依据有关法律、法规签订抵押合同并办理抵押登记。

8.5.1.4 质押

1. 质押

指债务人或第三人将其动产或权力移交债权人占有，用以担保债权的履行，当债务人不能履行债务时，债权人依法有权就该动产或权利优先得到清偿的担保。

2. 质押的种类

包括动产质押和权力质押两种。

8.5.1.5 留置

1. 留置

指债权人按照合同约定占有债务人的动产，债务人不按照合同约定的期限履行债务的，债权人有权依法留置该财产，以该财产折价或以拍卖、变卖该财产的价格优先受偿。

2. 留置担保范围

包括主债权及利息、违约金、损害赔偿金、留置物保管费用和实现留置权费用。

3. 留置的期限

指债权人和债务人应在合同中约定债权人留置财产后，债务人应在不少于两个月的期限内履行债务。债权人和债务人在合同中未约定的，债权人留置债务人财产后，应确定两个月以上的期限，通知债务人在该期限内履行债务。

8.5.1.6 定金

1. 定金

指合同当事人一方为了证明合同成立及担保合同的履行在合同中约定应给付对方一定数额的货币。合同履行后，定金可收回或抵押价款。给付定金的一方不履行合同，无权要求返还定金；收受定金的一方不履行合同的，应双倍返还定金。

2. 定额合同

定金应以书面形式约定。当事人在定金合同中应该约定交付定金的期限及数额。定金合同从实际交付定金之日起生效；定金数额最多不能超过主合同标的额的20%。

8.5.2　保险制度

8.5.2.1　保险与保险法的概念

保险是种受法律保护的分散危险、消化损失的经济制度。危险可分为财产危险、人身危险和法律责任危险三种。财产危险指财产因意外事故或自然灾害而遭受毁损或灭失的危险；人身危险指人们因生老病死和失业等原因而招致财产损失的危险；法律责任危险指对他人的财产、人身实施不法侵害，依法应负赔偿责任的危险。

1995年6月30日第八届全国人民代表大会常委会第十四次会议通过了《中华人民共和国保险法》，并于1995年10月1日开始实施。该法规定："本法所称保险，是指投保人根据合同约定，向保险人支付保险费，保险人对于合同约定的可能发生的事故因其发生所造成的财产损失承担赔偿保险金责任，或者当被保险人死亡、伤残、疾病或者达到合同约定的年龄、期限时承担给付保险金责任的商业保险行为。"

8.5.2.2　建筑工程一切险

工程保险包括建筑工程一切险、安装工程一切险和机器保险等种类。

1. 建筑工程一切险的概念

建筑工程一切险承保各类民用、工业和公用事业建筑工程项目，包括道路、水坝、桥梁、港埠等，在建造过程中因自然灾害或意外事故而引起的一切损失。

建筑工程一切险往往还加保第三者责任险，即保险人在承保某建筑工程的同时，还对该工程在保险期限内发生意外事故造成的依法应由被保险人负责的工地及邻近地区的第三者的人身伤亡、疾病或财产损失，以及被保险人因此而支付的诉讼费用和事先经保险人书面同意支付的其他费用，负赔偿责任。

2. 被保险人

在工程保险中，保险公司可以在一张保险单上对所有参加该项工程的有关各方都给予所需的保险，即凡在工程进行期间，对这项工程承担一定风险的有关各方，均可作为被保险人。

建筑工程一切险的被保险人包括：业主，承包商或分包商，技术顾问（包括业主雇用的建筑师、工程师及其他专业顾问）。

由于被保险人不止一个，而且每个被保险人各有其本身的权益和责任，为了避免有关各方相互之间追偿责任，大部分保险单还加贴共保交叉责任条款。根据这一条款，每一个被保险人如同各自有一张单独的保单，其应负的那部分"责任"发生问题，财产遭受损失，可以从保险人那里获得相应的赔偿。如果各个被保险人之间发生相互的责任事故，每一个负有责任的被保险人都可以在保单项下得到保障。这些责任事故造成的损失，都可由保险人负责赔偿，无须根据各自的责任相互进行追偿。

3. 承保的财产

建筑工程一切险可承保的财产为：

（1）合同规定的建筑工程，包括永久工程、临时工程以及在工地的物件。

（2）建筑用机器、工具、设备和临时工房及其屋内存放的物件，均属履行工程合同所需要的，是被保险人所有的或为被保险人所负责的物件。

（3）业主或承包商在工地的原有财产。

（4）安装工程项目。

（5）场地清理费。

（6）工地内的现成建筑物。

4. 承保的危险

保险人对以下危险承担赔偿责任：

（1）洪水、潮水、水灾、地震、海啸、暴雨、风暴、雪崩、地崩、山崩、冻灾、冰雹及其他自然灾害。

（2）雷电、火灾、爆炸。

（3）飞机坠毁，飞机部件或物件坠落。

（4）盗窃。

（5）工人、技术人员因缺乏经验、疏忽、过失、恶意行为等造成的事故。

（6）原材料缺陷或工艺不善所引起的事故。

（7）除外责任以外的其他不可预料的自然灾害或意外事故。

5. 除外责任

建筑工程一切险的除外责任为：

（1）被保险人的故意行为引起的损失。

（2）战争、罢工、核污染的损失。

（3）自然磨损。

（4）停工。

（5）错误设计引起的损失、费用或责任。

（6）换置、修理或矫正标的本身原材料缺陷或工艺不善所支付的费用。

（7）非外力引起的机械或电器装置的损失或建筑用机器、设备、装置失灵。

（8）领有公用运输用执照的车辆、船舶、飞机的损失。

（9）对文件、账簿、票据、现金、有价证券、图表资料的损失。

6. 保险责任的起讫

保险单一般规定：保险责任自投保工程开工日起或自承保项目所用材料卸至工地时起开始。保险责任的终止，则按以下规定办理，以先发生者为准：

（1）保险单规定的保险终止日期。

（2）工程建筑或安装（包括试车、考核）完毕，移交给工程的业主，或签发完工证明终止（如部分移交，则该移交部分的保险责任即行终止）。

（3）业主开始使用工程时，如部分使用，则该使用部分的保险责任即行终止。如果加保保证期（缺陷责任期、保修期）的保险责任，即在工程完毕、工程移交证书已签发、工程已移交给业主之后，对工程质量还有一个保证期，则保险期限可延长至保证期，但需加缴一定的保险费。

8.5.2.3 工程施工合同中的保险

虽然我国对工程保险（主要是施工过程中的保险）没有强制性的规定，但随着项目法人责任制的推行，以前存在着事实上由国家承担不可抗力风险的情况将会有很大改变，工程项目参加保险的情况会越来越多。

（1）双方的保险义务分担如下：工程开工前，发包方应当为建设工程和施工场地内的发包方人员及第三方人员生命财产办理保险，支付保险费用。发包方可以将上述保险事项委托承包办理，但费用由发包方承担。

（2）承包方必须为从事危险作业的职工办理意外伤害保险，并为施工场地内自有人员生命财产和施工机械设备办理保险，支付保险费用。

（3）运至施工场地内用于工程的材料和待安装设备，不论由承发包双方任何一方保管，都应由发包方（或委托承包方）办理保险，并支付保险费用。

保险事故发生时，承发包双方有责任尽力采取必要的措施，防止或者减少损失。

8.5.3　代理制度

8.5.3.1　代理的概念及法律特征

1. 代理的概念

代理，是指代理人以被代理人的名义，并在其授权范围内向第三人做出意思表示，所产生的权利和义务直接由被代理人享有和承担的法律行为。

2. 代理的法律特征

（1）代理是代理人为被代理人从事民事法律行为。在民法上所谓代理，并非一切事物都可以代理，可代理的只有民事法律行为。但也不是一切民事法律行为都可以由代理人代理，有些民事法律由于法律的规定或行为的性质不适于代理的，也不能由代理人代理。如结婚登记，依《婚姻法》的规定，必须由婚姻当事人自己办理，因此，不适合由代理人代理。

（2）代理行为是代理人以被代理人的名义实施的民事法律行为。代理人的任务是替被代理人进行民事、经济法律行为。代理人只有以被代理人的名义进行代理活动，才能为被代理人设定权利和义务，代理行为所产生的后果，才能归属于被代理人。如果代理人不是以被代理人的名义而是以自己的名义替他人从事某种法律行为，则不属于代理行为，而是行纪行为。

（3）代理人在被代理人的授权范围内独立的意思表示。当代理人以被代理人的名义并在其授权范围内与第三人进行法律活动时，当然要反映被代理人的意志。这个意志表现为委托人的授权内容。代理人不能用自己的意志替代授权的内容，但代理人的代理行为是把授权的内容，通过自己的思考和决策而做出独立的、发挥主观能动性的意思表示。正是这一特征，使得代理人与居间人、传达人区别开来。

（4）代理人的代理行为所产生的法律后果直接归属被代理人。代理人虽有独立的民事、经济法律行为，但这些法律行为所发生的权利义务并不归属于代理人，而是直接归属于被代理人。直接归属，指代理人于被代理人之间，不经过权利义务转移的过程，与被代理人自己为法律行为一样，由被代理人直接取得权利和承担义务，其中也包括代理人在执行代理活动中所造成的损失责任。

8.5.3.2　代理的种类

1. 委托代理

委托代理，指按照被代理人的委托授权而产生代理权的一种代理。被代理人向代理人授予代理权的意思表示，称为授权行为。授权行为通常是采取书面或口头委托的形式，因此，这种代理称为委托代理。

2. 法定代理

法定代理，指依据法律的直接规定而产生代理权的一种代理。这种代理行为不需要被代理人委托，而是直接由法律根据一定社会关系的存在加以确定的代理关系。法定代理的特点是"法定"，代理关系是法定的；代理人和被代理人是法定的；代理权的内容也是法定的。

当事人的意志对代理关系的存在与否不起作用。

3. 指定代理

指定代理，指根据人民法院或有关主管机关指定而产生代理权的一种代理。指定代理关系中的被代理人只能是公民，而且是无行为能力或限制行为能力的公民。

8.5.3.3 无权代理

1. 无权代理的概念

无权代理，指行为人没有代理权或超越代理权限而进行的"代理"活动。《合同法》明确规定：行为人没有代理权，超越代理权或者代理权终止后，以被代理人名义订立的合同，未经被代理人追认，对被代理人不发生效力，由行为人承担。

2. 无权代理的表现形式

（1）无合法授权的"代理"行为。这是最主要的无权代理的形式。通常表现为：第一，无合法的授权而以他人名义进行"代理"活动；第二，假冒法定代理人的身份代理未成年或丧失行为能力人参与民事活动等。

（2）代理人超越代理权限所为的"代理"行为。特别是在委托代理中，代理权的权限范围必须明确地加以规定，代理人应依据代理权限进行代理活动，超越代理权限进行的活动就属越权代理。代理人越权代理行为属于无权代理。

（3）代理权终止后的"代理"行为。代理人在代理权已经终止的情况下，仍以他人的名义进行代理活动，也属于无权代理。代理人的代理权总是在特定时间范围内有效的。代理权终止后，代理人的身份相应地消灭，因而原代理人也就无权再进行"代理"活动。

8.5.3.4 代理关系的终止

在建筑业活动中，主要发生的是委托代理。以下简述委托代理的终止。

1. 代理期间届满或者代理事务完成，代理权终止

在委托代理中，被代理人根据委托代理事项的需要，在其授权时明确表示代理权的有效期间，当有效期间届满，代理关系即告终止，代理权即终止。如若被代理人在其授权时明确表示委托的专项事务，代理人在行使代理权的过程中依约完成了受委托的事务，其代理使命即告完成，代理关系也即终止。

2. 被代理人取消委托或者代理人辞去委托，代理权终止

委托代理关系，基于被代理人的委托授权的代理人接受授权，所具有单方法律行为的属性决定了被代理人在授权后根据自己的意志有权取消委托，同样，代理人在接受代理权后无意继续进行委托事项而有权辞去代理。因此，被代理人取消委托或者代理人辞去委托，即发生终止代理关系的法律效力。代理权的取消和辞去，都应事先通知对方，以防止给对方造成经济损失。对于代理终止前代理人实施的代理行为，被代理人不能因代理权的取消或辞去而拒绝承担责任。

3. 代理人死亡，代理权终止

代理人与被代理人之间彼此了解、相互信赖是委托代理关系的基础，因此，代理人死亡，作为代理

关系的一方主体不存在了，代理权也不能以继承的方式转移给他的继承人，代理权即随之消灭。

4. 代理人丧失民事行为能力，代理权终止

代理人的任务就是代替被代理人实施民事法律行为，若代理人丧失民事行为能力，便无法以自己的行为履行代理人的职责，委托代理关系即告终止。

5. 作为被代理人或者代理人的法人终止，代理权终止

法人的存在是以一个具有独立的民事主体的身份委托他人或者代理他人参与民事活动为前提。法人一经撤销和解散，便丧失了作为民事权利主体的资格，因此，法人无论主人还是代理人，一旦终止，以法人为一方或双方的代理关系均归于消灭。

8.5.3.5　代理制度中的民事责任

1. 委托书授权不明的连带责任

委托授权书直接确定着代理权的权限，而代理权又是委托代理关系产生的基础，它的有无及权限大小直接关系到代理关系的命运。委托书授权不明的，被代理人应当向第三人承担民事责任，代理人负连带责任。

2. 无权代理的民事责任

没有代理权、超越代理权或者代理权终止后的行为，如果未经被代理人追认，由行为人承担民事责任。但第三人知道行为人没有代理权、超越代理权或者代理权已经终止，还与行为人实施民事行为，给他人造成损害时，由第三人和行为人负连带责任。

3. 代理人不履行职责的民事责任

在法定代理关系中，代理人即监护人不履行职责，代理人应承担责任，给被监护人造成财产损失的，应当赔偿损失。

在委托代理关系中，代理人不履行职责而给被代理人造成损害的，代理人应当承担责任。

4. 代理人和第三人串通的连带责任

代理人和第三人串通，不仅反映了他们主观上有故意，也反映了他们在行为上有此故意，代理人和第三人串通损害被代理人的利益的，由代理人和第三人负连带责任。

5. 代理违法事项的法律责任

代理人知道被委托代理的事项违法仍然进行代理活动的，或者被代理人知道代理人的代理行为违法不表示反对的，由被代理人和代理人负连带责任。

· 复习思考题 ·

1. 简述建筑工程发包与承包的具体规定。

2.《招标投标法》规定哪些项目必须进行招标？

3. 合同法的基本原则是什么？

4. 什么是合同示范文本？

5.《担保法》规定的担保方式有哪几种？

· 综合实训练习 ·

某国有投资的大型建设项目，建设单位采用工程量清单公开招标方式进行了施工招标。

建设单位委托具有相应资质的招标代理机构编制了招标文件，招标文件包括如下规定：

（1）招标人设有最高投标限价和最低投标限价，高于最高投标限价和低于最低投标限价的投标文件均按废标处理。

（2）投标人应对工程量清单进行复核，招标人不对工程量清单的准确性和完整性负责。

（3）招标人将在投标截止日后的90日内完成评标和公布中标候选人工作。

投标和评标过程中发生了如下事件：

事件1：投标人A对工程量清单中某分项工程的工程量的准确性有异议，并于投标截止时间15日前向招标人书面提出了澄清申请。

事件2：投标人B在投标截止时间前10分钟以书面形式通知招标人撤回已提交的投标文件，并要求招标人5日内退还已提交的投标保证金。

事件3：在评标过程中，投标人D主动对自己的投标文件向评标委员会提出了书面澄清、说明。

事件4：在评标过程中，评标委员会发现投标人E和F的投标文件中载明项目管理成员中有一位成员在E文件和F文件同时出现。

问题：

招标文件中，除了投标人须知、图纸、技术标准和要求、投标文件格式外，还应包括哪些内容？

分析招标代理机构编制的招标文件中（1）～（3）项规定是否妥当？说明理由。

针对事件1和事件2，招标人应如何处理？

针对事件3和事件4，评标委员会应如何处理？

中华人民共和国建筑法（2019修正）

1997年11月1日第八届全国人民代表大会常务委员会第28次会议通过，根据2019年4月23日第十三届全国人民代表大会常务委员会第十次会议《关于修改〈中华人民共和国建筑法〉等八部法律的决定》第二次修正。

目 录

第一章 总 则

第一条　为了加强对建筑活动的监督管理，维护建筑市场秩序，保证建筑工程的质量和安全，促进建筑业健康发展，制定本法。

第二条　在中华人民共和国境内从事建筑活动，实施对建筑活动的监督管理，应当遵守本法。

本法所称建筑活动，是指各类房屋建筑及其附属设施的建造和与其配套的线路、管道、设备的安装活动。

第三条　建筑活动应当确保建筑工程质量和安全，符合国家的建筑工程安全标准。

第四条　国家扶持建筑业的发展，支持建筑科学技术研究，提高房屋建筑设计水平，鼓励节约能源和保护环境，提倡采用先进技术、先进设备、先进工艺、新型建筑材料和现代管理方式。

第五条　从事建筑活动应当遵守法律、法规，不得损害社会公共利益和他人的合法权益。

任何单位和个人都不得妨碍和阻挠依法进行的建筑活动。

第六条　国务院建设行政主管部门对全国的建筑活动实施统一监督管理。

第二章　建筑许可

第一节　建筑工程施工许可

第七条　建筑工程开工前，建设单位应当按照国家有关规定向工程所在地县级以上人民政府建设行政主管部门申请领取施工许可证；但是，国务院建设行政主管部门确定的限额以下的小型工程除外。

按照国务院规定的权限和程序批准开工报告的建筑工程，不再领取施工许可证。

第八条　申请领取施工许可证，应当具备下列条件：

（一）已经办理该建筑工程用地批准手续；

（二）在城市规划区的建筑工程，已经取得规划许可证；

（三）需要拆迁的，其拆迁进度符合施工要求；

（四）已经确定建筑施工企业；

（五）有满足施工需要的施工图纸及技术资料；

（六）有保证工程质量和安全的具体措施；

（七）建设资金已经落实；

（八）法律、行政法规规定的其他条件。

建设行政主管部门应当自收到申请之日起十五日内，对符合条件的申请颁发施工许可证。

第九条　建设单位应当自领取施工许可证之日起三个月内开工。因故不能按期开工的，应当向发证机关申请延期；延期以两次为限，每次不超过三个月。既不开工又不申请延期或者超过延期时限的，施工许可证自行废止。

第十条　在建的建筑工程因故中止施工的，建设单位应当自中止施工之日起一个月内，向发证机关报告，并按照规定做好建筑工程的维护管理工作。

建筑工程恢复施工时，应当向发证机关报告；中止施工满一年的工程恢复施工前，建设单位应当报发证机关核验施工许可证。

第十一条　按照国务院有关规定批准开工报告的建筑工程，因故不能按期开工或者中止施工的，应当及时向批准机关报告情况。因故不能按期开工超过六个月的，应当重新办理开工报告的批准手续。

第二节　从业资格

第十二条　从事建筑活动的建筑施工企业、勘察单位、设计单位和工程监理单位，应当具备下列条件：

（一）有符合国家规定的注册资本；

（二）有与其从事的建筑活动相适应的具有法定执业资格的专业技术人员；

（三）有从事相关建筑活动所应有的技术装备；

（四）法律、行政法规规定的其他条件。

第十三条　从事建筑活动的建筑施工企业、勘察单位、设计单位和工程监理单位，按照其拥有的注册资本、专业技术人员、技术装备和已完成的建筑工程业绩等资质条件，划分为不同的资质等级，经资质审查合格，取得相应等级的资质证书后，方可在其资质等级许可的范围内从事建筑活动。

第十四条　从事建筑活动的专业技术人员，应当依法取得相应的执业资格证书，并在执业资格证书许可的范围内从事建筑活动。

第三章　建筑工程发包与承包

第一节　一般规定

第十五条　建筑工程的发包单位与承包单位应当依法订立书面合同，明确双方的权利和义务。

发包单位和承包单位应当全面履行合同约定的义务。不按照合同约定履行义务的，依法承担违约责任。

第十六条　建筑工程发包与承包的招标投标活动，应当遵循公开、公正、平等竞争的原则，择优选择承包单位。

建筑工程的招标投标，本法没有规定的，适用有关招标投标法律的规定。

第十七条　发包单位及其工作人员在建筑工程发包中不得收受贿赂、回扣或者索取其他好处。

承包单位及其工作人员不得利用向发包单位及其工作人员行贿、提供回扣或者给予其他好处等不正当手段承揽工程。

第十八条　建筑工程造价应当按照国家有关规定，由发包单位与承包单位在合同中约定。公开招标发包的，其造价的约定，须遵守招标投标法律的规定。

发包单位应当按照合同的约定，及时拨付工程款项。

第二节　发包

第十九条　建筑工程依法实行招标发包，对不适于招标发包的可以直接发包。

第二十条　建筑工程实行公开招标的，发包单位应当依照法定程序和方式，发布招标公告，提供载有招标工程的主要技术要求、主要的合同条款、评标的标准和方法以及开标、评标、定标的程序等内容的招标文件。

开标应当在招标文件规定的时间、地点公开进行。开标后应当按照招标文件规定的评标标准和程序对标书进行评价、比较，在具备相应资质条件的投标者中，择优选定中标者。

第二十一条　建筑工程招标的开标、评标、定标由建设单位依法组织实施，并接受有关行政主管部门的监督。

第二十二条　建筑工程实行招标发包的，发包单位应当将建筑工程发包给依法中标的承包单位。建筑工程实行直接发包的，发包单位应当将建筑工程发包给具有相应资质条件的承包单位。

第二十三条　政府及其所属部门不得滥用行政权力，限定发包单位将招标发包的建筑工程发包给指定的承包单位。

第二十四条　提倡对建筑工程实行总承包，禁止将建筑工程肢解发包。

建筑工程的发包单位可以将建筑工程的勘察、设计、施工、设备采购一并发包给一个工程总承包单位，也可以将建筑工程勘察、设计、施工、设备采购的一项或者多项发包给一个工程总承包单位；但是，不得将应当由一个承包单位完成的建筑工程肢解成若干部分发包给几个承包单位。

第二十五条　按照合同约定，建筑材料、建筑构配件和设备由工程承包单位采购的，发包单位不得指定承包单位购入用于工程的建筑材料、建筑构配件和设备或者指定生产厂、供应商。

第三节　承　包

第二十六条　承包建筑工程的单位应当持有依法取得的资质证书，并在其资质等级许可的业务范围内承揽工程。

禁止建筑施工企业超越本企业资质等级许可的业务范围或者以任何形式用其他建筑施工企业的名义承揽工程。禁止建筑施工企业以任何形式允许其他单位或者个人使用本企业的资质证书、营业执照，以本企业的名义承揽工程。

第二十七条　大型建筑工程或者结构复杂的建筑工程，可以由两个以上的承包单位联合共同承包。共同承包的各方对承包合同的履行承担连带责任。

两个以上不同资质等级的单位实行联合共同承包的，应当按照资质等级低的单位的业务许可范围承揽工程。

第二十八条　禁止承包单位将其承包的全部建筑工程转包给他人，禁止承包单位将其承包的全部建筑工程肢解以后以分包的名义分别转包给他人。

第二十九条　建筑工程总承包单位可以将承包工程中的部分工程发包给具有相应资质条件的分包单位；但是，除总承包合同中约定的分包外，必须经建设单位认可。施工总承包的，建筑工程主体结构的施工必须由总承包单位自行完成。

建筑工程总承包单位按照总承包合同的约定对建设单位负责；分包单位按照分包合同的约定对总承包单位负责。总承包单位和分包单位就分包工程对建设单位承担连带责任。

禁止总承包单位将工程分包给不具备相应资质条件的单位。禁止分包单位将其承包的工程再分包。

第四章　建筑工程监理

第三十条　国家推行建筑工程监理制定。

国务院可以规定实行强制监理的建筑工程的范围。

第三十一条　实行监理的建筑工程，由建设单位委托具有相应资质条件的工程监理单位监理。建设单位与其委托的工程监理单位应当订立书面委托监理合同。

第三十二条　建筑工程监理应当依照法律、行政法规及有关的技术标准、设计文件和建筑工程承包合同，对承包单位在施工质量、建设工期和建设资金使用等方面，代表建设单位实施监督。

工程监理人员认为工程施工不符合工程设计要求、施工技术标准和合同约定的，有权要求建筑施工企业改正。

工程监理人员发现工程设计不符合建筑工程质量标准或者合同约定的质量要求的，应当报告建设单位要求设计单位改正。

第三十三条　实施建筑工程监理前，建设单位应当将委托的工程监理单位、监理的内容及监理权限，书面通知被监理的建筑施工企业。

第三十四条　工程监理单位应当在其资质等级许可的监理范围内，承担工程监理业务。

工程监理单位应当根据建设单位的委托，客观、公正地执行监理任务。

工程监理单位与被监理工程的承包单位以及建筑材料、建筑构配件和设备供应单位不得有隶属关系或者其他利害关系。

工程监理单位不得转让工程监理业务。

第三十五条　工程监理单位不按照委托监理合同的约定履行监理义务，对应当监督检查的项目不检查或者不按照规定检查，给建设单位造成损失的，应当承担相应的赔偿责任。

工程监理单位与承包单位串通，为承包单位谋取非法利益，给建设单位造成损失的，应当与承包单位承担连带赔偿责任。

第五章　建筑安全生产管理

第三十六条　建筑工程安全生产管理必须坚持安全第一、预防为主的方针，建立健全安全生产的责任制度和群防群治制度。

第三十七条　建筑工程设计应当符合按照国家规定制定的建筑安全规程和技术规范，保证工程的安全性能。

第三十八条　建筑施工企业在编制施工组织设计时，应当根据建筑工程的特点制定相应的安全技术措施；对专业性较强的工程项目，应当编制专项安全施工组织设计，并采取安全技术措施。

第三十九条　建筑施工企业应当在施工现场采取维护安全、防范危险、预防火灾等措施；有条件的，应当对施工现场实行封闭管理。

施工现场对毗邻的建筑物、构筑物和特殊作业环境可能造成损害的，建筑施工企业应当采取安全防护措施。

第四十条　建设单位应当向建筑施工企业提供与施工现场相关的地下管线资料，建筑施工企业应当采取措施加以保护。

第四十一条　建筑施工企业应当遵守有关环境保护和安全生产的法律、法规的规定，采取控制和处理施工现场的各种粉尘、废气、废水、固体废物以及噪声、振动对环境的污染和危害的措施。

第四十二条　有下列情形之一的，建设单位应当按照国家有关规定办理申请批准手续：

（一）需要临时占用规划批准范围以外场地的；

（二）可能损坏道路、管线、电力、邮电通讯等公共设施的；

（三）需要临时停水、停电、中断道路交通的；

（四）需要进行爆破作业的；

（五）法律、法规规定需要办理报批手续的其他情形。

第四十三条　建设行政主管部门负责建筑安全生产的管理，并依法接受劳动行政主管部门对建筑安全生产的指导和监督。

第四十四条　建筑施工企业必须依法加强对建筑安全生产的管理，执行安全生产责任制度，采取有效措施，防止伤亡和其他安全生产事故的发生。

建筑施工企业的法定代表人对本企业的安全生产负责。

第四十五条　施工现场安全由建筑施工企业负责。实行施工总承包的，由总承包单位负责。分包单位向总承包单位负责，服从总承包单位对施工现场的安全生产管理。

第四十六条　建筑施工企业应当建立健全劳动安全生产教育培训制度，加强对职工安全生产的教育培训；未经安全生产教育培训的人员，不得上岗作业。

第四十七条　建筑施工企业和作业人员在施工过程中，应当遵守有关安全生产的法律、法规和建筑行业安全规章、规程，不得违章指挥或者违章作业。作业人员有权对影响人身健康的作业程序和作业条件提出改进意见，有权获得安全生产所需的防护用品。作业人员对危及生命安全和人身健康的行为有权提出批评、检举和控告。

第四十八条　建筑施工企业应当依法为职工参加工伤保险缴纳工伤保险费。鼓励企业为从事危险作业的职工办理意外伤害保险，支付保险费。

第四十九条　涉及建筑主体和承重结构变动的装修工程，建设单位应当在施工前委托原设计单位或者具有相应资质条件的设计单位提出设计方案；没有设计方案的，不得施工。

第五十条　房屋拆除应当由具备保证安全条件的建筑施工单位承担，由建筑施工单位负责人对安全负责。

第五十一条　施工中发生事故时，建筑施工企业应当采取紧急措施减少人员伤亡和事故损失，并按照国家有关规定及时向有关部门报告。

第六章　建筑工程质量管理

第五十二条　建筑工程勘察、设计、施工的质量必须符合国家有关建筑工程安全标准的要求，具体管理办法由国务院规定。

有关建筑工程安全的国家标准不能适应确保建筑安全的要求时，应当及时修订。

第五十三条　国家对从事建筑活动的单位推行质量体系认证制度。从事建筑活动的单位根据自愿原则可以向国务院产品质量监督管理部门或者国务院产品质量监督管理部门授权的部门认可的认证机构申请质量体系认证。经认证合格的，由认证机构颁发质量体系认证证书。

第五十四条　建设单位不得以任何理由，要求建筑设计单位或者建筑施工企业在工程设计或者施工作业中，违反法律、行政法规和建筑工程质量、安全标准，降低工程质量。

建筑设计单位和建筑施工企业对建设单位违反前款规定提出的降低工程质量的要求，应当予以拒绝。

第五十五条　建筑工程实行总承包的，工程质量由工程总承包单位负责，总承包单位将建筑工程分包给其他单位的，应当对分包工程的质量与分包单位承担连带责任。分包单位应当接受总承包单位的质量管理。

第五十六条　建筑工程的勘察、设计单位必须对其勘察、设计的质量负责。勘察、设计文件应当符合有关法律、行政法规的规定和建筑工程质量、安全标准、建筑工程勘察、设计技术规范以及合同的约定。设计文件选用的建筑材料、建筑构配件和设备，应当注明其规格、型号、性能等技术指标，其质量要求必须符合国家规定的标准。

第五十七条　建筑设计单位对设计文件选用的建筑材料、建筑构配件和设备，不得指定生产厂、供应商。

第五十八条　建筑施工企业对工程的施工质量负责。

建筑施工企业必须按照工程设计图纸和施工技术标准施工，不得偷工减料。工程设计的修改由原设计单位负责，建筑施工企业不得擅自修改工程设计。

第五十九条　建筑施工企业必须按照工程设计要求、施工技术标准和合同的约定，对建筑材料、建筑构配件和设备进行检验，不合格的不得使用。

第六十条　建筑物在合理使用寿命内，必须确保地基基础工程和主体结构的质量。

建筑工程竣工时，屋顶、墙面不得留有渗漏、开裂等质量缺陷；对已发现的质量缺陷，建筑施工企业应当修复。

第六十一条　交付竣工验收的建筑工程，必须符合规定的建筑工程质量标准，有完整的工程技术经济资料和经签署的工程保修书，并具备国家规定的其他竣工条件。

建筑工程竣工经验收合格后，方可交付使用；未经验收或者验收不合格的，不得交付使用。

第六十二条　建筑工程实行质量保修制度。

建筑工程的保修范围应当包括地基基础工程、主体结构工程、屋面防水工程和其他土建工程，以及电气管线、上下水管线的安装工程，供热、供冷系统工程等项目；保修的期限应当按照保证建筑物合理寿命年限内正常使用，维护使用者合法权益的原则确定。具体的保修范围和最低保修期限由国务院规定。

第六十三条　任何单位和个人对建筑工程的质量事故、质量缺陷都有权向建设行政主管部门或者其他有关部门进行检举、控告、投诉。

第七章　法律责任

第六十四条　违反本法规定，未取得施工许可证或者开工报告未经批准擅自施工的，责令改正，对不符合开工条件的责令停止施工，可以处以罚款。

第六十五条　发包单位将工程发包给不具有相应资质条件的承包单位的，或者违反本法规定将建筑工程肢解发包的，责令改正，处以罚款。

超越本单位资质等级承揽工程的，责令停止违法行为，处以罚款，可以责令停业整顿，降低资质等级；情节严重的，吊销资质证书；有违法所得的，予以没收。

未取得资质证书承揽工程的，予以取缔，并处罚款；有违法所得的，予以没收。

以欺骗手段取得资质证书的，吊销资质证书，外以罚款；构成犯罪的，依法追究刑事责任。

第六十六条　建筑施工企业转让、出借资质证书或者以其他方式允许他人以本企业的名义承揽工程的，责令改正，没收违法所得，并处罚款，可以责令停业整顿，降低资质等级；情节严重的，吊销资质证书。对因该项承揽工程不符合规定的质量标准造成的损失，建筑施工企业与使用本企业名义的单位或者个人承担连带赔偿责任。

第六十七条　承包单位将承包的工程转包的，或者违反本法规定进行分包的，责令改正，没收违法所得，并处罚款，可以责令停业整顿，降低资质等级；情节严重的，吊销资质证书。

承包单位有前款规定的违法行为的，对因转包工程或者违法分包的工程不符合规定的质量标准造成的损失，与接受转包或者分包的单位承担连带赔偿责任。在工程发包与承包中索贿、受贿、行贿，构成犯罪的，依法追究刑事责任；不构成犯罪的，分别处以罚款，没收贿赂的财物，对直接负责的主管人员和其他直接责任人员给予处分。

第六十八条　对在工程承包中行贿的承包单位，除依照前款规定处罚外，可以责令停业整顿，降低资质等级或者吊销资质证书。

第六十九条　工程监理单位与建设单位或者建筑施工企业串通，弄虚作假、降低工程质量的，责令改正，处以罚款，降低资质等级或者吊销资质证书；有违法所得的，予以没收；造成损失的，承担连带赔偿责任；构成犯罪的，依法追究刑事责任。

工程监理单位转让监理业务的，责令改正，没收违法所得，可以责令停业整顿，降低资质等级；情节严重的，吊销资质证书。

第七十条　违反本法规定，涉及建筑主体或者承重结构变动的装修工程擅自施工的，责令改正，处以罚款；造成损失的，承担赔偿责任；构成犯罪的，依法追究刑事责任。

第七十一条　建筑施工企业违反本法规定，对建筑安全事故隐患不采取措施予以消除的，责令改正，可以处以罚款；情节严重的，责令停业整顿，降低资质等级或者吊销资质证书；构成犯罪的，依法追究刑事责任。

建筑施工企业的管理人员违章指挥、强令职工冒险作业，因而发生重大伤亡事故或者造成其他严重后果的，依法追究刑事责任。

第七十二条　建设单位违反本法规定，要求建筑设计单位或者建筑施工企业违反建筑工程质量、安全标准，降低工程质量的，责令改正，可以处以罚款；构成犯罪的，依法追究刑事责任。

第七十三条　建筑设计单位不按照建筑工程质量、安全标准进行设计的，责令改正，处以罚款；造成工程质量事故的，责令停业整顿，降低资质等级或者吊销资质证书，没收违法所得，并处罚款；造成损失的，承担赔偿责任；构成犯罪的，依法追究刑事责任。

第七十四条　建筑施工企业在施工中偷工减料的，使用不合格的建筑材料、建筑构配件和设备的，或者有其他不按照工程设计图纸或者施工技术标准施工的行为的，责令改正，处以罚款；情节严重的，责令停业整顿，降低资质等级或者吊销资质证书；造成建筑工程质量不符合规定的质量标准的，负责返工、修理，并赔偿因此造成的损失；构成犯罪的，依法追究刑事责任。

第七十五条　建筑施工企业违反本法规定，不履行保修义务或者拖延履行保修义务的，责令改正，可以处以罚款，并对在保修期内因屋顶、墙面渗漏、开裂等质量缺陷造成的损失，承担赔偿责任。

第七十六条　本法规定的责令停业整顿、降低资质等级和吊销资质证书的行政处罚，由颁发资质证书的机关决定；其他行政处罚，由建设行政主管部门或者有关部门依照法律和国务院规定的职权范围决定。

依照本法规定被吊销资质证书的，由工商行政管理部门吊销其营业执照。

第七十七条　违反本法规定，对不具备相应资质等级条件的单位颁发该等级资质证书的，由其上级机关责令收回所发的资质证书，对直接负责的主管人员和其他直接责任人员给予行政处分；构成犯罪的，依法追究刑事责任。

第七十八条　政府及其所属部门的工作人员违反本法规定，限定发包单位将招标发包的工程发包给指定的承包单位的，由上级机关责令改正；构成犯罪的，依法追究刑事责任。

第七十九条　负责颁发建筑工程施工许可证的部门及其工作人员对不符合施工条件的建筑工程颁发施工许可证的，负责工程质量监督检查或者竣工验收的部门及其工作人员对不合格的建筑工程出具质量合格文件或者按合格工程验收的，由上级机关责令改正，对责任人员给予行政处分；构成犯罪的，依法追究刑事责任；造成损失的，由该部门承担相应的赔偿责任。

第八十条　在建筑物的合理使用寿命内，因建筑工程质量不合格受到损害的，有权向责任者要求赔偿。

第八章　附　则

第八十一条　本法关于施工许可、建筑施工企业资质审查和建筑工程发包、承包、禁止转包，以及建筑工程监理、建筑工程安全和质量管理的规定，适用于其他专业建筑工程的建筑活动，具体办法由国务院规定。

第八十二条　建设行政主管部门和其他有关部门在对建筑活动实施监督管理中，除按照国务院有关规定收取费用外，不得收取其他费用。

第八十三条　省、自治区、直辖市人民政府确定的小型房屋建筑工程的建筑活动，参照本法执行。

依法核定作为文物保护的纪念建筑物和古建筑等的修缮，依照文物保护的有关法律规定执行。

抢险救灾及其他临时性房屋建筑和农民自建低层住宅的建筑活动，不适用本法。

第八十四条　军用房屋建筑工程建筑活动的具体管理办法，由国务院、中央军事委员会依据本法制定。

第八十五条　本法自1998年3月1日起施行。

中华人民共和国招标投标法（2017修正）

根据2017年12月28日第十二届全国人民代表大会常务委员会第三十一次会议《关于修改〈中华人民共和国招标投标法〉、〈中华人民共和国计量法〉的决定》修正。实施日期：2017-12-28，发布机关：全国人大常委会。

第一章 总 则

第一条 为了规范招标投标活动，保护国家利益、社会公共利益和招标投标活动当事人的合法权益，提高经济效益，保证项目质量，制定本法。

第二条 在中华人民共和国境内进行招标投标活动，适用本法。

第三条 在中华人民共和国境内进行下列工程建设项目包括项目的勘察、设计、施工、监理以及与工程建设有关的重要设备、材料等的采购，必须进行招标：

（一）大型基础设施、公用事业等关系社会公共利益、公众安全的项目；

（二）全部或者部分使用国有资金投资或者国家融资的项目；

（三）使用国际组织或者外国政府贷款、援助资金的项目。

前款所列项目的具体范围和规模标准，由国务院发展计划部门会同国务院有关部门制定，报国务院批准。法律或者国务院对必须进行招标的其他项目的范围有规定的，依照其规定。

第四条 任何单位和个人不得将依法必须进行招标的项目化整为零或者以其他任何方式规避招标。

第五条 招标投标活动应当遵循公开、公平、公正和诚实信用的原则。

第六条 依法必须进行招标的项目，其招标投标活动不受地区或者部门的限制。任何单位和个人不得违法限制或者排斥本地区、本系统以外的法人或者其他组织参加投标，不得以任何方式非法干涉招标投标活动。

第七条 招标投标活动及其当事人应当接受依法实施的监督。

有关行政监督部门依法对招标投标活动实施监督，依法查处招标投标活动中的违法行为。

对招标投标活动的行政监督及有关部门的具体职权划分，由国务院规定。

第二章 招 标

第八条 招标人是依照本法规定提出招标项目、进行招标的法人或者其他组织。

第九条 招标项目按照国家有关规定需要履行项目审批手续的，应当先履行审批手续，取得批准。

招标人应当有进行招标项目的相应资金或者资金来源已经落实，并应当在招标文件中如实载明。

第十条 招标分为公开招标和邀请招标。

公开招标，是指招标人以招标公告的方式邀请不特定的法人或者其他组织投标。

邀请招标，是指招标人以投标邀请书的方式邀请特定的法人或者其他组织投标。

第十一条　国务院发展计划部门确定的国家重点项目和省、自治区、直辖市人民政府确定的地方重点项目不适宜公开招标的，经国务院发展计划部门或者省、自治区、直辖市人民政府批准，可以进行邀请招标。

第十二条　招标人有权自行选择招标代理机构，委托其办理招标事宜。任何单位和个人不得以任何方式为招标人指定招标代理机构。

招标人具有编制招标文件和组织评标能力的，可以自行办理招标事宜。任何单位和个人不得强制其委托招标代理机构办理招标事宜。

依法必须进行招标的项目，招标人自行办理招标事宜的，应当向有关行政监督部门备案。

第十三条　招标代理机构是依法设立、从事招标代理业务并提供相关服务的社会中介组织。

招标代理机构应当具备下列条件：

（一）有从事招标代理业务的营业场所和相应资金；

（二）有能够编制招标文件和组织评标的相应专业力量；

（三）有符合本法第三十七条第三款规定条件、可以作为评标委员会成员人选的技术、经济等方面的专家库。

第十四条　从事工程建设项目招标代理业务的招标代理机构，其资格由国务院或者省、自治区、直辖市人民政府的建设行政主管部门认定。具体办法由国务院建设行政主管部门会同国务院有关部门制定。从事其他招标代理业务的招标代理机构，其资格认定的主管部门由国务院规定。

招标代理机构与行政机关和其他国家机关不得存在隶属关系或者其他利益关系。

第十五条　招标代理机构应当在招标人委托的范围内办理招标事宜，并遵守本法关于招标人的规定。

第十六条　招标人采用公开招标方式的，应当发布招标公告。依法必须进行招标的项目的招标公告，应当通过国家指定的报刊、信息网络或者其他媒介发布。

招标公告应当载明招标人的名称和地址、招标项目的性质、数量、实施地点和时间以及获取招标文件的办法等事项。

第十七条　招标人采用邀请招标方式的，应当向三个以上具备承担招标项目的能力、资信良好的特定的法人或者其他组织发出投标邀请书。

投标邀请书应当载明本法第十六条第二款规定的事项。

第十八条　招标人可以根据招标项目本身的要求，在招标公告或者投标邀请书中，要求潜在投标人提供有关资质证明文件和业绩情况，并对潜在投标人进行资格审查；国家对投标人的资格条件有规定的，依照其规定。

招标人不得以不合理的条件限制或者排斥潜在投标人，不得对潜在投标人实行歧视待遇。

第十九条　招标人应当根据招标项目的特点和需要编制招标文件。招标文件应当包括招标项目的技术要求、对投标人资格审查的标准、投标报价要求和评标标准等所有实质性要求和条件以及拟签订合同的主要条款。

国家对招标项目的技术、标准有规定的，招标人应当按照其规定在招标文件中提出相应要求。

招标项目需要划分标段、确定工期的，招标人应当合理划分标段、确定工期，并在招标文件中载明。

第二十条　招标文件不得要求或者标明特定的生产供应者以及含有倾向或者排斥潜在投标人的其他内容。

第二十一条　招标人根据招标项目的具体情况，可以组织潜在投标人踏勘项目现场。

第二十二条　招标人不得向他人透露已获取招标文件的潜在投标人的名称、数量以及可能影响公平竞争的有关招标投标的其他情况。

招标人设有标底的，标底必须保密。

第二十三条　招标人对已发出的招标文件进行必要的澄清或者修改的，应当在招标文件要求提交投标文件截止时间至少十五日前，以书面形式通知所有招标文件收受人。该澄清或者修改的内容为招标文件的组成部分。

第二十四条　招标人应当确定投标人编制投标文件所需要的合理时间；但是，依法必须进行招标的项目，自招标文件开始发出之日起至投标人提交投标文件截止之日止，最短不得少于二十日。

第三章　投　标

第二十五条　投标人是响应招标、参加投标竞争的法人或者其他组织。

依法招标的科研项目允许个人参加投标的，投标的个人适用本法有关投标人的规定。

第二十六条　投标人应当具备承担招标项目的能力；国家有关规定对投标人资格条件或者招标文件对投标人资格条件有规定的，投标人应当具备规定的资格条件。

第二十七条　投标人应当按照招标文件的要求编制投标文件。投标文件应当对招标文件提出的实质性要求和条件作出响应。

招标项目属于建设施工的，投标文件的内容应当包括拟派出的项目负责人与主要技术人员的简历、业绩和拟用于完成招标项目的机械设备等。

第二十八条　投标人应当在招标文件要求提交投标文件的截止时间前，将投标文件送达投标地点。招标人收到投标文件后，应当签收保存，不得开启。投标人少于三个的，招标人应当依照本法重新招标。

在招标文件要求提交投标文件的截止时间后送达的投标文件，招标人应当拒收。

第二十九条　投标人在招标文件要求提交投标文件的截止时间前，可以补充、修改或者撤回已提交的投标文件，并书面通知招标人。补充、修改的内容为投标文件的组成部分。

第三十条　投标人根据招标文件载明的项目实际情况，拟在中标后将中标项目的部分非主体、非关键性工作进行分包的，应当在投标文件中载明。

第三十一条　两个以上法人或者其他组织可以组成一个联合体，以一个投标人的身份共同投标。

联合体各方均应当具备承担招标项目的相应能力；国家有关规定或者招标文件对投标人资格条件有规定的，联合体各方均应当具备规定的相应资格条件。由同一专业的单位组成的联合体，按照资质等级较低的单位确定资质等级。

联合体各方应当签订共同投标协议，明确约定各方拟承担的工作和责任，并将共同投标协议连同投标文件一并提交招标人。联合体中标的，联合体各方应当共同与招标人签订合同，就中标项目向招标人承担连带责任。

招标人不得强制投标人组成联合体共同投标，不得限制投标人之间的竞争。

第三十二条　投标人不得相互串通投标报价，不得排挤其他投标人的公平竞争，损害招标人或者其他投标人的合法权益。

投标人不得与招标人串通投标，损害国家利益、社会公共利益或者他人的合法权益。

禁止投标人以向招标人或者评标委员会成员行贿的手段谋取中标。

第三十三条　投标人不得以低于成本的报价竞标，也不得以他人名义投标或者以其他方式弄虚作假，骗取中标。

第四章　开标、评标和中标

第三十四条　开标应当在招标文件确定的提交投标文件截止时间的同一时间公开进行；开标地点应当为招标文件中预先确定的地点。

第三十五条　开标由招标人主持，邀请所有投标人参加。

第三十六条　开标时，由投标人或者其推选的代表检查投标文件的密封情况，也可以由招标人委托的公证机构检查并公证；经确认无误后，由工作人员当众拆封，宣读投标人名称、投标价格和投标文件的其他主要内容。

招标人在招标文件要求提交投标文件的截止时间前收到的所有投标文件，开标时都应当当众予以拆封、宣读。

开标过程应当记录，并存档备查。

第三十七条　评标由招标人依法组建的评标委员会负责。

依法必须进行招标的项目，其评标委员会由招标人的代表和有关技术、经济等方面的专家组成，成员人数为五人以上单数，其中技术、经济等方面的专家不得少于成员总数的三分之二。

前款专家应当从事相关领域工作满八年并具有高级职称或者具有同等专业水平，由招标人从国务院有关部门或者省、自治区、直辖市人民政府有关部门提供的专家名册或者招标代理机构的专家库内的相关专业的专家名单中确定；一般招标项目可以采取随机抽取方式，特殊招标项目可以由招标人直接确定。

与投标人有利害关系的人不得进入相关项目的评标委员会；已经进入的应当更换。

评标委员会成员的名单在中标结果确定前应当保密。

第三十八条　招标人应当采取必要的措施，保证评标在严格保密的情况下进行。

任何单位和个人不得非法干预、影响评标的过程和结果。

第三十九条　评标委员会可以要求投标人对投标文件中含义不明确的内容作必要的澄清或者说明，但是澄清或者说明不得超出投标文件的范围或者改变投标文件的实质性内容。

第四十条　评标委员会应当按照招标文件确定的评标标准和方法，对投标文件进行评审和比较；设有标底的，应当参考标底。评标委员会完成评标后，应当向招标人提出书面评标报告，并推荐合格的中标候选人。

招标人根据评标委员会提出的书面评标报告和推荐的中标候选人确定中标人。招标人也可以授权评标委员会直接确定中标人。

国务院对特定招标项目的评标有特别规定的，从其规定。

第四十一条　中标人的投标应当符合下列条件之一：

（一）能够最大限度地满足招标文件中规定的各项综合评价标准；

（二）能够满足招标文件的实质性要求，并且经评审的投标价格最低；但是投标价格低于成本的除外。

第四十二条　评标委员会经评审，认为所有投标都不符合招标文件要求的，可以否决所有投标。

依法必须进行招标的项目的所有投标被否决的，招标人应当依照本法重新招标。

第四十三条　在确定中标人前，招标人不得与投标人就投标价格、投标方案等实质性内容进行谈判。

第四十四条　评标委员会成员应当客观、公正地履行职务，遵守职业道德，对所提出的评审意见承担个人责任。

评标委员会成员不得私下接触投标人，不得收受投标人的财物或者其他好处。

评标委员会成员和参与评标的有关工作人员不得透露对投标文件的评审和比较、中标候选人的推荐情况以及与评标有关的其他情况。

第四十五条　中标人确定后，招标人应当向中标人发出中标通知书，并同时将中标结果通知所有未中标的投标人。

中标通知书对招标人和中标人具有法律效力。中标通知书发出后，招标人改变中标结果的，或者中标人放弃中标项目的，应当依法承担法律责任。

第四十六条　招标人和中标人应当自中标通知书发出之日起三十日内，按照招标文件和中标人的投标文件订立书面合同。招标人和中标人不得再行订立背离合同实质性内容的其他协议。

招标文件要求中标人提交履约保证金的，中标人应当提交。

第四十七条　依法必须进行招标的项目，招标人应当自确定中标人之日起十五日内，向有关行政监督部门提交招标投标情况的书面报告。

第四十八条　中标人应当按照合同约定履行义务，完成中标项目。中标人不得向他人转让中标项目，也不得将中标项目肢解后分别向他人转让。

中标人按照合同约定或者经招标人同意，可以将中标项目的部分非主体、非关键性工作分包给他人完成。接受分包的人应当具备相应的资格条件，并不得再次分包。

中标人应当就分包项目向招标人负责，接受分包的人就分包项目承担连带责任。

第五章　法律责任

第四十九条　违反本法规定，必须进行招标的项目而不招标的，将必须进行招标的项目化整为零或者以其他任何方式规避招标的，责令限期改正，可以处项目合同金额千分之五以上千分之十以下的罚款；对全部或者部分使用国有资金的项目，可以暂停项目执行或者暂停资金拨付；对单位直接负责的主管人员和其他直接责任人员依法给予处分。

第五十条　招标代理机构违反本法规定，泄露应当保密的与招标投标活动有关的情况和资料的，或者与招标人、投标人串通损害国家利益、社会公共利益或者他人合法权益的，处五万元以上二十五万元以下的罚款，对单位直接负责的主管人员和其他直接责任人员处单位罚款数额百分之五以上百分之十以下的罚款；有违法所得的，并处没收违法所得；情节严重的，暂停直至取消招标代理资格；构成犯罪的，依法追究刑事责任。给他人造成损失的，依法承担赔偿责任。

前款所列行为影响中标结果的，中标无效。

第五十一条　招标人以不合理的条件限制或者排斥潜在投标人的，对潜在投标人实行歧视待遇的，强制要求投标人组成联合体共同投标的，或者限制投标人之间竞争的，责令改正，可以处一万元以上五万元以下的罚款。

第五十二条　依法必须进行招标的项目的招标人向他人透露已获取招标文件的潜在投标人的名称、数量或者可能影响公平竞争的有关招标投标的其他情况的，或者泄露标底的，给予警告，可以并处一万元以上十万元以下的罚款；对单位直接负责的主管人员和其他直接责任人员依法给予处分；构成犯罪的，依法追究刑事责任。

前款所列行为影响中标结果的，中标无效。

第五十三条　投标人相互串通投标或者与招标人串通投标的，投标人以向招标人或者评标委员会成员行贿的手段谋取中标的，中标无效，处中标项目金额千分之五以上千分之十以下的罚款，对单位直接负责的主管人员和其他直接责任人员处单位罚款数额百分之五以上百分之十以下的罚款；有违法所得的，并处没收违法所得；情节严重的，取消其一年至二年内参加依法必须进行招标的项目的投标资格并予以公告，直至由工商行政管理机关吊销营业执照；构成犯罪的，依法追究刑事责任。给他人造成损失的，依法承担赔偿责任。

第五十四条　投标人以他人名义投标或者以其他方式弄虚作假，骗取中标的，中标无效，给招标人造成损失的，依法承担赔偿责任；构成犯罪的，依法追究刑事责任。

依法必须进行招标的项目的投标人有前款所列行为尚未构成犯罪的，处中标项目金额千分之五以上千分之十以下的罚款，对单位直接负责的主管人员和其他直接责任人员处单位罚款数额百分之五以上百分之十以下的罚款；有违法所得的，并处没收违法所得；情节严重的，取消其一年至三年内参加依法必须进行招标的项目的投标资格并予以公告，直至由工商行政管理机关吊销营业执照。

第五十五条　依法必须进行招标的项目，招标人违反本法规定，与投标人就投标价格、投标方案等实质性内容进行谈判的，给予警告，对单位直接负责的主管人员和其他直接责任人员依法给予处分。

前款所列行为影响中标结果的，中标无效。

第五十六条　评标委员会成员收受投标人的财物或者其他好处的，评标委员会成员或者参加评标的有关工作人员向他人透露对投标文件的评审和比较、中标候选人的推荐以及与评标有关的其他情况的，给予警告，没收收受的财物，可以并处三千元以上五万元以下的罚款，对有所列违法行为的评标委员会成员取消担任评标委员会成员的资格，不得再参加任何依法必须进行招标的项目的评标；构成犯罪的，依法追究刑事责任。

第五十七条　招标人在评标委员会依法推荐的中标候选人以外确定中标人的，依法必须进行招标的项目在所有投标被评标委员会否决后自行确定中标人的，中标无效。责令改正，可以处中标项目金额千分之五以上千分之十以下的罚款；对单位直接负责的主管人员和其他直接责任人员依法给予处分。

第五十八条　中标人将中标项目转让给他人的，将中标项目肢解后分别转让给他人的，违反本法规定将中标项目的部分主体、关键性工作分包给他人的，或者分包人再次分包的，转让、分包无效，处转让、分包项目金额千分之五以上千分之十以下的罚款；有违法所得的，并处没收违法所得；可以责令停业整顿；情节严重的，由工商行政管理机关吊销营业执照。

第五十九条　招标人与中标人不按照招标文件和中标人的投标文件订立合同的，或者招标人、中标人订立背离合同实质性内容的协议的，责令改正；可以处中标项目金额千分之五以上千分之十以下的罚款。

第六十条　中标人不履行与招标人订立的合同的，履约保证金不予退还，给招标人造成的损失超过履约保证金数额的，还应当对超过部分予以赔偿；没有提交履约保证金的，应当对招标人的损失承担赔偿责任。

中标人不按照与招标人订立的合同履行义务，情节严重的，取消其二年至五年内参加依法必须进行招标的项目的投标资格并予以公告，直至由工商行政管理机关吊销营业执照。

因不可抗力不能履行合同的，不适用前两款规定。

第六十一条　本章规定的行政处罚，由国务院规定的有关行政监督部门决定。本法已对实施行政处罚的机关作出规定的除外。

第六十二条　任何单位违反本法规定，限制或者排斥本地区、本系统以外的法人或者其他组织参加投标的，为招标人指定招标代理机构的，强制招标人委托招标代理机构办理招标事宜的，或者以其他方式干涉招标投标活动的，责令改正；对单位直接负责的主管人员和其他直接责任人员依法给予警告、记过、记大过的处分，情节较重的，依法给予降级、撤职、开除的处分。

个人利用职权进行前款违法行为的，依照前款规定追究责任。

第六十三条　对招标投标活动依法负有行政监督职责的国家机关工作人员徇私舞弊、滥用职权或者玩忽职守，构成犯罪的，依法追究刑事责任；不构成犯罪的，依法给予行政处分。

第六十四条　依法必须进行招标的项目违反本法规定，中标无效的，应当依照本法规定的中标条件从其余投标人中重新确定中标人或者依照本法重新进行招标。

第六章　附　则

第六十五条　投标人和其他利害关系人认为招标投标活动不符合本法有关规定的，有权向招标人提出异议或者依法向有关行政监督部门投诉。

第六十六条　涉及国家安全、国家秘密、抢险救灾或者属于利用扶贫资金实行以工代赈、需要使用农民工等特殊情况，不适宜进行招标的项目，按照国家有关规定可以不进行招标。

第六十七条　使用国际组织或者外国政府贷款、援助资金的项目进行招标，贷款方、资金提供方对招标投标的具体条件和程序有不同规定的，可以适用其规定，但违背中华人民共和国的社会公共利益的除外。

第六十八条　本法自2000年1月1日起施行。

附录3

中华人民共和国招标投标法实施条例

《中华人民共和国招标投标法实施条例》经2011年11月30日国务院第183次常务会议通过，自2012年2月1日起施行。根据2019年3月2日《国务院关于修改部分行政法规的决定》第三次修订。

第一章　总　则

第一条　为了规范招标投标活动，根据《中华人民共和国招标投标法》（以下简称《招标投标法》），制定本条例。

第二条　招标投标法第三条所称工程建设项目，是指工程以及与工程建设有关的货物、服务。

前款所称工程，是指建设工程，包括建筑物和构筑物的新建、改建、扩建及其相关的装修、拆除、修缮等；所称与工程建设有关的货物，是指构成工程不可分割的组成部分，且为实现工程基本功能所必需的设备、材料等；所称与工程建设有关的服务，是指为完成工程所需的勘察、设计、监理等服务。

第三条　依法必须进行招标的工程建设项目的具体范围和规模标准，由国务院发展改革部门会同国务院有关部门制定，报国务院批准后公布施行。

第四条　国务院发展改革部门指导和协调全国招标投标工作，对国家重大建设项目的工程招标投标活动实施监督检查。国务院工业和信息化、住房城乡建设、交通运输、铁道、水利、商务等部门，按照规定的职责分工对有关招标投标活动实施监督。

县级以上地方人民政府发展改革部门指导和协调本行政区域的招标投标工作。县级以上地方人民政府有关部门按照规定的职责分工，对招标投标活动实施监督，依法查处招标投标活动中的违法行为。县级以上地方人民政府对其所属部门有关招标投标活动的监督职责分工另有规定的，从其规定。

财政部门依法对实行招标投标的政府采购工程建设项目的预算执行情况和政府采购政策执行情况实施监督。

监察机关依法对与招标投标活动有关的监察对象实施监察。

第五条　设区的市级以上地方人民政府可以根据实际需要，建立统一规范的招标投标交易场所，为招标投标活动提供服务。招标投标交易场所不得与行政监督部门存在隶属关系，不得以营利为目的。

国家鼓励利用信息网络进行电子招标投标。

第六条　禁止国家工作人员以任何方式非法干涉招标投标活动。

第二章　招　标

第七条　按照国家有关规定需要履行项目审批、核准手续的依法必须进行招标的项目，其招标范围、招标方式、招标组织形式应当报项目审批、核准部门审批、核准。项目审批、核准部门应当及时将审批、核准确定的招标范围、招标方式、招标组织形式通报有关行政监督部门。

第八条 国有资金占控股或者主导地位的依法必须进行招标的项目，应当公开招标；但有下列情形之一的，可以邀请招标：

（一）技术复杂、有特殊要求或者受自然环境限制，只有少量潜在投标人可供选择；

（二）采用公开招标方式的费用占项目合同金额的比例过大。

有前款第二项所列情形，属于本条例第七条规定的项目，由项目审批、核准部门在审批、核准项目时作出认定；其他项目由招标人申请有关行政监督部门作出认定。

第九条 除招标投标法第六十六条规定的可以不进行招标的特殊情况外，有下列情形之一的，可以不进行招标：

（一）需要采用不可替代的专利或者专有技术；

（二）采购人依法能够自行建设、生产或者提供；

（三）已通过招标方式选定的特许经营项目投资人依法能够自行建设、生产或者提供；

（四）需要向原中标人采购工程、货物或者服务，否则将影响施工或者功能配套要求；

（五）国家规定的其他特殊情形。

招标人为适用前款规定弄虚作假的，属于招标投标法第四条规定的规避招标。

第十条 招标投标法第十二条第二款规定的招标人具有编制招标文件和组织评标能力，是指招标人具有与招标项目规模和复杂程度相适应的技术、经济等方面的专业人员。

第十一条 招标代理机构的资格依照法律和国务院的规定由有关部门认定。

国务院住房城乡建设、商务、发展改革、工业和信息化等部门，按照规定的职责分工对招标代理机构依法实施监督管理。

第十二条 招标代理机构应当拥有一定数量的取得招标职业资格的专业人员。取得招标职业资格的具体办法由国务院人力资源社会保障部门会同国务院发展改革部门制定。

第十三条 招标代理机构在其资格许可和招标人委托的范围内开展招标代理业务，任何单位和个人不得非法干涉。

招标代理机构代理招标业务，应当遵守招标投标法和本条例关于招标人的规定。招标代理机构不得在所代理的招标项目中投标或者代理投标，也不得为所代理的招标项目的投标人提供咨询。

招标代理机构不得涂改、出租、出借、转让资格证书。

第十四条 招标人应当与被委托的招标代理机构签订书面委托合同，合同约定的收费标准应当符合国家有关规定。

第十五条 公开招标的项目，应当依照招标投标法和本条例的规定发布招标公告、编制招标文件。

招标人采用资格预审办法对潜在投标人进行资格审查的，应当发布资格预审公告、编制资格预审文件。

依法必须进行招标的项目的资格预审公告和招标公告，应当在国务院发展改革部门依法指定的媒介发布。在不同媒介发布的同一招标项目的资格预审公告或者招标公告的内容应当一致。指定媒介发布依法必须进行招标的项目的境内资格预审公告、招标公告，不得收取费用。

编制依法必须进行招标的项目的资格预审文件和招标文件，应当使用国务院发展改革部门会同有关行政监督部门制定的标准文本。

第十六条　招标人应当按照资格预审公告、招标公告或者投标邀请书规定的时间、地点发售资格预审文件或者招标文件。资格预审文件或者招标文件的发售期不得少于5日。

招标人发售资格预审文件、招标文件收取的费用应当限于补偿印刷、邮寄的成本支出，不得以营利为目的。

第十七条　招标人应当合理确定提交资格预审申请文件的时间。依法必须进行招标的项目提交资格预审申请文件的时间，自资格预审文件停止发售之日起不得少于5日。

第十八条　资格预审应当按照资格预审文件载明的标准和方法进行。

国有资金占控股或者主导地位的依法必须进行招标的项目，招标人应当组建资格审查委员会审查资格预审申请文件。资格审查委员会及其成员应当遵守招标投标法和本条例有关评标委员会及其成员的规定。

第十九条　资格预审结束后，招标人应当及时向资格预审申请人发出资格预审结果通知书。未通过资格预审的申请人不具有投标资格。

通过资格预审的申请人少于3个的，应当重新招标。

第二十条　招标人采用资格后审办法对投标人进行资格审查的，应当在开标后由评标委员会按照招标文件规定的标准和方法对投标人的资格进行审查。

第二十一条　招标人可以对已发出的资格预审文件或者招标文件进行必要的澄清或者修改。澄清或者修改的内容可能影响资格预审申请文件或者投标文件编制的，招标人应当在提交资格预审申请文件截止时间至少3日前，或者投标截止时间至少15日前，以书面形式通知所有获取资格预审文件或者招标文件的潜在投标人；不足3日或者15日的，招标人应当顺延提交资格预审申请文件或者投标文件的截止时间。

第二十二条　潜在投标人或者其他利害关系人对资格预审文件有异议的，应当在提交资格预审申请文件截止时间2日前提出；对招标文件有异议的，应当在投标截止时间10日前提出。招标人应当自收到异议之日起3日内作出答复；作出答复前，应当暂停招标投标活动。

第二十三条　招标人编制的资格预审文件、招标文件的内容违反法律、行政法规的强制性规定，违反公开、公平、公正和诚实信用原则，影响资格预审结果或者潜在投标人投标的，依法必须进行招标的项目的招标人应当在修改资格预审文件或者招标文件后重新招标。

第二十四条　招标人对招标项目划分标段的，应当遵守招标投标法的有关规定，不得利用划分标段限制或者排斥潜在投标人。依法必须进行招标的项目的招标人不得利用划分标段规避招标。

第二十五条　招标人应当在招标文件中载明投标有效期。投标有效期从提交投标文件的截止之日起算。

第二十六条　招标人在招标文件中要求投标人提交投标保证金的，投标保证金不得超过招标项目估算价的2%。投标保证金有效期应当与投标有效期一致。

依法必须进行招标的项目的境内投标单位，以现金或者支票形式提交的投标保证金应当从其基本账户转出。

招标人不得挪用投标保证金。

第二十七条　招标人可以自行决定是否编制标底。一个招标项目只能有一个标底。标底必须保密。

接受委托编制标底的中介机构不得参加受托编制标底项目的投标，也不得为该项目的投标人编制投标文件或者提供咨询。

招标人设有最高投标限价的，应当在招标文件中明确最高投标限价或者最高投标限价的计算方法。招标人不得规定最低投标限价。

第二十八条　招标人不得组织单个或者部分潜在投标人踏勘项目现场。

第二十九条　招标人可以依法对工程以及与工程建设有关的货物、服务全部或者部分实行总承包招标。以暂估价形式包括在总承包范围内的工程、货物、服务属于依法必须进行招标的项目范围且达到国家规定规模标准的，应当依法进行招标。

前款所称暂估价，是指总承包招标时不能确定价格而由招标人在招标文件中暂时估定的工程、货物、服务的金额。

第三十条　对技术复杂或者无法精确拟定技术规格的项目，招标人可以分两阶段进行招标。

第一阶段，投标人按照招标公告或者投标邀请书的要求提交不带报价的技术建议，招标人根据投标人提交的技术建议确定技术标准和要求，编制招标文件。

第二阶段，招标人向在第一阶段提交技术建议的投标人提供招标文件，投标人按照招标文件的要求提交包括最终技术方案和投标报价的投标文件。

招标人要求投标人提交投标保证金的，应当在第二阶段提出。

第三十一条　招标人终止招标的，应当及时发布公告，或者以书面形式通知被邀请的或者已经获取资格预审文件、招标文件的潜在投标人。已经发售资格预审文件、招标文件或者已经收取投标保证金的，招标人应当及时退还所收取的资格预审文件、招标文件的费用，以及所收取的投标保证金及银行同期存款利息。

第三十二条　招标人不得以不合理的条件限制、排斥潜在投标人或者投标人。

招标人有下列行为之一的，属于以不合理条件限制、排斥潜在投标人或者投标人：

（一）就同一招标项目向潜在投标人或者投标人提供有差别的项目信息；

（二）设定的资格、技术、商务条件与招标项目的具体特点和实际需要不相适应或者与合同履行无关；

（三）依法必须进行招标的项目以特定行政区域或者特定行业的业绩、奖项作为加分条件或者中标条件；

（四）对潜在投标人或者投标人采取不同的资格审查或者评标标准；

（五）限定或者指定特定的专利、商标、品牌、原产地或者供应商；

（六）依法必须进行招标的项目非法限定潜在投标人或者投标人的所有制形式或者组织形式；

（七）以其他不合理条件限制、排斥潜在投标人或者投标人。

第三章　投　标

第三十三条　投标人参加依法必须进行招标的项目的投标，不受地区或者部门的限制，任何单位和个人不得非法干涉。

第三十四条　与招标人存在利害关系可能影响招标公正性的法人、其他组织或者个人，不得参加投标。

单位负责人为同一人或者存在控股、管理关系的不同单位，不得参加同一标段投标或者未划分标段的同一招标项目投标。

违反前两款规定的，相关投标均无效。

第三十五条　投标人撤回已提交的投标文件，应当在投标截止时间前书面通知招标人。招标人已收取投标保证金的，应当自收到投标人书面撤回通知之日起5日内退还。

投标截止后投标人撤销投标文件的，招标人可以不退还投标保证金。

第三十六条　未通过资格预审的申请人提交的投标文件，以及逾期送达或者不按照招标文件要求密封的投标文件，招标人应当拒收。

招标人应当如实记载投标文件的送达时间和密封情况，并存档备查。

第三十七条　招标人应当在资格预审公告、招标公告或者投标邀请书中载明是否接受联合体投标。

招标人接受联合体投标并进行资格预审的，联合体应当在提交资格预审申请文件前组成。资格预审后联合体增减、更换成员的，其投标无效。

联合体各方在同一招标项目中以自己名义单独投标或者参加其他联合体投标的，相关投标均无效。

第三十八条　投标人发生合并、分立、破产等重大变化的，应当及时书面告知招标人。投标人不再具备资格预审文件、招标文件规定的资格条件或者其投标影响招标公正性的，其投标无效。

第三十九条　禁止投标人相互串通投标。

有下列情形之一的，属于投标人相互串通投标：

（一）投标人之间协商投标报价等投标文件的实质性内容；

（二）投标人之间约定中标人；

（三）投标人之间约定部分投标人放弃投标或者中标；

（四）属于同一集团、协会、商会等组织成员的投标人按照该组织要求协同投标；

（五）投标人之间为谋取中标或者排斥特定投标人而采取的其他联合行动。

第四十条　有下列情形之一的，视为投标人相互串通投标：

（一）不同投标人的投标文件由同一单位或者个人编制；

（二）不同投标人委托同一单位或者个人办理投标事宜；

（三）不同投标人的投标文件载明的项目管理成员为同一人；

（四）不同投标人的投标文件异常一致或者投标报价呈规律性差异；

（五）不同投标人的投标文件相互混装；

（六）不同投标人的投标保证金从同一单位或者个人的账户转出。

第四十一条　禁止招标人与投标人串通投标。

有下列情形之一的，属于招标人与投标人串通投标：

（一）招标人在开标前开启投标文件并将有关信息泄露给其他投标人；

（二）招标人直接或者间接向投标人泄露标底、评标委员会成员等信息；

（三）招标人明示或者暗示投标人压低或者抬高投标报价；

（四）招标人授意投标人撤换、修改投标文件；

（五）招标人明示或者暗示投标人为特定投标人中标提供方便；

（六）招标人与投标人为谋求特定投标人中标而采取的其他串通行为。

第四十二条　使用通过受让或者租借等方式获取的资格、资质证书投标的，属于招标投标法第三十三条规定的以他人名义投标。

投标人有下列情形之一的，属于招标投标法第三十三条规定的以其他方式弄虚作假的行为：

（一）使用伪造、变造的许可证件；

（二）提供虚假的财务状况或者业绩；

（三）提供虚假的项目负责人或者主要技术人员简历、劳动关系证明；

（四）提供虚假的信用状况；

（五）其他弄虚作假的行为。

第四十三条　提交资格预审申请文件的申请人应当遵守招标投标法和本条例有关投标人的规定。

第四章　开标、评标和中标

第四十四条　招标人应当按照招标文件规定的时间、地点开标。

投标人少于3个的，不得开标，招标人应当重新招标。

投标人对开标有异议的，应当在开标现场提出，招标人应当当场作出答复，并制作记录。

第四十五条　国家实行统一的评标专家专业分类标准和管理办法。具体标准和办法由国务院发展改革部门会同国务院有关部门制定。

省级人民政府和国务院有关部门应当组建综合评标专家库。

第四十六条　除招标投标法第三十七条第三款规定的特殊招标项目外，依法必须进行招标的项目，其评标委员会的专家成员应当从评标专家库内相关专业的专家名单中以随机抽取方式确定。任何单位和个人不得以明示、暗示等任何方式指定或者变相指定参加评标委员会的专家成员。

依法必须进行招标的项目的招标人非因招标投标法和本条例规定的事由，不得更换依法确定的评标委员会成员。更换评标委员会的专家成员应当依照前款规定进行。

评标委员会成员与投标人有利害关系的，应当主动回避。

有关行政监督部门应当按照规定的职责分工，对评标委员会成员的确定方式、评标专家的抽取和评标活动进行监督。行政监督部门的工作人员不得担任本部门负责监督项目的评标委员会成员。

第四十七条　招标投标法第三十七条第三款所称特殊招标项目，是指技术复杂、专业性强或者国家有特殊要求，采取随机抽取方式确定的专家难以保证胜任评标工作的项目。

第四十八条　招标人应当向评标委员会提供评标所必需的信息，但不得明示或者暗示其倾向或者排斥特定投标人。

招标人应当根据项目规模和技术复杂程度等因素合理确定评标时间。超过三分之一的评标委员会成员认为评标时间不够的，招标人应当适当延长。

评标过程中，评标委员会成员有回避事由、擅离职守或者因健康等原因不能继续评标的，应当及时更换。被更换的评标委员会成员作出的评审结论无效，由更换后的评标委员会成员重新进行评审。

第四十九条　评标委员会成员应当依照招标投标法和本条例的规定，按照招标文件规定的评标标准和方法，客观、公正地对投标文件提出评审意见。招标文件没有规定的评标标准和方法不得作为评标的依据。

评标委员会成员不得私下接触投标人，不得收受投标人给予的财物或者其他好处，不得向招标人征询确定中标人的意向，不得接受任何单位或者个人明示或者暗示提出的倾向或者排斥特定投标人的要求，不得有其他不客观、不公正履行职务的行为。

第五十条　招标项目设有标底的，招标人应当在开标时公布。标底只能作为评标的参考，不得以投标报价是否接近标底作为中标条件，也不得以投标报价超过标底上下浮动范围作为否决投标的条件。

第五十一条　有下列情形之一的，评标委员会应当否决其投标：

（一）投标文件未经投标单位盖章和单位负责人签字；

（二）投标联合体没有提交共同投标协议；

（三）投标人不符合国家或者招标文件规定的资格条件；

（四）同一投标人提交两个以上不同的投标文件或者投标报价，但招标文件要求提交备选投标的除外；

（五）投标报价低于成本或者高于招标文件设定的最高投标限价；

（六）投标文件没有对招标文件的实质性要求和条件作出响应；

（七）投标人有串通投标、弄虚作假、行贿等违法行为。

第五十二条　投标文件中有含义不明确的内容、明显文字或者计算错误，评标委员会认为需要投标人作出必要澄清、说明的，应当书面通知该投标人。投标人的澄清、说明应当采用书面形式，并不得超出投标文件的范围或者改变投标文件的实质性内容。

评标委员会不得暗示或者诱导投标人作出澄清、说明，不得接受投标人主动提出的澄清、说明。

第五十三条　评标完成后，评标委员会应当向招标人提交书面评标报告和中标候选人名单。中标候选人应当不超过3个，并标明排序。

评标报告应当由评标委员会全体成员签字。对评标结果有不同意见的评标委员会成员应当以书面形式说明其不同意见和理由，评标报告应当注明该不同意见。评标委员会成员拒绝在评标报告上签字又不书面说明其不同意见和理由的，视为同意评标结果。

第五十四条　依法必须进行招标的项目，招标人应当自收到评标报告之日起3日内公示中标候选人，公示期不得少于3日。

投标人或者其他利害关系人对依法必须进行招标的项目的评标结果有异议的，应当在中标候选人公示期间提出。招标人应当自收到异议之日起3日内作出答复；作出答复前，应当暂停招标投标活动。

第五十五条　国有资金占控股或者主导地位的依法必须进行招标的项目，招标人应当确定排名第一的中标候选人为中标人。排名第一的中标候选人放弃中标、因不可抗力不能履行合同、不按照招标文件要求提交履约保证金，或者被查实存在影响中标结果的违法行为等情形，不符合中标条件的，招标人可以按照评标委员会提出的中标候选人名单排序依次确定其他中标候选人为中标人，也可以重新招标。

第五十六条　中标候选人的经营、财务状况发生较大变化或者存在违法行为，招标人认为可能影响其履约能力的，应当在发出中标通知书前由原评标委员会按照招标文件规定的标准和方法审查确认。

第五十七条　招标人和中标人应当依照招标投标法和本条例的规定签订书面合同，合同的标的、价款、质量、履行期限等主要条款应当与招标文件和中标人的投标文件的内容一致。招标人和中标人不得再行订立背离合同实质性内容的其他协议。

招标人最迟应当在书面合同签订后5日内向中标人和未中标的投标人退还投标保证金及银行同期存款利息。

第五十八条　招标文件要求中标人提交履约保证金的，中标人应当按照招标文件的要求提交。履约保证金不得超过中标合同金额的10%。

第五十九条　中标人应当按照合同约定履行义务，完成中标项目。中标人不得向他人转让中标项目，也不得将中标项目肢解后分别向他人转让。

中标人按照合同约定或者经招标人同意，可以将中标项目的部分非主体、非关键性工作分包给他人完成。接受分包的人应当具备相应的资格条件，并不得再次分包。

中标人应当就分包项目向招标人负责，接受分包的人就分包项目承担连带责任。

第五章　投诉与处理

第六十条　投标人或者其他利害关系人认为招标投标活动不符合法律、行政法规规定的，可以自知道或者应当知道之日起10日内向有关行政监督部门投诉。投诉应当有明确的请求和必要的证明材料。

就本条例第二十二条、第四十四条、第五十四条规定事项投诉的，应当先向招标人提出异议，异议答复期间不计算在前款规定的期限内。

第六十一条　投诉人就同一事项向两个以上有权受理的行政监督部门投诉的，由最先收到投诉的行政监督部门负责处理。

行政监督部门应当自收到投诉之日起3个工作日内决定是否受理投诉，并自受理投诉之日起30个工作日内作出书面处理决定；需要检验、检测、鉴定、专家评审的，所需时间不计算在内。

投诉人捏造事实、伪造材料或者以非法手段取得证明材料进行投诉的，行政监督部门应当予以驳回。

第六十二条　行政监督部门处理投诉，有权查阅、复制有关文件、资料，调查有关情况，相关单位和人员应当予以配合。必要时，行政监督部门可以责令暂停招标投标活动。

行政监督部门的工作人员对监督检查过程中知悉的国家秘密、商业秘密，应当依法予以保密。

第六章　法律责任

第六十三条　招标人有下列限制或者排斥潜在投标人行为之一的，由有关行政监督部门依照招标投标法第五十一条的规定处罚：

（一）依法应当公开招标的项目不按照规定在指定媒介发布资格预审公告或者招标公告；

（二）在不同媒介发布的同一招标项目的资格预审公告或者招标公告的内容不一致，影响潜在投标人申请资格预审或者投标。

依法必须进行招标的项目的招标人不按照规定发布资格预审公告或者招标公告，构成规避招标的，依照招标投标法第四十九条的规定处罚。

第六十四条　招标人有下列情形之一的，由有关行政监督部门责令改正，可以处10万元以下的罚款：

（一）依法应当公开招标而采用邀请招标；

（二）招标文件、资格预审文件的发售、澄清、修改的时限，或者确定的提交资格预审申请文件、投标文件的时限不符合招标投标法和本条例规定；

（三）接受未通过资格预审的单位或者个人参加投标；

（四）接受应当拒收的投标文件。

招标人有前款第一项、第三项、第四项所列行为之一的，对单位直接负责的主管人员和其他直接责任人员依法给予处分。

第六十五条　招标代理机构在所代理的招标项目中投标、代理投标或者向该项目投标人提供咨询的，接受委托编制标底的中介机构参加受托编制标底项目的投标或者为该项目的投标人编制投标文件、提供咨询的，依照招标投标法第五十条的规定追究法律责任。

第六十六条　招标人超过本条例规定的比例收取投标保证金、履约保证金或者不按照规定退还投标保证金及银行同期存款利息的，由有关行政监督部门责令改正，可以处5万元以下的罚款；给他人造成损失的，依法承担赔偿责任。

第六十七条　投标人相互串通投标或者与招标人串通投标的，投标人向招标人或者评标委员会成员行贿谋取中标的，中标无效；构成犯罪的，依法追究刑事责任；尚不构成犯罪的，依照招标投标法第五十三条的规定处罚。投标人未中标的，对单位的罚款金额按照招标项目合同金额依照招标投标法规定的比例计算。

投标人有下列行为之一的，属于招标投标法第五十三条规定的情节严重行为，由有关行政监督部门取消其1年至2年内参加依法必须进行招标的项目的投标资格：

（一）以行贿谋取中标；

（二）3年内2次以上串通投标；

（三）串通投标行为损害招标人、其他投标人或者国家、集体、公民的合法利益，造成直接经济损失30万元以上；

（四）其他串通投标情节严重的行为。

投标人自本条第二款规定的处罚执行期限届满之日起3年内又有该款所列违法行为之一的，或者串通投标、以行贿谋取中标情节特别严重的，由工商行政管理机关吊销营业执照。

法律、行政法规对串通投标报价行为的处罚另有规定的，从其规定。

第六十八条　投标人以他人名义投标或者以其他方式弄虚作假骗取中标的，中标无效；构成犯罪的，依法追究刑事责任；尚不构成犯罪的，依照招标投标法第五十四条的规定处罚。依法必须进行招标的项目的投标人未中标的，对单位的罚款金额按照招标项目合同金额依照招标投标法规定的比例计算。

投标人有下列行为之一的，属于招标投标法第五十四条规定的情节严重行为，由有关行政监督部门取消其1年至3年内参加依法必须进行招标的项目的投标资格：

（一）伪造、变造资格、资质证书或者其他许可证件骗取中标；

（二）3年内2次以上使用他人名义投标；

（三）弄虚作假骗取中标给招标人造成直接经济损失30万元以上；

（四）其他弄虚作假骗取中标情节严重的行为。

投标人自本条第二款规定的处罚执行期限届满之日起3年内又有该款所列违法行为之一的，或者弄虚作假骗取中标情节特别严重的，由工商行政管理机关吊销营业执照。

第六十九条　出让或者出租资格、资质证书供他人投标的，依照法律、行政法规的规定给予行政处罚；构成犯罪的，依法追究刑事责任。

第七十条　依法必须进行招标的项目的招标人不按照规定组建评标委员会，或者确定、更换评标委员会成员违反招标投标法和本条例规定的，由有关行政监督部门责令改正，可以处10万元以下的罚款，对单位直接负责的主管人员和其他直接责任人员依法给予处分；违法确定或者更换的评标委员会成员作出的评审结论无效，依法重新进行评审。

国家工作人员以任何方式非法干涉选取评标委员会成员的，依照本条例第八十一条的规定追究法律责任。

第七十一条　评标委员会成员有下列行为之一的，由有关行政监督部门责令改正；情节严重的，禁止其在一定期限内参加依法必须进行招标的项目的评标；情节特别严重的，取消其担任评标委员会成员的资格：

（一）应当回避而不回避；

（二）擅离职守；

（三）不按照招标文件规定的评标标准和方法评标；

（四）私下接触投标人；

（五）向招标人征询确定中标人的意向或者接受任何单位或者个人明示或者暗示提出的倾向或者排斥特定投标人的要求；

（六）对依法应当否决的投标不提出否决意见；

（七）暗示或者诱导投标人作出澄清、说明或者接受投标人主动提出的澄清、说明；

（八）其他不客观、不公正履行职务的行为。

第七十二条　评标委员会成员收受投标人的财物或者其他好处的，没收收受的财物，处3000元以上5万元以下的罚款，取消担任评标委员会成员的资格，不得再参加依法必须进行招标的项目的评标；构成犯罪的，依法追究刑事责任。

第七十三条　依法必须进行招标的项目的招标人有下列情形之一的，由有关行政监督部门责令改正，可以处中标项目金额10‰以下的罚款；给他人造成损失的，依法承担赔偿责任；对单位直接负责的主管人员和其他直接责任人员依法给予处分：

（一）无正当理由不发出中标通知书；

（二）不按照规定确定中标人；

（三）中标通知书发出后无正当理由改变中标结果；

（四）无正当理由不与中标人订立合同；

（五）在订立合同时向中标人提出附加条件。

第七十四条　中标人无正当理由不与招标人订立合同，在签订合同时向招标人提出附加条件，或者不按照招标文件要求提交履约保证金的，取消其中标资格，投标保证金不予退还。对依法必须进行招标的项目的中标人，由有关行政监督部门责令改正，可以处中标项目金额10‰以下的罚款。

第七十五条　招标人和中标人不按照招标文件和中标人的投标文件订立合同，合同的主要条款与招标文件、中标人的投标文件的内容不一致，或者招标人、中标人订立背离合同实质性内容的协议的，由有关行政监督部门责令改正，可以处中标项目金额5‰以上10‰以下的罚款。

第七十六条　中标人将中标项目转让给他人的，将中标项目肢解后分别转让给他人的，违反招标投标法和本条例规定将中标项目的部分主体、关键性工作分包给他人的，或者分包人再次分包的，转让、分包无效，处转让、分包项目金额5‰以上10‰以下的罚款；有违法所得的，并处没收违法所得；可以责令停业整顿；情节严重的，由工商行政管理机关吊销营业执照。

第七十七条　投标人或者其他利害关系人捏造事实、伪造材料或者以非法手段取得证明材料进行投诉，给他人造成损失的，依法承担赔偿责任。

招标人不按照规定对异议作出答复，继续进行招标投标活动的，由有关行政监督部门责令改正，拒不改正或者不能改正并影响中标结果的，依照本条例第八十二条的规定处理。

第七十八条　取得招标职业资格的专业人员违反国家有关规定办理招标业务的，责令改正，给予警告；情节严重的，暂停一定期限内从事招标业务；情节特别严重的，取消招标职业资格。

第七十九条　国家建立招标投标信用制度。有关行政监督部门应当依法公告对招标人、招标代理机构、投标人、评标委员会成员等当事人违法行为的行政处理决定。

第八十条项　项目审批、核准部门不依法审批、核准项目招标范围、招标方式、招标组织形式的，对单位直接负责的主管人员和其他直接责任人员依法给予处分。

有关行政监督部门不依法履行职责，对违反招标投标法和本条例规定的行为不依法查处，或者不按照规定处理投诉、不依法公告对招标投标当事人违法行为的行政处理决定的，对直接负责的主管人员和其他直接责任人员依法给予处分。

项目审批、核准部门和有关行政监督部门的工作人员徇私舞弊、滥用职权、玩忽职守，构成犯罪的，依法追究刑事责任。

第八十一条　国家工作人员利用职务便利，以直接或者间接、明示或者暗示等任何方式非法干涉招标投标活动，有下列情形之一的，依法给予记过或者记大过处分；情节严重的，依法给予降级或者撤职处分；情节特别严重的，依法给予开除处分；构成犯罪的，依法追究刑事责任：

（一）要求对依法必须进行招标的项目不招标，或者要求对依法应当公开招标的项目不公开招标；

（二）要求评标委员会成员或者招标人以其指定的投标人作为中标候选人或者中标人，或者以其他方式非法干涉评标活动，影响中标结果；

（三）以其他方式非法干涉招标投标活动。

第八十二条　依法必须进行招标的项目的招标投标活动违反招标投标法和本条例的规定，对中标结果造成实质性影响，且不能采取补救措施予以纠正的，招标、投标、中标无效，应当依法重新招标或者评标。

第七章　附　则

第八十三条　招标投标协会按照依法制定的章程开展活动，加强行业自律和服务。

第八十四条　政府采购的法律、行政法规对政府采购货物、服务的招标投标另有规定的，从其规定。

第八十五条　本条例自2012年2月1日起施行。

附录4

建筑工程施工发包与承包计价管理办法

《建筑工程施工发包与承包计价管理办法》经第9次部常务会议审议通过，自2014年2月1日起施行。

第一条　为了规范建筑工程施工发包与承包计价行为，维护建筑工程发包与承包双方的合法权益，促进建筑市场的健康发展，根据有关法律、法规，制定本办法。

第二条　在中华人民共和国境内的建筑工程施工发包与承包计价（以下简称工程发承包计价）管理，适用本办法。本办法所称建筑工程是指房屋建筑和市政基础设施工程。本办法所称工程发承包计价包括编制工程量清单、最高投标限价、招标标底、投标报价，进行工程结算，以及签订和调整合同价款等活动。

第三条　建筑工程施工发包与承包价在政府宏观调控下，由市场竞争形成。

工程发承包计价应当遵循公平、合法和诚实信用的原则。

第四条　国务院住房城乡建设主管部门负责全国工程发承包计价工作的管理。

县级以上地方人民政府住房城乡建设主管部门负责本行政区域内工程发承包计价工作的管理。其具体工作可以委托工程造价管理机构负责。

第五条　国家推广工程造价咨询制度，对建筑工程项目实行全过程造价管理。

第六条　全部使用国有资金投资或者以国有资金投资为主的建筑工程（以下简称国有资金投资的建筑工程），应当采用工程量清单计价；非国有资金投资的建筑工程，鼓励采用工程量清单计价。

国有资金投资的建筑工程招标的，应当设有最高投标限价；非国有资金投资的建筑工程招标的，可以设有最高投标限价或者招标标底。

最高投标限价及其成果文件，应当由招标人报工程所在地县级以上地方人民政府住房城乡建设主管部门备案。

第七条　工程量清单应当依据国家制定的工程量清单计价规范、工程量计算规范等编制。工程量清单应当作为招标文件的组成部分。

第八条　最高投标限价应当依据工程量清单、工程计价有关规定和市场价格信息等编制。招标人设有最高投标限价的，应当在招标时公布最高投标限价的总价，以及各单位工程的分部分项工程费、措施项目费、其他项目费、规费和税金。

第九条　招标标底应当依据工程计价有关规定和市场价格信息等编制。

第十条　投标报价不得低于工程成本，不得高于最高投标限价。投标报价应当依据工程量清单、工程计价有关规定、企业定额和市场价格信息等编制。

第十一条　投标报价低于工程成本或者高于最高投标限价总价的，评标委员会应当否决投标人的投标。对是否低于工程成本报价的异议，评标委员会可以参照国务院住房城乡建设主管部门和省、自治区、直辖市人民政府住房城乡建设主管部门发布的有关规定进行评审。

第十二条　招标人与中标人应当根据中标价订立合同。不实行招标投标的工程由发承包双方协商订立合同。

合同价款的有关事项由发承包双方约定，一般包括合同价款约定方式，预付工程款、工程进度款、工程竣工价款的支付和结算方式，以及合同价款的调整情形等。

第十三条　发承包双方在确定合同价款时，应当考虑市场环境和生产要素价格变化对合同价款的影响。实行工程量清单计价的建筑工程，鼓励发承包双方采用单价方式确定合同价款。

建设规模较小、技术难度较低、工期较短的建筑工程，发承包双方可以采用总价方式确定合同价款。

紧急抢险、救灾以及施工技术特别复杂的建筑工程，发承包双方可以采用成本加酬金方式确定合同价款。

第十四条　发承包双方应当在合同中约定，发生下列情形时合同价款的调整方法：

（一）法律、法规、规章或者国家有关政策变化影响合同价款的；

（二）工程造价管理机构发布价格调整信息的；

（三）经批准变更设计的；

（四）发包方更改经审定批准的施工组织设计造成费用增加的；

（五）双方约定的其他因素。

第十五条　发承包双方应当根据国务院住房城乡建设主管部门和省、自治区、直辖市人民政府住房城乡建设主管部门的规定，结合工程款、建设工期等情况在合同中约定预付工程款的具体事宜。

预付工程款按照合同价款或者年度工程计划额度的一定比例确定和支付，并在工程进度款中予以抵扣。

第十六条　承包方应当按照合同约定向发包方提交已完成工程量报告。发包方收到工程量报告后，应当按照合同约定及时核对并确认。

第十七条　发承包双方应当按照合同约定，定期或者按照工程进度分段进行工程款结算和支付。

第十八条　工程完工后，应当按照下列规定进行竣工结算：

（一）承包方应当在工程完工后的约定期限内提交竣工结算文件。

（二）国有资金投资建筑工程的发包方，应当委托具有相应资质的工程造价咨询企业对竣工结算文件进行审核，并在收到竣工结算文件后的约定期限内向承包方提出由工程造价咨询企业出具的竣工结算文件审核意见；逾期未答复的，按照合同约定处理，合同没有约定的，竣工结算文件视为已被认可。

非国有资金投资的建筑工程发包方，应当在收到竣工结算文件后的约定期限内予以答复，逾期未答复的，按照合同约定处理，合同没有约定的，竣工结算文件视为已被认可；发包方对竣工结算文件有异议的，应当在答复期内向承包方提出，并可以在提出异议之日起的约定期限内与承包方协商；发包方在协商期内未与承包方协商或者经协商未能与承包方达成协议的，应当委托工程造价咨询企业进行竣工结算审核，并在协商期满后的约定期限内向承包方提出由工程造价咨询企业出具的竣工结算文件审核意见。

（三）承包方对发包方提出的工程造价咨询企业竣工结算审核意见有异议的，在接到该审核意见后一个月内，可以向有关工程造价管理机构或者有关行业组织申请调解，调解不成的，可以依法申请仲裁或者向人民法院提起诉讼。

发承包双方在合同中对本条第（一）项、第（二）项的期限没有明确约定的，应当按照国家有关规定执行；国家没有规定的，可认为其约定期限均为28日。

第十九条 工程竣工结算文件经发承包双方签字确认的，应当作为工程决算的依据，未经对方同意，另一方不得就已生效的竣工结算文件委托工程造价咨询企业重复审核。发包方应当按照竣工结算文件及时支付竣工结算款。

竣工结算文件应当由发包方报工程所在地县级以上地方人民政府住房城乡建设主管部门备案。

第二十条 造价工程师编制工程量清单、最高投标限价、招标标底、投标报价、工程结算审核和工程造价鉴定文件，应当签字并加盖造价工程师执业专用章。

第二十一条 县级以上地方人民政府住房城乡建设主管部门应当依照有关法律、法规和本办法规定，加强对建筑工程发承包计价活动的监督检查和投诉举报的核查，并有权采取下列措施：

（一）要求被检查单位提供有关文件和资料；

（二）就有关问题询问签署文件的人员；

（三）要求改正违反有关法律、法规、本办法或者工程建设强制性标准的行为。

县级以上地方人民政府住房城乡建设主管部门应当将监督检查的处理结果向社会公开。

第二十二条 造价工程师在最高投标限价、招标标底或者投标报价编制、工程结算审核和工程造价鉴定中，签署有虚假记载、误导性陈述的工程造价成果文件的，记入造价工程师信用档案，依照《注册造价工程师管理办法》进行查处；构成犯罪的，依法追究刑事责任。

第二十三条 工程造价咨询企业在建筑工程计价活动中，出具有虚假记载、误导性陈述的工程造价成果文件的，记入工程造价咨询企业信用档案，由县级以上地方人民政府住房城乡建设主管部门责令改正，处1万元以上3万元以下的罚款，并予以通报。

第二十四条 国家机关工作人员在建筑工程计价监督管理工作中玩忽职守、徇私舞弊、滥用职权的，由有关机关给予行政处分；构成犯罪的，依法追究刑事责任。

第二十五条 建筑工程以外的工程施工发包与承包计价管理可以参照本办法执行。

第二十六条 省、自治区、直辖市人民政府住房城乡建设主管部门可以根据本办法制定实施细则。

第二十七条 本办法自2014年2月1日起施行。原建设部2001年11月5日发布的《建筑工程施工发包与承包计价管理办法》（建设部令第107号）同时废止。

附录5

江苏省建设工程造价管理办法

《江办省建设工程造价管理办法》已于2010年8月16日经省人民政府第51次常委会议讨论通过，现予发布，自2010年1月1日起施行。2019年5月6日经省政府121号令《江苏省人民政府关于废止和修改改部分省政府规章的决定》作第一次修改。

第一章　总　则

第一条　为加强建设工程造价管理，规范与建设工程造价有关的行为，维护工程建设参与各方的合法权益，依据《中华人民共和国建筑法》及相关法律、法规，结合本省实际，制定本办法。

第二条　本省行政区域内建设工程造价的确定与控制，以及相关的监督管理活动，适用本办法。

本办法所称建设工程，是指各类房屋建筑和市政基础设施，以及与其配套的线路、管道、设备安装工程。交通、水利、电力等工程的造价管理，按照法律、法规和国家相关规定执行。本办法所称建设工程造价，是指建设项目从筹建到交付使用期间，因工程建设活动所需发生的费用。

第三条　从事工程造价活动应当遵循合法、客观公正、诚实信用的原则，不得损害社会公共利益和他人的合法权益。

第四条　县级以上地方人民政府建设行政主管部门负责本行政区域内建设工程造价活动的监督管理，具体工作由其委托建设工程造价管理机构实施。

县级以上地方人民政府发展和改革、财政、审计、价格等部门按照各自职责，负责有关建设工程造价的监督管理工作。

第五条　建设工程造价行业协会应当建立健全自律机制，发挥行业指导、服务和协调作用。

第二章　建设工程计价管理

第六条　建设工程计价是指对建设工程造价进行确定与控制的活动，主要包括：

（一）编制和审核投资估算、初步设计概算、施工图预算、工程量清单、招标标底、招标控制价、投标报价；

（二）约定和调整合同价款；

（三）实施工程计量与支付工程价款；

（四）办理工程索赔与变更签证、工程结算和决算；

（五）处理建设工程造价争议和进行建设工程造价鉴定；

（六）与建设工程造价确定和控制有关的其他活动。

第七条　建设工程计价依据是指从事建设工程造价活动中所使用的各类规范、标准、定额、造价信息以及工程造价管理制度等。

第八条　估算指标、概算指标、概算定额、费用定额由省住房和城乡建设行政主管部门会同省发展和改革、财政等行政主管部门制定。

预算定额（计价表）、劳动定额、施工机械台班定额、工期定额由省住房和城乡建设行政主管部门制定。

第九条　建设工程造价的确定，应当符合下列要求：

（一）建设项目可行性研究阶段应当编制投资估算。投资估算应当参照投资估算指标等相关计价依据并参考建设期价格、利率、汇率变化等，由具有相应资质的编制单位或者工程造价咨询企业编制，并按照规定报投资主管部门审批或者核准；

（二）建设项目初步设计阶段应当编制设计概算。设计概算应当在投资估算的控制下，根据概算指标、概算定额等相关计价依据，由具有相应资质的设计单位或者工程造价咨询企业编制，并按照规定报投资主管部门审批或者核准；

（三）建设工程实施阶段应当编制施工图预算。施工图预算应当在设计概算范围内，根据经审定的施工图、施工组织设计方案和工程定额、计价规范等相关的计价依据，由建设单位、施工单位或者其委托具有相应资质的工程造价咨询企业编制确定；

（四）建设项目工程量清单、招标控制价或者标底应当根据经审定的施工图、招标文件、工程定额、计价规范和建设工程造价管理机构发布的指导价等相关计价依据，由具有相应资质的工程造价咨询、招标代理机构编制并经建设单位认可，具备自行组织招标条件的建设单位也可以自行编制确定；

（五）投标报价应当依据施工图、招标文件、施工组织设计、企业定额或者相关定额，并考虑市场环境、生产要素价格等变化，由投标企业自主编制确定且不得低于企业成本；

（六）工程结算应当依据建设项目合同、补充协议、变更签证等发包人、承包人认可的有效文件，由承包人或者其委托具有相应资质的工程造价咨询企业编制，经发包人或者其委托具有相应资质的工程造价咨询企业审核后确定；

（七）建设项目竣工决算应当依照国家和本省有关财务决算的规定编制。

第十条　建设工程施工发包与承包价在政府宏观调控下，由企业自主报价和市场竞争形成。

建设工程施工发包与承包价可以采用工程量清单方式计价，也可以采用工程定额方式计价。

第十一条　全部使用国有资金投资、国有资金投资占控股或者主导地位的工程建设项目（以下统称国有资金投资项目），必须采用工程量清单方式计价。

国有资金投资项目采用招标方式发包的，应当编制招标控制价。

经投资主管部门审批或者核准的国有资金投资项目设计概算是该建设项目投资和造价控制的最高限额，未经原项目审批部门批准不得随意调整或者突破。

政府财政性资金投资建设项目，除按照本章有关规定办理外，其施工图预算、工程结算、工程竣工决算，还须经同级财政部门审查。

国有资金投资项目和政府财政性资金投资建设项目应当依法接受审计监督，被审计单位应当执行审计机关依法作出的审计决定。

第十二条　建设工程施工合同应当对下列与工程造价有关的事项作出具体约定：

（一）计价依据和计价方式；

（二）合同价格类型及合同总价，采用固定单价合同的各项目单价；

（三）采用工程预付款方式时的预付款数额，预付款支付方式、支付时间及抵扣方式；

（四）工程进度款支付的方式、数额及时间；

（五）合同价款的调整因素、调整方法、调整程序；

（六）索赔和现场签证的程序、金额确认与支付时间；

（七）发包人供应的材料、设备价款的确定和抵扣方式；

（八）合同风险的范围、幅度和承担方式及风险超出约定时合同价款的调整办法；

（九）工程结算的编制、审核时间，结算价款的支付方式、支付时间；

（十）工程质量不合格违约责任、工程质量奖励办法及工程质量保修金的数额、预留和返还的方式、时间；

（十一）施工工期拖延违约责任和工期提前竣工奖励办法；

（十二）工程造价争议调解、处理的方式；

（十三）工程造价其他约定事项和违约责任。

第十三条　发包人和承包人应当按照规定将施工现场安全文明施工措施费列入合同价款，由承包人专项用于施工现场的安全防护、文明施工和环境保护。

第十四条　发包人或者承包人应当自施工合同签订之日起7日内，将合同副本报送工程所在地建设行政主管部门备案。

合同履行过程中，合同约定的工程价款、工期、工程质量等实质性内容发生变更的，发包人或者承包人应当将变更的内容按照前款规定报送备案。

第十五条　建设工程采用招标方式发包的，建设工程合同中关于工程造价的约定应当与招标文件和中标人投标文件的实质性内容相一致；不一致的，不作为工程结算和审核的依据。当事人签订的合同变更或者另行签订的其他协议与经过备案的施工合同在实质性内容上不一致的，以经过备案的合同作为工程结算和审核的依据。

任何单位和个人均不得违反合同的约定进行工程结算审核。

第十六条　发包人、承包人应当在合同约定期限内分别完成项目工程结算编制和工程结算审核工作。合同未约定期限的，由发包人、承包人协商解决或者按照行政管理部门的有关规定处理。

合同约定发包人收到工程结算文件后，在约定期限内不予答复，视为认可工程结算文件的，按照约定处理。

第三章　工程造价咨询企业和从业人员管理

第十七条　从事建设工程造价咨询服务的企业，应当依法取得相应的资质，并在资质等级许可的范围内执业。

工程造价咨询企业不得与行政机关存在隶属关系或者其他利益关系。

建立科学的工程造价咨询机制，工程造价咨询费的计取应当遵循公平、合理的原则，不得以工程造价作为唯一的计算标准。

第十八条　工程造价咨询企业应当建立健全质量控制、技术档案管理和财务管理等规章制度。

工程造价咨询企业对出具的建设工程造价咨询成果负责。因自身过错造成委托人经济损失的，按照合同约定予以赔偿。

第十九条　工程造价咨询企业在本省设立分支机构的，应当自领取分支机构营业执照之日起30日内，到省住房和城乡建设行政主管部门办理备案。

工程造价咨询企业跨省、自治区、直辖市承接建设工程造价咨询业务的，应当自委托咨询合同签订之日起30日内，到省住房和城乡建设行政主管部门办理备案。

第二十条　工程造价咨询企业在建设工程造价执业活动中不得有下列行为：

（一）涂改、倒卖、出租、出借资质证书或者以其他形式非法转让资质证书；

（二）超越资质等级承接建设工程造价咨询业务；

（三）同时接受招标人和投标人或者两个以上投标人对同一工程项目的造价咨询业务；

（四）以给予回扣、贿赂等方式进行不正当竞争；

（五）转让其所承接的建设工程造价咨询业务；

（六）工程造价成果文件上使用非本项目咨询人员的执业印章或者专用章；

（七）违背客观、公正和诚实信用原则出具建设工程造价咨询成果文件；

（八）法律、法规和规章禁止的其他行为。

第二十一条　具有造价工程师执业资格的人员从事工程造价业务，应当依法进行注册。不具有造价工程师执业资格的人员，应当经培训考核合格，取得建设工程造价员证书。注册造价工程师和建设工程造价员应当自觉接受继续教育和业务技能考核。

第二十二条　建设工程造价成果文件应当加盖编制单位公章，并加盖编制单位注册造价工程师执业印章或者建设工程造价员专用章。

工程造价咨询企业出具的建设工程造价咨询成果文件，应当加盖从事本项目咨询业务的注册造价工程师执业印章和企业执业印章。

第二十三条　工程造价从业人员不得有下列行为：

（一）签署有虚假记载或者误导性陈述的建设工程造价成果文件；

（二）在执业过程中实施索贿、受贿、商业贿赂或者谋取其他不正当的利益；

（三）以个人名义承接建设工程造价业务、允许他人以自己的名义从事建设工程造价业务或者冒用他人的名义签署建设工程造价成果文件；

（四）同时在两个或者两个以上单位从业；

（五）在非实际从业单位注册；

（六）涂改、倒卖、出租、出借或者以其他形式非法转让注册证书、执业印章、专用章；

（七）法律、法规和规章禁止的其他行为。

第二十四条　工程造价咨询企业和造价从业人员应当向资质（资格）许可机关以及从事建设工程造价活动所在地的建设行政主管部门提供真实、准确、完整的企业和个人信用档案信息以及执业活动业务信息。

第四章　监督检查

第二十五条　县级以上地方人民政府建设行政主管部门应当建立健全工程造价咨询企业和造价从业人员的信用管理体系。对因建设工程造价违法行为受到行政处罚的企业或者个人，应当记入其信用档案，并向社会公布。

任何单位和个人有权查阅工程造价咨询企业和造价从业人员的信用档案。

第二十六条　县级以上地方人民政府建设行政主管部门和其他有关部门可以对国有资金项目合同实施过程中的有关建设工程造价活动情况进行检查与调查，发现有超过国家和省规定的额度及标准，擅自增加建设内容、扩大规模、提高建设标准等行为的，应当及时将有关情况通报原项目审批或者核准部门。

第二十七条　合同双方对建设工程造价产生争议，经协商不能达成一致意见的，可以按照合同条款约定的办法提请调解，也可以依法申请仲裁或者向人民法院起诉。

第五章　法律责任

第二十八条　违反本办法规定的行为，法律、法规另有规定的，从其规定。

第二十九条　违反本办法规定，有下列行为之一的，由县级以上地方人民政府建设行政主管部门给予警告，责令改正，并可以根据情节轻重，处以五千元以上三万元以下的罚款：

（一）国有资金投资项目未使用工程量清单计价方式或者违反计价规范强制性条文的；

（二）招标人委托不具有相应资质的中介服务企业代为编制工程量清单和招标控制价的；

（三）发包人或者承包人未将合同副本及变更的实质性内容报送备案的；

（四）发包人委托不具有相应资质的工程造价咨询企业审核工程结算的；

（五）工程造价成果文件上使用非本项目咨询人员的执业印章或者专用章的；

（六）违背客观、公正和诚实信用原则出具工程造价咨询成果文件的。

依照前款规定给予单位处罚的，可以同时对直接责任人员和单位直接负责的主管人员给予警告，并处以三百元以上一千元以下的罚款。

第三十条　注册造价工程师和建设工程造价员在非实际工作单位注册，县级以上地方人民政府建设行政主管部门应当责令其改正，并可以给予警告和对个人处以五百元以上三千元以下的罚款。

第三十一条　县级以上地方人民政府建设行政主管部门和其他有关部门的工作人员在建设工程造价管理工作中玩忽职守、徇私舞弊、滥用职权的，由其所在单位或者上级机关、监察机关依法给予行政处分；构成犯罪的，依法追究刑事责任。

第六章　附　则

第三十二条　本办法自2010年11月1日起施行。

— 参考文献 —

［1］中华人民共和国住房和城乡建设部.建设工程工程量清单计价规范（GB50500-2013）［M］.北京：中国计划出版社，2013.

［2］中华人民共和国住房和城乡建设部标准定额研究所.《建设工程工程量清单计价规范》宣贯教材［M］.北京：中国计划出版社，2013.

［3］江苏省住房和城乡建设厅.江苏省建设工程费用定额（2014版）.

［4］江苏省住房和城乡建设厅.江苏省建筑与装饰工程计价定额［M］.江苏：江苏凤凰科学技术出版社，2014.

［5］沈杰.工程估价［M］.南京：东南大学出版社，2005.

［6］柯洪.全国造价工程师执业资格考试培训教材：建设工程计价［M］.北京：中国计划出版社，2014.

［7］齐宝库.全国造价工程师执业资格考试培训教材：工程造价案例分析［M］.北京：中国城市出版社，2014.

［8］中华人民共和国住房和城乡建设部.TY 01-89-2016建筑安装工程工期定额［M］.北京：中国计划出版社，2016.

［9］江苏省建设工程造价管理总站.江苏省建设工程造价员考试辅导教材：工程造价基础理论［M］.南京：江苏凤凰科学技术出版社，2014.